信 息 技 术 人 才 培 养 系 列 教 材

Bootstrap

响应式Web前端开发与实战

微课版

千锋教育 | 策划 高燕 徐照胜 | 主编 谢璐 易云辉 | 副主编

人 民 邮 电 出 版 社

北 京

图书在版编目（CIP）数据

Bootstrap响应式Web前端开发与实战 ： 微课版 / 高燕, 徐照胜主编. -- 北京 ： 人民邮电出版社, 2024.5
信息技术人才培养系列教材
ISBN 978-7-115-63109-1

Ⅰ. ①B… Ⅱ. ①高… ②徐… Ⅲ. ①网页制作工具—高等学校—教材 Ⅳ. ①TP393.092.2

中国国家版本馆CIP数据核字(2023)第212883号

内 容 提 要

本书由浅入深，详尽地介绍Bootstrap相关技术在Web开发领域的应用。本书共9章，内容包括响应式网页设计、Bootstrap简介、Bootstrap脚手架、Bootstrap页面内容、Bootstrap的工具类、Bootstrap的弹性布局、Bootstrap的CSS组件、Bootstrap的JavaScript插件、综合案例：智慧医疗。本书通过大量经典案例与实战，培养读者的实践能力，让读者真正做到理论与实践相结合。

本书可作为高等院校计算机等专业的教材，也可作为前端开发人员的参考书。

◆ 主　　编　高　燕　徐照胜
　副 主 编　谢　璐　易云辉
　责任编辑　李　召
　责任印制　王　郁　陈　犇

◆ 人民邮电出版社出版发行　　　北京市丰台区成寿寺路11号
　邮编　100164　　电子邮件　315@ptpress.com.cn
　网址　https://www.ptpress.com.cn
　三河市祥达印刷包装有限公司印刷

◆ 开本：787×1092　1/16
　印张：16　　　　　　　　2024年5月第1版
　字数：400千字　　　　　2024年5月河北第1次印刷

定价：59.80元

读者服务热线：(010)81055256　印装质量热线：(010)81055316
反盗版热线：(010)81055315
广告经营许可证：京东市监广登字20170147号

前言

随着 Web 前端技术的发展，新前端框架不断涌现，Bootstrap 是推特（现更名为“X”）推出的、目前颇受欢迎的前端框架之一。Bootstrap 基于 HTML、CSS 和 JavaScript 设计，具有响应式开发的基础理念，在开发具有响应式布局、移动设备优先等特点的项目中具有不可撼动的地位。本书旨在帮助读者掌握流行的动态网站开发方法，提高读者的职业技能。

本书以 Bootstrap 为主题，以理论与实践结合的方式阐述 Bootstrap 的技术要点。本书遵循“一节一练”的结构，在章节案例上均选取贯通技术要点的经典案例，并为第 1～8 章配备课后习题，题目类型涵盖填空题、选择题、思考题、编程题。在内容上，本书坚持以基础与实践为主，以扩展与进阶为辅，舍弃难度较大的组件、插件的讲解，重点强化基础技术要点的应用的讲解。本书在语言描述上准确规范、简明扼要、通俗易懂。本书在章节内容的编排上，由浅入深、层层递进，始终遵循循序渐进、融会贯通的原则。

本书特点

1．案例式教学，理论结合实践

（1）经典案例涵盖所有主要知识点

◇ 根据每章主要知识点精心挑选案例，促进隐性知识与显性知识转化，将书中的隐性知识外显，或将显性知识内化。

◇ 案例包含运行效果、代码分析。案例设置结构清晰，方便教学和自学。

（2）引入企业级大型项目，帮助读者掌握前沿技术

引入“智慧医疗”项目，对其进行精细化讲解，厘清代码逻辑，从实践的角度，帮助读者逐步掌握前沿技术，为高质量就业赋能。

2．立体化配套资源，支持线上/线下混合式教学

◇ 文本类：教学大纲、教学 PPT、课后习题及答案、题库。

◇ 素材类：源码包、实战项目、相关软件安装包。

◇ 视频类：微课视频、面授课视频。

◇ 平台类：人邮教育社区、锋云智慧教辅平台、教师服务与交流群。

3．提供全方位的读者服务，提高教学和学习效率

◇ 人邮教育社区（www.ryjiaoyu.com）。教师通过人邮教育社区搜索本书，可以获取本书的出版信息及相关配套资源。

◇ 锋云智慧教辅平台（www.fengyunedu.cn）。教师或学生可登录锋云智慧教辅平台，获取免费的教学或学习资源。该平台是千锋教育专为高校师生打造的智慧学习云平台，其中包含千锋教育多年来在 IT 职业教育领域积累的丰富资源与经验，可为高校师生提供全方位教辅服务，依托千锋教育先进的教学资源，重构 IT 教学模式。

◇ 教师服务与交流群（QQ 群号：777953263）。该群是人民邮电出版社和编者一起建立的，专门为教师提供教学服务，分享教学经验、案例资源，答疑解惑，帮助教师提高教学质量。

教师服务与交流群

致谢及意见反馈

本书的编写和整理工作由高校教师及北京千锋互联科技有限公司高教产品部共同完成，主要的参与人员有高燕、徐照胜、谢璐、易云辉等。除此之外，千锋教育的 500 多名学员参与了本书的试读工作，他们站在初学者的角度为本书提出了许多宝贵的修改意见，在此一并表示衷心的感谢。

在本书的编写过程中，编者力求完美，但书中难免有不足之处，欢迎各界读者给予宝贵的意见，联系方式：textbook@1000phone.com。

编者
2024 年 1 月

目录

第 1 章 响应式网页设计

本章学习目标

- 了解响应式网页设计原理
- 理解视口的概念
- 掌握媒体查询的基础知识

响应式网页设计

截至 2021 年 12 月，我国网络用户规模达到 10.32 亿，互联网普及率达到 73.0%，移动端用户在网络用户中的占比上升至 99.7%，因此开发能够适应移动端的网页成为前端开发的首要任务。针对移动端开发主要有 3 种方案。第 1 种方案是开发本地 App，这种方案的技术要求和迭代流程较复杂，开发和运维成本相对较高。第 2 种方案是建立独立的移动式网站，这种方案需要开发、维护两套代码，成本较高。第 3 种方案是建立响应式网页，响应式网页可根据用户终端设备的显示屏尺寸自行调整页面布局，实现“一套代码打天下”，该方案具有高效率、低成本的特点，适用场景广泛。

读者在学习 Bootstrap 之前，应该了解响应式网页设计的相关基础知识。读者在学习过程中需要掌握 Bootstrap 所涉及的视口、媒体查询等技术，这些技术是完成响应式网页开发的基础。

1.1 什么是响应式网页设计

响应式网页设计最初是由美国人伊桑·马科特（Ethan Marcotte）提出的，响应式网页可自动根据不同设备进行自动响应、自动调整页面布局。

1.1.1 响应式网页设计原理

响应式网页设计（Responsive Web Design，RWD）是指设计一套应用程序用户界面（User Interface，UI），界面可自动响应不同设备窗口或屏幕尺寸，并且在内容和布局的渲染方面表现良好。

计算机端与移动端的屏幕尺寸存在差异，不同厂家同类产品的屏幕尺寸也不尽相同。为计算机端设计的页面运行在移动端时会出现错位变形的现象，影响页面浏览效果。为了优化用户体验，越来越多的开发人员选择通过响应式网页设计来实现一个页面兼容多个终端的目标。

值得注意的是，响应式布局与自适应布局均可实现一个页面兼容多个终端，读者很容易将二者混淆。响应式布局与自适应布局完全不同，响应式布局根据其设计的页面需要检测设备的视口分辨率，针对不同设备在客户端处理代码，进而展现不同的布局和内容；自适应布局需要开发多套页面，根据不同的视口分辨率判断当前处于计算机端还是移动端，从而向服务器发起请求，返回不同的页面。

读者要关注响应式网页设计，熟悉响应式网页的特点。下面以国家智慧教育公共服务平台的官网为例。通过计算机端访问该网站主页时，显示效果如图 1.1 所示。

通过移动端访问该网站主页时，显示效果如图 1.2 所示。

图 1.1　通过计算机端访问该网站主页

图 1.2　通过移动端访问该网站主页

响应式网页设计的步骤如下。

1．设置<meta>标签

在<head>标签里加入<meta>标签，该标签涵盖页面描述信息、关键词等。可用<meta>标签提示浏览器使用当前设备的屏幕宽度作为视图宽度并禁止初始缩放，从而帮助浏览器精准显示页面内容。

2．使用媒体查询设置样式

媒体查询是响应式网页设计的核心，通过它能够与浏览器进行“沟通”。根据媒体类型和条件样式规则匹配的数值，可设置设备的手持方向为垂直方向或水平方向，以及设置页面的 CSS 样式等。

3．字体设置

响应式网页中字体的大小应与其父容器关联，这样才能适应屏幕尺寸变化。CSS3 的新单位 rem 是相对于根元素字体大小的单位。根据设备类型重置根元素字体大小，可使页面文字实现屏幕适配。

4．第三方框架

可利用较为流行的 Bootstrap 和 Vue 框架实现响应式网页的高效开发。

1.1.2　响应式网页的优点和缺点

1．响应式网页的优点

响应式网页建立在 HTML 和 CSS3 的基础之上，因此浏览器只有支持 HTML5 和 CSS3 才可设计出响应式网页。下面对响应式网页的优点进行说明。

（1）开发成本低

以移动端为例，读者可利用媒体查询技术实现页面与不同移动设备的适配。

（2）数据同步更新

不同终端的响应式网页共用一个数据库，当数据库更新后，各个终端可同步更新自身的页面数据。

（3）兼容当前及未来设备

信息技术的发展日新月异，移动设备不断推陈出新，响应式网页可兼容不断推出的新设备。

（4）维护成本低

HTML 结构可应用于多种平台，不存在特殊的关联匹配关系。使用响应式网页设计为不同终端的页面进行特色规划时，不需要重新开发 HTML 页面，只需使用 CSS 样式针对设备类型进行调整即可。因此，响应式网页的维护成本较低，适用范围广。

2．响应式网页的缺点

在网页开发中，响应式网页具有鲜明的优点，但由于特殊的设计需求、技术的限制等因素，响应式网页仍有缺点。下面对响应式网页的缺点进行说明。

（1）旧版浏览器不支持

由于响应式网页需与 CSS3 新增的 Media Query 配合使用，因此旧版浏览器并不支持响应式网页。

（2）加载速度慢

响应式网页在加载页面时需同时加载多个 CSS 资源为适配多种设备做准备，再根据读取的设备屏幕尺寸去匹配对应 CSS 资源。下载大量的 CSS 资源会降低网页的加载速度。

（3）设计局限性

响应式网页并不适合大型企业的复杂网站，复杂网站的页面内容较多，而响应式网页最忌讳布局复杂、内容烦琐，设计此类页面需要大量代码，代码过多会影响页面加载速度。

（4）开发时间较长

响应式网页需要兼容多种设备，因此对应的 CSS 资源必定是逻辑复杂的，开发响应式网页所花费的时间必定会比开发普通网页的时间长。

（5）用户流量浪费

响应式网页统一加载页面中的图片和视频，当用户在配置较低的移动端上加载不符合当前设备要求的图片或者视频时，会过度消耗用户的流量。

1.2　视口

在计算机端，视口（Viewport）仅表示浏览器的可视区域，视口宽度与浏览器窗口宽度保持一致。在移动端，视口宽度与浏览器窗口宽度并不关联。移动端视口较为复杂，主要涉及 3 种视口：布局视口、视觉视口和理想视口。

1.2.1　布局视口

布局视口（Layout Viewport）指的是网页的宽度，一般移动端的浏览器都默认添加一个 viewport 元标签用于设置布局视口。根据不同的设备类型，布局视口的默认宽度可能是 768px、980px 或 1024px，在移动端中这些默认宽度并不适用。由于移动设备屏幕较小，为计算机设计的网页在移动设备浏览器中运行会出现左右方向上的滚动条，用户需要通过左右滑动页面才可查看完整内容，这也是布局视口存在的问题。布局视口如图 1.3 所示。

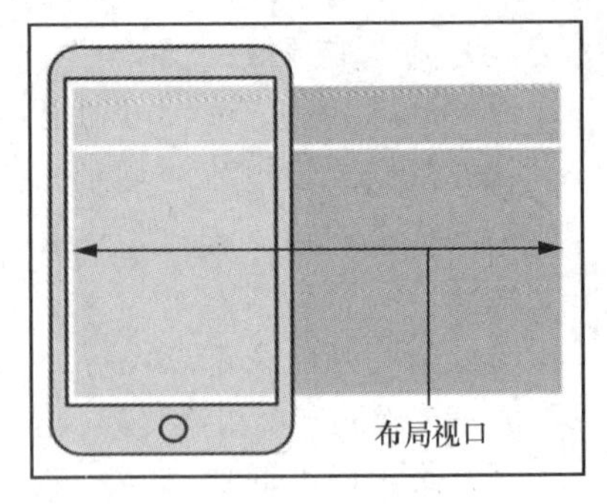

图 1.3　布局视口

1.2.2　视觉视口

视觉视口（Visual Viewport）是指用户当前所看到的区域。在计算机端，可随意改变浏览器窗口的大小，用户可直观地看到窗口发生的变化。在移动端中，大部分移动设备的浏览器并不支持改变浏览器窗口的大小，所以视觉视口就是其屏幕，视觉视口宽度与移动设备屏幕宽度始终保持一致。用户可通过手动缩放操作视觉视口显示的内容，但不会因此影响布局视口，布局视口仍保持原有宽度。视觉视口如图 1.4 所示。

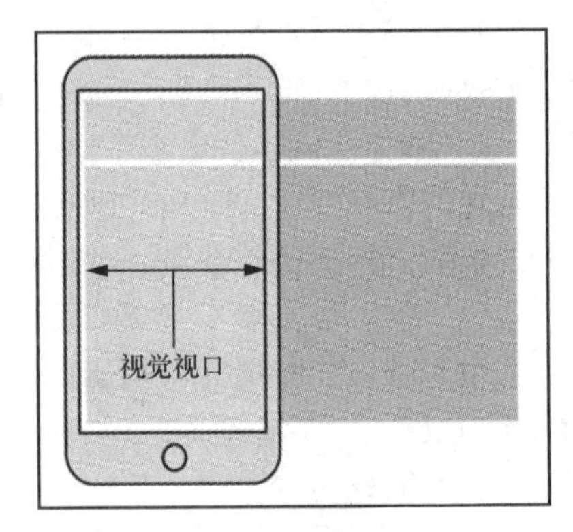

图 1.4　视觉视口

1.2.3　理想视口

布局视口的默认宽度并不是理想宽度，于是浏览器厂商引入了理想视口（Ideal Viewport）这个概念。理想视口可实现网页在设备中的最佳呈现，理想视口的尺寸是布局视口的理想尺寸。显示在理想视口中的网页拥有最理想的浏览、阅读宽度，用户无须对页面进行缩放便可完美地浏览整个网页。理想视口如图 1.5 所示。

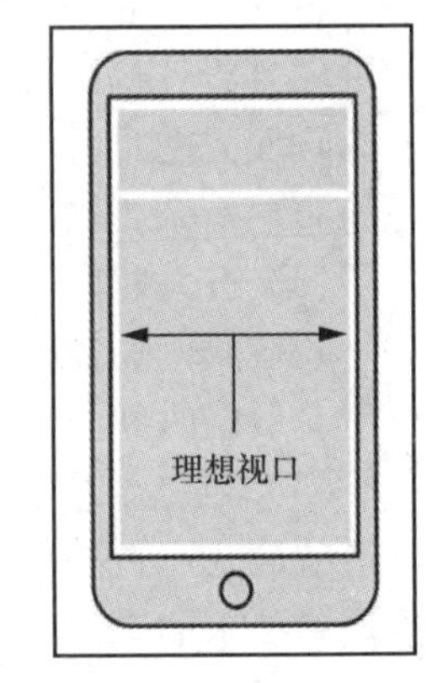

图 1.5　理想视口

布局视口的理想宽度指的是以 CSS 像素（px）为单位计算的宽度，即屏幕的逻辑像素宽度，与设备的物理像素宽度并无关联。设备的逻辑像素在不同像素密度的设备屏幕上占据相同的空间。

可使用下列代码设置布局视口宽度与理想视口宽度保持一致。

```
<meta name="viewport" content="width=device-width">
```

在上述设置中，规定视口宽度为屏幕宽度，初始缩放比例为 1:1，初始视觉视口就是理想视口。<meta>标签的主要作用是使布局视口宽度与理想视口宽度一致。简单地讲就是设备屏幕有多宽，布局视口就有多宽。

上述的<meta>标签设置对于实现响应式网页是十分重要的。该标签常用的属性及其说明如表 1.1 所示。

表 1.1　<meta>标签常用的属性及其说明

属性	说明
width	用于设置布局视口的宽度，可指定固定值，如 600px；也可指定特殊值，如 device-width 为设备的宽度，单位为 px
height	与 width 相对应，用于设置布局视口的高度。该属性可设置为数值或 device-height，单位为 px
initial-scale	用于设置页面的初始缩放比例，即页面第一次加载时的缩放比例
minimum-scale	用于设置允许用户缩放页面的最小比例

续表

属性	说明
maximum-scale	用于设置允许用户缩放页面的最大比例
user-scalable	用于设置用户是否可以手动缩放。yes 表示可以手动缩放，no 表示禁止手动缩放

1.3　媒体查询

随着移动设备在生活和生产活动中的应用率大幅提升，网页设计人员不仅要保证用户在计算机的大屏幕上浏览网页时拥有良好的体验，还要确保用户在移动设备上浏览网页时也拥有良好的体验。根据终端设备的特征来设置 CSS 样式是媒体查询的核心，通过媒体查询可为使用不同设备的用户提供最佳的操作和交互体验。

1.3.1　媒体查询的设置方式

媒体查询语句主要由 3 个部分组成，分别是媒体类型、判断条件和媒体属性。媒体查询语句的语法格式具体如下。

```
media 媒体类型 判断条件 (媒体属性) {CSS 样式}
```

根据下列查询条件设置媒体查询。

屏幕宽度在 768px 及以上，使用<CSS 样式 1>。

屏幕宽度在 480px 及以上，使用<CSS 样式 2>。

媒体查询设置示例如下。

```
media screen and (min-width: 768 px) {CSS 样式 1}
media screen and (min-width: 480 px) {CSS 样式 2}
```

1.3.2　媒体查询的使用方法

媒体查询可使同一个页面在不同设备中显示不同的样式。使用媒体查询首先要在<head>标签中添加<meta>标签，具体代码如下。

```
<meta name="viewport" content="width=device-width",initial-scale=1,
 maxinum-scale=1.0, user-scalable="no">
```

媒体查询的使用方法有如下两种。

（1）在 CSS 文件或 style 内部样式表中使用 media 关键字判断当前设备的屏幕宽度，选择加载对应的 CSS 文件，具体代码如下。

```
/*当设备屏幕宽度为 420～600px 时，显示背景图片 1.jpg*/
@media screen and (max-width: 600px) and (min-width: 420px) {
 header{ background-image: url(./1.jpg);}
}
```

（2）在<link>标签中使用 media 属性判断当前设备的宽度，并根据设备信息加载对应 CSS 文件，具体代码如下。

```
/*当设备屏幕宽度小于或等于 420px 时，加载 Demo.css 外部样式表*/
<link rel="stylesheet" type="textcss"
media="screen and (max-device-width: 420px)" href="Demo.css">
```

1.3.3　媒体类型

媒体类型（Media Type）是 CSS 中一个极为重要的属性，可使用媒体类型指定特定的作用对象，为不同类型的设备指定特定样式，从而实现更丰富、更灵活的页面。

媒体类型有很多种，在开发过程中常用的媒体类型是 all 和 screen，其次是 print。其他可设置的媒体类型及其说明如表 1.2 所示。

表 1.2　　媒体类型及其说明

媒体类型	说明
all	所有设备
braille	盲文
embossed	盲文打印
handheld	手持设备
print	文档打印或打印预览模式
projection	设置单元项目演示，比如投影仪
screen	彩色屏幕，最常用的类型之一，一般和屏幕大小表达式联合使用
speech	语音朗诵，用于阅读软件
tty	固定字母间距的网格的媒体，比如电传打字机
tv	电视

1.3.4　判断条件

在媒体查询语句中可加入 and、not、only 等关键字进行条件判断。

1. and

and 关键字在媒体查询语句中的作用和逻辑与运算符在 JavaScript 中的类似，仅在 and 关键字两侧的条件被同时满足时，才会匹配媒体查询规则，进而应用对应样式。and 关键字可用于合并多个媒体属性或合并媒体属性与媒体类型。

（1）满足单一条件

满足单一条件的 and 关键字用法示例，具体代码如下。

```
/* 当设备屏幕宽度小于或等于 420px 时，显示 div 背景颜色为蓝色 */
@media screen and (max-width:420px) {
 div{ background-color: blue; }
}
```

（2）同时满足两个条件

同时满足两个条件的 and 关键字用法示例，具体代码如下。

```
/* 当设备屏幕宽度在 400px 至 600px 之间时，显示 div 背景颜色为红色 */
@media screen and (max-width: 600px) and (min-width: 400px)  {
 div { background-color: red; }
}
```

（3）两个条件满足一个即可

and 关键字提供了逗号分隔功能，规定仅需满足逗号两侧中任意一侧的条件即可。以逗号分隔的形式设置媒体类型和媒体属性，此时逗号代表“或运算”。

两个条件满足一个即可的 and 关键字用法示例，具体代码如下。

```
/* 当设备屏幕宽度小于或等于 420px 或在打印模式下且纸张宽度最小为 10 英寸时，显示 div 背景颜色为黄色 */
@media screen and (min-width: 700px),
print and (min-width: 10in) { div {  background-color: yellow; } }
```

2. not

not 关键字用于对媒体查询语句进行取反操作，类似于 JavaScript 中的逻辑非运算符。not 关键字可用于排除指定设备的样式。使用 not 关键字需注意：not 关键字不能在单个条件前使用；not 关键字应位于媒体查询语句的开头。not 关键字用于对整个媒体查询语句进行取反，并非仅对某一个媒体属性取反。

下面的示例会匹配除单色屏幕设备外的所有设备，具体代码如下。

```
/* 单色屏幕设备不会应用相关 CSS 样式，除单色屏幕设备外的所有设备会应用相关 CSS 样式 */
@media not screen and (monochrome){
div { background-color: pink; }
}
```

3. only

媒体查询语句中的 only 关键字是为兼容低版本的浏览器而设置的，用于向那些不支持媒体查询却需要读取媒体类型的设备隐藏媒体查询语句。其用法与 not 关键字的类似，即必须位于媒体查询语句的开头。

下面的示例展示早期浏览器隐藏媒体查询语句，具体代码如下。

```
@media only screen and (min-width:600px) {
 div {  background-color: green; }
}
```

早期浏览器会将上述示例看作 media="only"，由于媒体类型不包含 only，所以媒体查询语句中的 CSS 样式会被忽略。

1.3.5 媒体属性

媒体属性是媒体查询语句的重要组成部分。媒体属性是 CSS3 新增的属性，大多数媒体属性带有“min-”和“max-”等前缀。前缀不仅有“小于等于”或“大于等于”的意义，还可避免“<”和“>”字符与 HTML 标签发生冲突。需要注意，媒体属性必须用圆括号“()”括起来，否则不会生效。

媒体属性数量众多，下面仅介绍网页开发中常用的媒体属性。常用媒体属性及其说明如表 1.3 所示。

表 1.3 常用媒体属性及其说明

媒体属性	是否具有 min-或 max-前缀	说明
max-height	—	最大窗口高度
max-width	—	最大窗口宽度
color	yes	每种色彩的字节数（整数）
device-height	yes	设备屏幕的输出高度
device-width	yes	设备屏幕的输出宽度
height	yes	渲染页面的高度
monochrome	yes	单色帧缓冲器中每像素字节
resolution	yes	分辨率
scan	no	媒体类型的扫描方式
width	yes	渲染页面的宽度
orientation	no	横屏或竖屏

在以下案例中使用媒体查询根据设备的屏幕宽度设置不同的图片排版方式。

当屏幕宽度大于 500px 时，3 张图片分别占据屏幕的 1/3；当屏幕宽度小于等丁 500px 时，图片与屏幕同宽，屏幕不能缩小。具体代码如例 1.1 所示。

【例 1.1】响应式图片。

```
1.  <!DOCTYPE html>
2.  <html>
3.  <head>
4.  <meta charset="utf-8">
5.  <meta name="viewport" content="width=device-width" ,initial-scale=1, maxinum-scale=1.0,
    user-scalable="no">
6.  <title>响应式图片</title>
7.  </head>
8.  <style>
9.  *{/* 重置样式 */
10.     margin: 0;
11.     padding: 0;
12.     border: 0;}
13. body,html {/* 设置 body、html 占满全屏 */
14.     height: 100%;
15.     width: 100%;
16.     box-sizing: border-box;}
17. #box {/* 设置父容器宽度 100% */
18.     width: 100%;
19.     height: 100%;}
20. img {/* 图片默认占据屏幕的 1/3 */
21.     width: 33%;
22.     float: left;}
23. @media screen and (max-width : 500px) {/* 图片与屏幕等宽 */
24. img {width: 100%;}
25. }
26. </style>
27. <body>
28. <div id="box">
29. <img src="./img/1.jpg" alt="">
30. <img src="./img/2.jpg" alt="">
31. <img src="./img/3.jpg" alt="">
32. </div>
33. </body>
34. </html>
```

响应式图片在屏幕宽度大于 500px 时，以等分布局显示，显示效果如图 1.6 所示。

图 1.6　等分布局

响应式图片在屏幕宽度小于等于 500px 时，以满屏布局显示，显示效果如图 1.7 所示。

图 1.7 满屏布局

1.4 实战：图书销售页面设计

1.4.1 页面结构分析

“四书五经”是中国儒家的经典，对中国的政治、思想、学术、文化等方面都产生了重大而深远的影响。本实战将以“四书五经”为主题制作一个简单的图书销售页面，页面主要由头部导航栏、主体部分的商品卡片构成。使用无序列表制作导航栏，导航栏包括网站 logo、6 个导航菜单以及“登录”超链接。商品卡片主要由商品图片、商品信息以及功能按钮等组成。图书销售页面结构如图 1.8 所示。

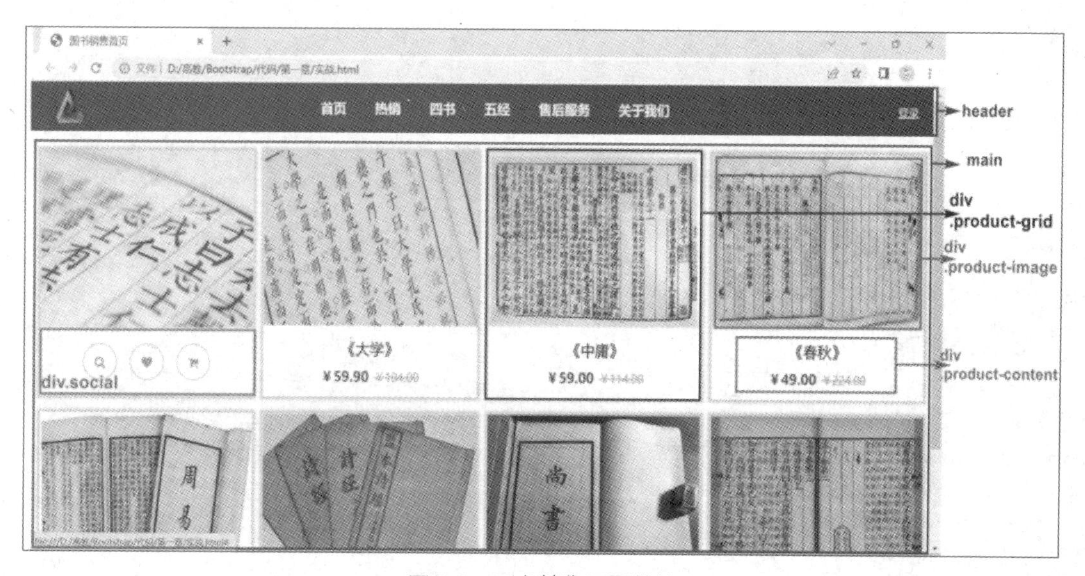

图 1.8 图书销售页面结构

1.4.2 代码实现

（1）主体结构代码

首先，新建一个 HTML 文件，在其<body>标签中定义一个<div>父容器块，并设置父容器块类名为 box。

其次，在父容器块中分别添加<header>和<main>这 2 个子容器块。<header>子容器块由菜单折叠按钮、网站 logo、导航菜单以及“登录”超链接组成。<main>子容器块由多个类名为 product-grid 的卡片组成，卡片内容包括商品图片、商品信息及功能按钮。具体代码如例 1.2 所示。

【例 1.2】图书销售页面。

```
1.  <!DOCTYPE html>
2.  <head>
3.  <meta charset="UTF-8">
4.  <meta http-equiv="X-UA-Compatible" content="IE=edge">
5.  <meta name="viewport" content="width=device-width" ,initial-scale=1,
    maxinum-scale=1.0,user-scalable="no">
6.  <link rel="stylesheet" href="./fontawesome/css/font-awesome.min.css">
7.  <title>图书销售页面</title>
8.  </head>
9.  <body>
10. <!--父容器块 -->
11. <div class="box">
12.  <!-- 子容器块-->
13.  <header>
14.     <div class="top">
15.     <!-- 菜单折叠按钮 -->
16.         <span>menu</span>
17.         <!-- 网站 logo-->
18.         <img src="./img/qf.png" alt="" />
19.         <!-- 导航菜单-->
20.         <ul>
21.             <li><a href="">首页</a></li>
22.             以下省略“热销”“四书”“五经”“售后服务”“关于我们”菜单构建代码<li>
23.         </ul>
24.         <!-- “登录”超链接-->
25.         <a href="">登录</a>
26.     </div>
27.  </header>
28.  <!-- 子容器块-->
29.  <main>
30.    <!-- 卡片-->
31.    <div class="product-grid">
32.         <!-- 商品图片-->
33.         <div class="product-image">
34.            <a href="#">
35.              <img class="pic-1" src="./img/book1.jpg">
36.            </a>
37.         </div>
```

```
38.          <!-- 商品信息-->
39.         <div class="product-content">
40.           <h3 class="title">
41.               <a href="#">《论语》</a>
42.           </h3>
43.             <div class="price">¥69.00<span>¥144.00</span></div>
44.         </div>
45.          <!-- 功能按钮-->
46.         <ul class="social">
47.           <li><a href=""><i class="fa fa-search"></i></a></li>
48.           以下省略"收藏""加购"按钮的构建代码<li>
49.         </ul>
50.     </div>
51.          以下省略"大学""中庸""春秋""周易""诗经""尚书""孟子""礼记"卡片的构建代码<div class=
    "product-grid">
52.  </main>
53. </div>
54. </body>
```

（2）CSS 代码

以内部样式表的方式在<style>标签中加入 CSS 代码，设置页面样式，具体代码如下。

```
1.  <style type="text/css">
2.  * {/* 清除默认样式 */
3.      margin: 0;
4.      padding: 0;}
5.  header { /* 设置导航栏高度和背景图片 */
6.      height: 120px;
7.      background: url("images/top-bg.png")no-repeat top center/cover;}
8.  .top { /* 设置导航栏布局样式 */
9.      width: 100%;
10.     height: 60px;
11.     background: rgba(42, 151, 229, 0.5);
12.     box-sizing: border-box;
13.     display: flex;   /*设置为弹性盒子*/
14.     justify-content: space-between;   /*两端平分*/
15.     align-items: center; /*在侧轴上居中*/
16.     font-size: 14px;
17.     color: #fff;
18.     padding: 0px 20px;
19.     position: fixed;
20.     top: 0px;
21.     z-index: 10;
22.     }
23. .top a {/* 设置导航栏内标签文字颜色 */
24.     color: #fff;}
25. .top img {/* 设置网站logo的高度，圆角样式 */
26.     height: 60px;
27.     border-radius: 50%;}
28. .top span { display: none; }/* 默认情况下隐藏菜单折叠按钮 */
29. @media screen and (max-width:760px) {
30.     .top ul {
31.       display: none;}/* 设置导航栏隐藏 */
32.     .top span { display: inline; }/* 设置菜单折叠按钮显示 */
33.     }
```

```
34. .top ul li {/* 设置导航菜单的边距、文字样式等 */
35.     padding: 0px 20px;
36.     float: left;
37.     list-style:none;}
38. .top ul li a{
39.     text-decoration: none;
40.     color: gray;
41.     font-size: 18px;}
42. main {/* 设置主体元素布局 */
43.     display: flex;
44.     flex-wrap: wrap;/*换行*/
45.     padding: 10px 10px 0px;
46.     justify-content: space-between;}
47. main .product-grid {/* 设置单个商品卡片的样式 */
48.     margin-bottom: 20px;
49.     width: 48%;/*默认情况下卡片按两列进行布局*/
50.     border: 1px solid #ccc;
51.     box-shadow: 0px 0px 3px 3px #ccc;
52.     }
53. main .product-grid img {width: 100%;}/* 设置商品图片 100%展示 */
54. /* 设置商品卡片在屏幕宽度小于等于 375px 时，卡片占满屏幕 */
55. @media screen and (max-width: 375px) {
56.     main .product-grid { width: 100%; }
57.     }
58. /* 设置商品卡片在屏幕宽度为 760px~1100px 时，卡片占屏幕的 1/3 */
59. @media screen and (min-width:760px) and (max-width: 1100px){
60.     .top ul { display: flex; /*设置为弹性盒子*/}
61.     main .product-grid { width: 32%;}
62.     }
63. /* 设置商品卡片在屏幕宽度大于等于 1101px 时，卡片占屏幕的 1/4 */
64. @media screen and (min-width: 1101px) {
65.     main .product-grid { width: 24%; }
66.     }
67. .product-grid {/* 定义商品卡片样式 */
68.     text-align: center;
69.     overflow: hidden;
70.     position: relative;
71.     transition: all 0.4s ease 0s;}
72. .product-grid .product-image {/* 设置商品的图片样式 */
73.     overflow: hidden;}
74. .product-grid .product-image img {
75.     width: 100%;
76.     height: auto;
77.     transition: all 0.4s ease 0s;
78.     }
79. /* 鼠标指针悬浮在商品卡片上时，商品图片放大 1.5 倍 */
80. .product-grid:hover .product-image img {
81.     transform: scale(1.5);
82.     }
83. .product-grid .product-content {/* 设置商品信息样式 */
84.     padding: 12px 12px 15px 12px;
85.     transition: all 0.2s ease 0s;
86.     }
87. .product-grid:hover .product-content {opacity:0;}/*设置鼠标指针悬浮时的商品信息隐藏*/
88. .product-grid .title {/*定义商品名称的样式*/
89.     font-size: 20px;
```

```
90.    margin: 0 0 10px;}
91.  .product-grid .title a {/*定义商品名称的样式*/
92.    color: #000;
93.    font-weight: normal;
94.   text-decoration: none; }
95.  .product-grid .price {/* 定义现价文字样式 */
96.    font-size: 18px;
97.    font-weight: 600;
98.    color: red;
99.    }
100.   .product-grid .price span {/* 定义原价文字样式 */
101.      color: #999;/*定义字体颜色*/
102.      font-size: 15px;/*定义字体大小*/
103.      font-weight: 400;/*定义字体粗细*/
104.      text-decoration: line-through;/*定义穿过原价的中画线*/
105.      margin-left: 7px;
106.      display: inline-block;
107.      }
108.   .product-grid .social {/* 设置商品功能按钮默认隐藏 */
109.      background-color: #fff;
110.      width: 100%;
111.      padding: 0;
112.      margin: 0;
113.      position: absolute;
114.      bottom: -50%;
115.      transition: all 0.2s ease 0s;
116.      }
117.   .product-grid:hover .social /{*定义鼠标指针悬浮时，功能按钮的过渡动画*/
118.      opacity: 1;
119.      bottom: 20px;
120.      }
121.   .product-grid .social li {
122.      display: inline-block;
123.      }
124.   .product-grid .social li a {
125.      color: #909090;
126.      font-size: 16px;
127.      line-height: 45px;
128.      text-align: center;
129.      height: 45px;
130.      width: 45px;
131.      margin: 0 7px;
132.      border: 1px solid #909090;
133.      border-radius: 50px;
134.      display: block;
135.      position: relative;
136.      transition: all 0.4s ease-in-out;
137.      }
138.  .product-grid .social li a:hover {/*定义功能按钮悬浮变色*/
139.      color: #fff;
140.      background-color:rgba(4,48,68,0.9);}
141.  </style>
```

上述 CSS 代码主要用于设置导航栏和商品卡片的 CSS 样式。当屏幕宽度大于等于 760px 时，导航栏的菜单正常显示；当屏幕宽度小于 760px 时，使用 display 属性隐藏导航栏的菜单并显示菜单折叠按钮。当屏幕宽度小于等于 375px 时，页面内的卡片保持单列布局，显示效果如图 1.9 所示。

当屏幕宽度在 375px～760px 时，页面内的卡片匹配默认样式，保持双列布局，显示效果如图 1.10 所示。

图 1.9　单列布局

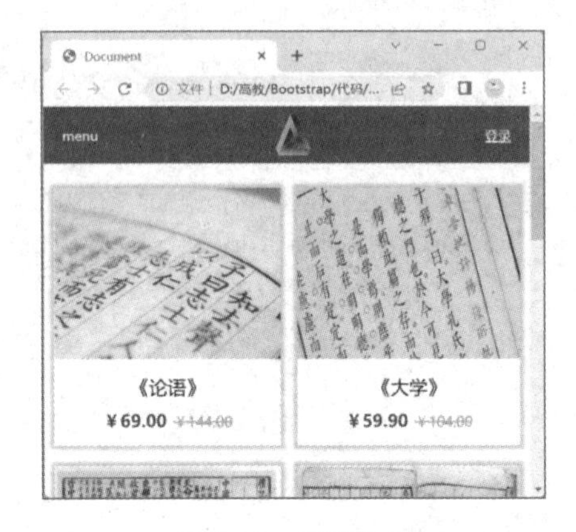

图 1.10　双列布局

当屏幕宽度在 760px～1100px 时，页面内的卡片保持三列布局，显示效果如图 1.11 所示。

图 1.11　三列布局

当屏幕宽度大于等于 1101px 时，页面内的卡片保持四列布局，显示效果如图 1.12 所示。

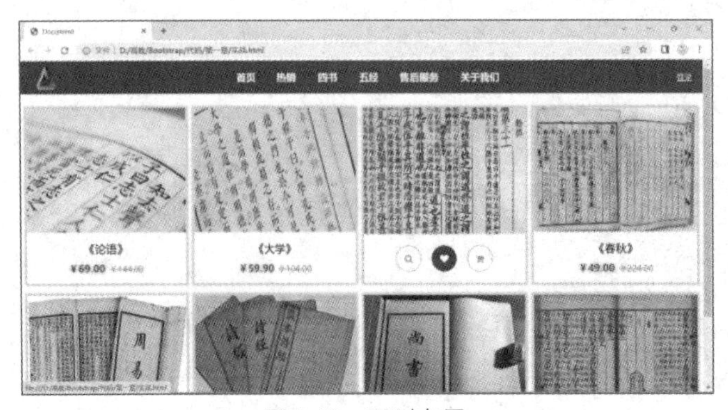

图 1.12　四列布局

1.5　本章小结

本章首先对响应式网页设计进行了简单介绍，包括响应式网页设计原理、响应式网页设计的步骤以及响应式网页的优缺点；其次介绍了与响应式网页设计息息相关的视口以及媒体查询；最后通过一个简单的实战案例加深读者对本章内容的理解。希望通过学习本章内容，读者能够对响应式网页设计有深入的理解，为学习 Bootstrap 奠定基础。

1.6　习题

1．填空题

（1）响应式网页设计的 4 个主要优点为________、________、________、________。

（2）视口的 3 种类型为________、________、________。

（3）媒体查询常用的 3 种媒体类型为________、________、________。

（4）进行响应式网页设计常用的第三方框架有________、________。

2．选择题

（1）响应式网页设计所遵循的基本原则是（　　）。

A．移动优先　　B．美感优先　　C．网页优先　　D．使用固定单位

（2）在页面加载时，可以用来设置浏览器视口宽度的标签是（　　）。

A．<head>　　B．<meta>　　C．<viewport>　　D．<device-width>

（3）进行媒体查询时需要设置媒体类型参数，下列不是媒体类型参数的是（　　）。

A．all　　B．print　　C．screen　　D．resolution

3．思考题

（1）简述设计移动端网页时需要考虑的因素。

（2）常见的网页中有哪些网页是响应式网页？

4．编程题

使用媒体查询中的 media 关键字，在屏幕宽度小于 800px 时隐藏最后两列菜单，具体实现效果如图 1.13 所示。

当屏幕宽度大于等于 800px 时，显示全部菜单，具体实现效果如图 1.14 所示。

图 1.13　隐藏部分菜单

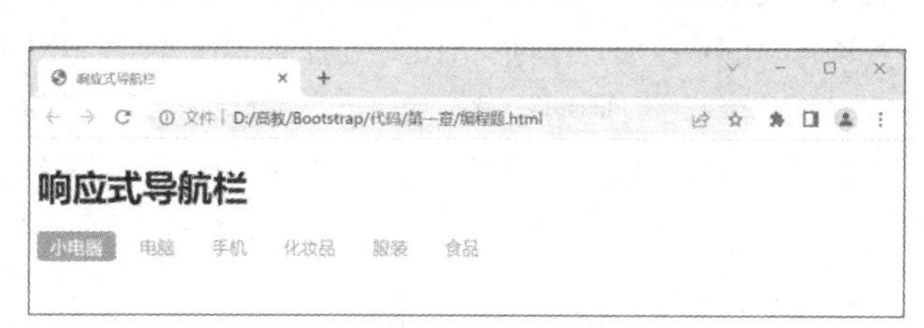

图 1.14　显示全部菜单

第2章 Bootstrap简介

本章学习目标

- 了解 Bootstrap 的概念及发展
- 了解 Bootstrap 的优势及组成
- 掌握 Bootstrap 的安装与使用方法

Bootstrap 简介

Bootstrap 源于推特，是基于 HTML、CSS 和 JavaScript 构建的，是目前最受欢迎的前端框架之一。Bootstrap 简洁、灵活且直观，可提供大量响应式组件，支持跨平台操作，是 Web 开发人员的首选框架。Bootstrap 使 Web 开发更加快捷，可极大地提高工作效率。本章将介绍 Bootstrap 的概念、发展、优势、组成及开发环境等，帮助读者认识 Bootstrap。

2.1 初识 Bootstrap

2.1.1 何谓 Bootstrap

Bootstrap 的原名为 Twitter Blueprint（推特蓝图），是由 2010 年就职于美国推特公司的马克·奥托（Mark Otto）和雅各布·桑顿（Jacob Thornton）共同编写的，他们的目的是设计一套具有一致性的框架。在 Bootstrap 出现之前，对于页面布局，不同的 Web 开发人员有不同的设计方式，页面布局的命名方式也各具特色。

Bootstrap 包含丰富的 Web 组件，读者可以使用组件快速搭建结构合理、页面美观、功能完备的网站。同时，Bootstrap 还自带丰富的 jQuery 插件，这些插件可为 Bootstrap 中的组件提供功能支持。读者可对 Bootstrap 的 CSS 样式进行修改，编写出满足项目需求的代码。

2.1.2 Bootstrap 的发展

2011 年初，马克以及另一位创始人雅各布还只是两个在推特工作的普通人，雅各布是负责开发内部工具的工程师，马克是负责设计广告的产品设计师。当马克负责的产品需要使用内部应用程序来管理推特的广告时，他们的工作开始出现交集。在几个月的时间里，他们频繁地进行合作，出于提高内部一致性和工作效率的目的，他们决定成立兴趣小组，期望设计出伟大的产品，即创建一个具有统一性的前端工具包，并允许任何人在推特内部使用该前端工具包。后来，这个前端工具包演化为一个利于创建新项目的应用系统。在其基础之上，Bootstrap 的构想诞生。

经过兴趣小组几个月的努力之后，Twitter Blueprint 更名为 Bootstrap，并于 2011 年 8 月 19 日正式发布第一个版本。当时 Bootstrap 的定位是“一个用于快速开发 Web 应用的前端工具包”。Bootstrap 集合了 HTML 和 CSS 的常见用法，可为读者提供丰富且风格统一的排版和组件。Bootstrap 在 GitHub 上作为开源项目受到广大开发者的喜爱。在过去的 6 年里，Bootstrap 每天的下载量平均为 180 000 次，被全网超过 22%的网站使用，在 GitHub 上有超过 270 万个项目使用 Bootstrap，关于它的代码进行了超过 211 730 次 commit（提交）。Bootstrap 拥有几十个组件，已成为目前最受欢迎的前端框架之一。GitHub 的 Bootstrap 页面如图 2.1 所示。

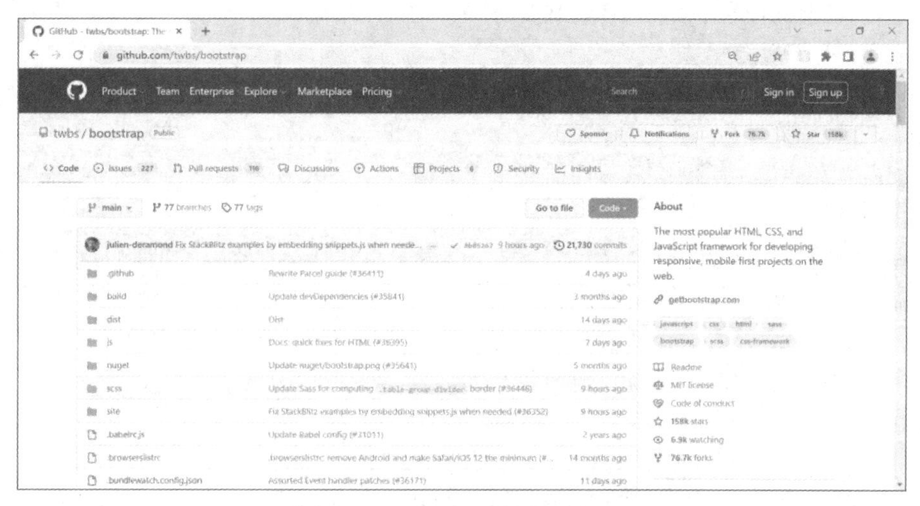

图 2.1 GitHub 的 Bootstrap 页面

在 Bootstrap 2 中，开发者为 Bootstrap 添加了对响应式布局的支持，但这种支持仅作为可选的样式表来提供。在 Bootstrap 3 中，开发者重写 Bootstrap，并将“移动设备优先”这一理念融入整个框架中。在 Bootstrap 4 中，开发者再次重写整个项目，在架构方面做出两个关键改变：一个是使用 Sass 编写代码；另一个是采用 CSS 的 Flexbox 布局。Bootstrap 4 的目的在于通过推动大部分浏览器所支持的 CSS 新属性、更少的依赖项以及各项新技术的应用，以自身微薄之力推动 Web 开发社区不断地向前发展。

与 Bootstrap 3 相比，Bootstrap 4 的变化主要有以下 6 点。

1. CSS 预处理器不同

Bootstrap 3 采用 Less 处理器，Bootstrap 4 采用 Sass 处理器，后者提高了编译速度。

2. 网格种类不同

Bootstrap 3 可提供 4 种网格宽度，依次是超小型（xs）、小型（sm）、中型（md）、大型（lg）。Bootstrap 4 可提供 5 种网格宽度，依次是超小型（xs）、小型（sm）、中型（md）、大型（lg）、超大型（xl）。

3. 布局方式不同

Bootstrap 3 使用浮动（Float）布局，Bootstrap 4 使用弹性盒子（Flexbox）布局。Bootstrap 4 利用 Flexbox 的优势可实现快速布局。

4．使用单位不同

Bootstrap 3 使用 px 作为单位，Bootstrap 4 使用 rem 和 em 作为单位，不再支持 IE8。不再支持 IE8 意味着读者可尽情利用 CSS 的优点，不必顾虑 CSS 的兼容问题。

5．jQuery 插件的不同

出于利用 JavaScript 新特性的目的，Bootstrap 4 利用 ES6 重写了 Bootstrap 3 的所有插件。

6．文档的不同

Bootstrap 4 使用 Markdown 格式重新编写了文档，添加了丰富的插件示例和代码片段，增加了参考文档的可阅读性和趣味性。

Bootstrap 3 发布时，曾放弃对 Bootstrap 2 的支持，导致很多基于 Bootstrap 2 设计的项目出现版本不兼容的问题，因此，当发布 Bootstrap 4 时，开发团队决定继续修复 Bootstrap 3 的 bug，支持版本兼容并更新文档。Bootstrap 4 发布之后，Bootstrap 3 不会下线，读者可继续使用 Bootstrap 3 进行 Web 开发。

2.1.3 Bootstrap 的优势

Bootstrap 是由推特发布并开源的前端框架，受到广大开发者的喜爱。Bootstrap 的主要优势如下。

（1）成熟可靠。Bootstrap 由推特这样的大公司发布并开源，经历了推特内部的长久检验，可减少使用者的检测工作。

（2）一致性。Bootstrap 能以超快的速度与效率适应不同平台，保证页面在不同平台中的统一性，如在 IE、谷歌及火狐等浏览器中，可以保持统一的页面。

（3）Bootstrap 支持响应式开发。Bootstrap 的网格系统（Grid System）十分先进，它搭建了响应式网页设计的基础框架，该框架易于修改，拥有较高的灵活性。

（4）丰富的组件与插件。由于 Bootstrap 的火爆，出现了不少围绕 Bootstrap 而开发的 jQuery 插件，这些插件使得开发人员的工作效率得到了极大的提高。

（5）保持持续更新。Bootstrap 仍在不停地改进，它的发展具备规律性和持续性。开发人员一旦发现新问题，Bootstrap 团队便会立刻着手解决相应问题。

2.1.4 Bootstrap 有哪些内容

Bootstrap 可提供丰富的通用样式与功能，读者可运用 Bootstrap 提高 Web 开发效率。Bootstrap 的主要内容包括页面布局、页面内容、工具类、基本组件和 jQuery 插件等。下面简单介绍 Bootstrap 的主要内容。

1．页面布局

页面布局对于每一个项目都是必不可少的，Bootstrap 的网格布局能够适应各种设备进而实现高效开发。Bootstrap 的网格布局用法十分简单，按照 HTML 模板使用即可达到快速布局的目的。

2．页面内容

页面内容排版的好坏直接决定网页风格，决定页面的美观度。Bootstrap 从全局出发，定制页面排版、代码、表单、表格、图片等的格式，从而实现页面统一。

3．工具类

Bootstrap 定义了全局的通用样式类与可扩充类，以增强基本 HTML 的样式（包括边框、颜色、文本、阴影、浮动和隐藏等）呈现。读者可使用这些工具类实现快速开发页面的目的，减少 CSS 样式的代码编写量。

4．基本组件

基本组件是 Bootstrap 的核心之一，Bootstrap 拥有几十个可重复使用的交互组件。例如，按钮、弹出框、下拉菜单、分页、导航栏等。使用这些组件可大幅提升用户的交互体验，使产品更具吸引力。

5．jQuery 插件

Bootstrap 内含大量 jQuery 插件，这些 jQuery 插件主要用于丰富页面的互动性。常见插件包括工具提示框（Tooltip）、模态框（Modal）、折叠（Collaspe）、轮播（Carousel）等。

2.2　Bootstrap 开发环境

本节主要介绍 Bootstrap 框架的开发环境，包括 VS Code、下载 Bootstrap，安装 Bootstrap 以及快速体验 Bootstrap。

2.2.1　VS Code

本书使用 Visual Studio Code（简称 VS Code）软件作为网页编辑器。VS Code 是微软开发的轻量级代码编辑器，功能非常强大，页面简洁明晰，操作方便快捷，设计十分人性化。

VS Code 的官方页面如图 2.2 所示。

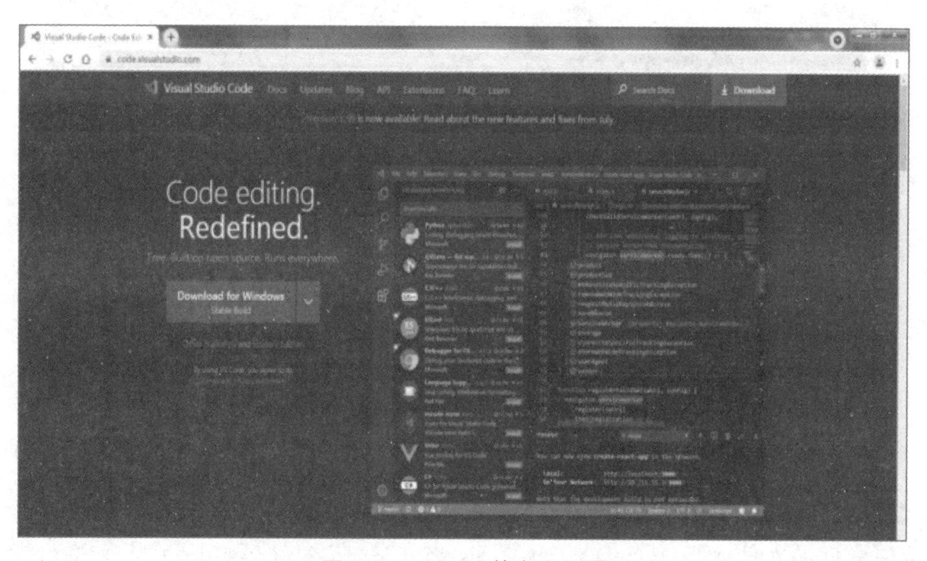

图 2.2　VS Code 的官方页面

2.2.2　下载 Bootstrap

读者在下载 Bootstrap 之前应对自身的开发水平进行评估，在掌握 CSS 和 HTML 技术的前提下可较为轻松地学习 Bootstrap。

1. 进入官方页面

Bootstrap 的官方页面如图 2.3 所示。

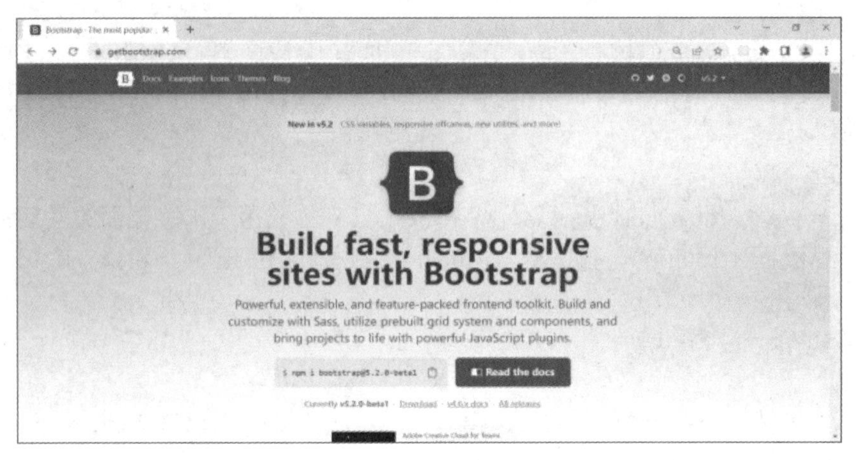

图 2.3　Bootstrap 的官方页面

2. 下载安装包

访问 Bootstrap 的下载页面，单击左下方的“Download”按钮进行下载，页面底部有下载进度提示信息，如图 2.4 所示。

图 2.4　Bootstrap 的下载

3. 解压缩安装包

下载完成后的文件名为 bootstrap-4.5.3-dist.zip，解压缩后的目录结构如图 2.5 所示。

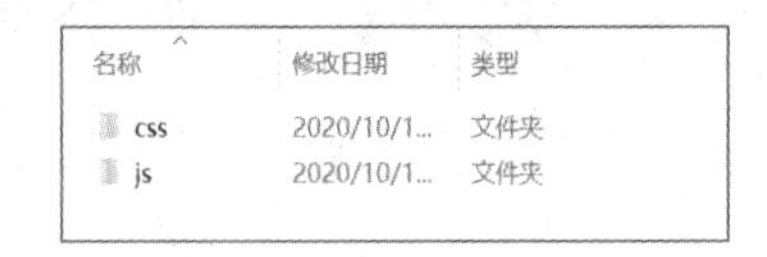

图 2.5　安装包解压缩后的目录结构

打开解压缩文件可以看到 Bootstrap 安装包中包含 css 和 js 两个文件夹。Bootstrap 可提供两种形式的文件，分别为样式文件和脚本文件，其文件结构如图 2.6 所示。

图 2.6 中主要包括 css 文件夹中的样式文件以及 js 文件夹中的脚本文件。其中，文件名中不含“min”关键字的是预编译的文件（如 bootstrap.js），而包含“min”关键字的文件（如

bootstrap.min.js）是编译且压缩好的文件（体积小，下载速度快），用户可根据实际需求选择引用相应文件。在实际项目开发中，为了提高文件的下载速度，一般选择压缩好的文件。

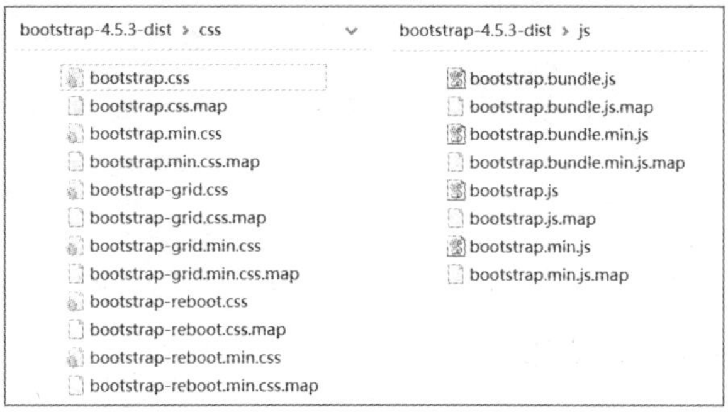

bootstrap-4.5.3-dist › css
bootstrap.css
bootstrap.css.map
bootstrap.min.css
bootstrap.min.css.map
bootstrap-grid.css
bootstrap-grid.css.map
bootstrap-grid.min.css
bootstrap-grid.min.css.map
bootstrap-reboot.css
bootstrap-reboot.css.map
bootstrap-reboot.min.css
bootstrap-reboot.min.css.map

bootstrap-4.5.3-dist › js
bootstrap.bundle.js
bootstrap.bundle.js.map
bootstrap.bundle.min.js
bootstrap.bundle.min.js.map
bootstrap.js
bootstrap.js.map
bootstrap.min.js
bootstrap.min.js.map

图 2.6　Bootstrap 的文件结构

2.2.3　安装 Bootstrap

下载 Bootstrap 安装包到本地后，即可安装并使用 Bootstrap。为确保页面渲染效果，读者在进行开发时，必须先在<head>标签中添加响应式的元标签，具体代码如下。

```
<head>
<meta name="viewport" content="width=device-width,initial-scale=1, shrink-to-fit=no">
</head>
```

安装 Bootstrap 的方法很简单，主要有以下两种。

1．本地安装

（1）与引入 CSS 文件的方法类似，可在<head>标签中通过<link>标签引入 Bootstrap 的基础样式文件，具体代码如下。

```
<head>
<meta name="viewport" content="width=device-width,initial-scale=1, shrink-to-fit=no">
<!--引入 Bootstrap 的基础样式文件-->
<link rel="stylesheet" href="bootstrap-4.5.3-dist/css/bootstrap.min.css">
<!--引入自定义样式文件-->
<link rel="stylesheet" href="css/style.css">
</head>
```

其中，基础样式文件 bootstrap.min.css 必须放在自定义样式文件 style.css 的前面，以确保自定义样式可覆盖 Bootstrap 的一些默认样式，便于设置本地样式。

（2）与引入 JavaScript 文件的方法类似，可在<script>标签中引入 JS 文件，具体代码如下。

```
<!--页面内容-->
<body>
<!--引入 jQuery 文件-->
<script src="jquery-3.5.1.slim.js"></script>
<!--引入 JS 文件-->
<script src="bootstrap-4.5.3-dist/js/bootstrap.min.js"></script>
</body>
```

其中，Bootstrap 的 JavaScript 效果是依赖于 jQuery 库实现的，使用 Bootstrap 的动态效果需要引入 jquery.js 文件。bootstrap.min.js 文件是 Bootstrap 的 jQuery 插件的源文件，一般建议将 bootstrap.min.js 文件放在代码尾部，这样有利于提高页面加载速度。

2．在线安装

在线安装 Bootstrap 依赖于第三方的 CDN（Content Delivery Network，内容分发网络）服

务，Bootstrap 中文网为 Bootstrap 构建的 CDN 加速服务可使页面访问速度更快，加速效果更明显。读者可在标签中直接引用 Bootstrap 的 CDN 地址，具体代码如下。

```
<!--引入 Bootstrap 的基础样式文件-->
<link rel="stylesheet" href="https://stackpath.bootstrapcdn.com/
bootstrap/4.5.3/css/bootstrap.min.css">
<!--引入 jQuery 文件-->
<script src="https://code.jquery.com/jquery-3.5.1.slim.min.js"></script>
<!--引入 Bootstrap 的 JS 文件-->
<script src="https://stackpath.bootstrapcdn.com/bootstrap/4.5.3/js/
bootstrap.min.js"></script>
```

2.2.4 快速体验 Bootstrap

学习新框架的一个重要技巧是尽可能地练习和使用它，即从简单的案例入手，逐步学习和使用新框架。本小节从 Bootstrap 的工具类、组件和插件入手，通过简单的案例将 Bootstrap 应用于实践。

1. 调用 Bootstrap 的工具类

新建一个网页，引入 Bootstrap 必需的 CSS 文件、JS 文件，以及 jQuery 文件。在 Bootstrap 官网中选择对应版本的 Bootstrap，选择“Utilities”（工具类），此时页面会自动跳转至工具类的详情页面，读者可根据开发需求选择对应的工具类。以 Colors 颜色类为例，读者只需在<p>标签中添加 class="text-*"即可获得 Bootstrap 设定好的文本颜色样式，具体代码如例 2.1 所示。

【例 2.1】Bootstrap 工具类。

```
1.  <!DOCTYPE html>
2.  <html>
3.  <head>
4.      <meta charset="UTF-8">
5.      <meta name="viewport" content="width=device-width,initial-scale=1,shrink-
    to-fit=no">
6.      <!--引入 Bootstrap 的基础样式文件-->
7.      <link rel="stylesheet" href="bootstrap-4.5.3-dist/css/bootstrap.css">
8.      <!--引入 jQuery 文件-->
9.      <script src="jquery-3.5.1.slim.js"></script>
10.     <title>Bootstrap 工具类</title>
11. </head>
12. <body>
13.     <div>
14.         <p class="text-primary">工具类--文本颜色类.text-primary</p>
15.         <p class="text-secondary">工具类--文本颜色类.text-secondary</p>
16.         <p class="text-success">工具类--文本颜色类.text-success</p>
17.         <p class="text-danger">工具类--文本颜色类.text-danger</p>
18.         <p class="text-warning">工具类--文本颜色类.text-warning</p>
19.         <p class="text-info">工具类--文本颜色类.text-info</p>
20.         <p class="text-light bg-dark">工具类--文本颜色类.text-light</p>
21.         <p class="text-dark">工具类--文本颜色类.text-dark</p>
22.         <p class="text-body">工具类--文本颜色类.text-body</p>
23.         <p class="text-muted">工具类--文本颜色类.text-muted</p>
24.         <p class="text-white bg-dark">工具类--文本颜色类.text-white</p>
25.         <p class="text-black-50">工具类--文本颜色类.text-black-50</p>
26.         <p class="text-white-50 bg-dark">工具类--文本颜色类.text-white-50</p>
```

```
27.      </div>
28.      <!--引入 Bootstrap 的 JS 文件-->
29.      <script src="bootstrap-4.5.3-dist/js/bootstrap.min.js"></script>
30.  </body>
31.  </html>
```

Bootstrap 工具类的显示效果如图 2.7 所示。

图 2.7　Bootstrap 工具类的显示效果

Bootstrap 工具类的功能非常强大，可提供多种通用的 CSS 样式。在上述代码中，.text-primary 类用于定义文本的默认颜色，.bg-dark 类用于定义文本的背景颜色为黑色，Bootstrap 提供的所有工具类的使用规则均可参考上述示例。读者将基本的网页结构构建完成后，在对应标签中加入 Bootstrap 所提供的各种工具类，即可呈现出优美的页面效果。

2．调用 Bootstrap 的组件

除使用工具类实现页面的样式设计之外，还可使用 Bootstrap 的组件实现页面布局。Bootstrap 组件的使用方法也十分简单，只需将符合规范的工具类名和页面结构组合起来。在 Bootstrap 官网中选择对应版本的 Bootstrap 后，单击“Components”（组件）按钮，页面会自动跳转至对应的组件详情页面。以列表组为例，只要符合 ul.list-group> li.list-group-item 结构，即可构建列表组，具体代码如例 2.2 所示。

【例 2.2】Bootstrap 列表组。

```
1.  <!DOCTYPE html>
2.  <html>
3.  <head>
4.      <meta charset="UTF-8">
5.      <meta name="viewport" content="width=device-width,initial-scale=1, shrink-
    to-fit=no">
6.      <link rel="stylesheet" href="bootstrap-4.5.3-dist/css/bootstrap.css">
7.      <script src="jquery-3.5.1.slim.js"></script>
8.      <title>Bootstrap 列表组组件</title>
9.  </head>
10. <body>
11.     <div>
12.         <ul class="list-group">
13.             <li class="list-group-item active" aria-current="true">《江雪》</li>
14.             <li class="list-group-item">千山鸟飞绝，</li>
15.             <li class="list-group-item">万径人踪灭。</li>
16.             <li class="list-group-item">孤舟蓑笠翁，</li>
17.             <li class="list-group-item">独钓寒江雪。</li>
18.         </ul>
19.     </div>
20.     <script src="bootstrap-4.5.3-dist/js/bootstrap.min.js"></script>
21. </body>
22. </html>
```

Bootstrap 列表组的显示效果如图 2.8 所示。

在上述代码中，.list-group 类用于定义列表组的父容器，.list-group-item 类用于定义列表组的列表项。使用 Bootstrap 提供的任意组件，可简便、快捷地设计布局、构建页面。

3. 调用 Bootstrap 标签页插件

为 Bootstrap 组件添加 JavaScript 效果，一方面需要根据 Bootstrap 的参考文档编写对应组件的 HTML 结构代码，另一方面需要调用 jQuery 插件。Bootstrap 的所有插件均支持两种调用方式：一种是 data 属性的 API 调用，另一种是 JavaScript 脚本调用。读者可根据业务需求选择任意一种调用方式进行开发。下面以标签页切换效果为例演示 Bootstrap 标签页插件的使用方法，具体代码如例 2.3 所示。

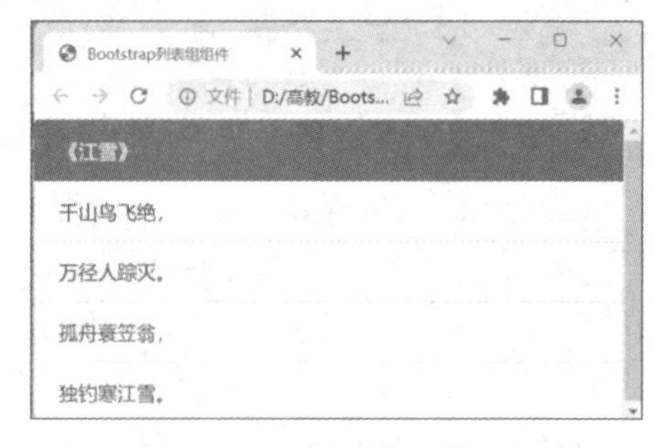

图 2.8 Bootstrap 列表组的显示效果

【例 2.3】Bootstrap 标签页插件。

```
1.  <!DOCTYPE html>
2.  <html>
3.  <head>
4.      <meta charset="UTF-8">
5.      <meta name="viewport" content="width=device-width,initial-scale=1, shrink-
    to-fit=no">
6.      <link rel="stylesheet" href="bootstrap-4.5.3-dist/css/bootstrap.css">
7.      <script src="jquery-3.5.1.slim.js"></script>
8.      <title>Bootstrap 标签页插件</title>
9.  </head>
10. <body>
11.     <div>
12.         <!-- 标签页 -->
13.         <ul class="nav nav-tabs" id="myTab">
14.             <li class="active"><a class="nav-link" href="#country" data-toggle=
    "tab">李白</a></li>
15.             <li><a class="nav-link" href="#society" data-toggle="tab">杜甫</a></li>
16.             <li><a class="nav-link" href="#citizen" data-toggle="tab">苏轼</a></li>
17.         </ul>
18.         <!-- 标签页的内容面板 -->
19.         <div class="tab-content">
20.             <div class="tab-pane active" id="country">李白，字太白，号青莲居士，又号
    "谪仙人"，唐代伟大的浪漫主义诗人，被后人誉为"诗仙"。</div>
21.             <div class="tab-pane" id="society">杜甫，字子美，自号少陵野老，唐代伟大的
    现实主义诗人，与李白合称"李杜"。</div>
22.             <div class="tab-pane" id="citizen">苏轼，字子瞻，一字和仲，号铁冠道人、东坡
    居士，世称苏东坡 、苏仙。</div>
23.         </div>
24.     </div>
25.     <script src="bootstrap-4.5.3-dist/js/bootstrap.min.js"></script>
26. </body>
27. </html>
```

上述示例采用 Bootstrap 自带的 data 属性触发规则调用插件，在标签中设置 data-toggle="tab"属性来实现标签页切换。这种调用方式的好处是无须编写任何 JavaScript 代码即可实现切换功能。

另一种方式则是使用 JavaScript 脚本调用插件，具体代码如下。

```
1.  <script type="text/javascript">
2.      $('#myTab a').click(function (e){
3.          e.preventDefault()
4.          $(this).tab('show')
```

```
5.      })
6.   </script>
```

用 Bootstrap 标签页插件的两种调用方式实现的显示效果相同，如图 2.9 所示。

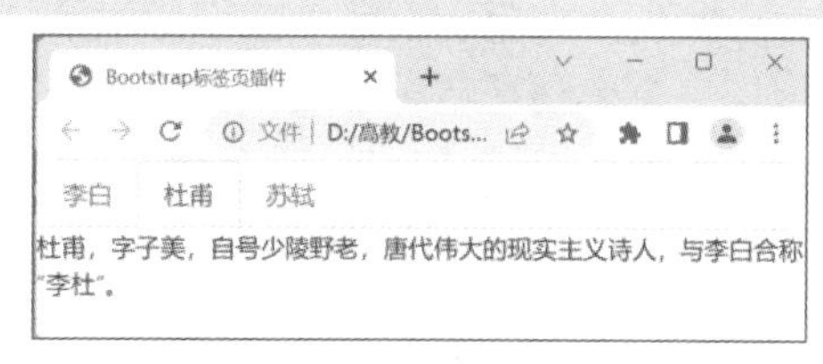

图 2.9　Bootstrap 标签页插件的显示效果

在采用第一种方式的代码中，为<ul>标签添加.nav 和.nav-tabs 类即可赋予其 Bootstrap 标签页样式。实现标签页的切换效果，一方面可以为页面元素添加 data-toggle= "tab"属性，借助 Bootstrap 的 data 属性规则实现标签页的切换；另一方面可使用 JavaScript 脚本调用 jQuery 插件实现标签页的切换。Bootstrap 提供的所有插件工具的调用方法均可参考例 2.3。

2.3　实战：传统节日介绍页面

传统节日的形成过程，是一个国家或民族的历史、文化长期积淀成为一种情感内蕴深厚的庆典的过程。它是一种文化现象、一种文化标志和民族文化情感认同的体现。本案例使用 Bootstrap 4 实现一个介绍我国传统节日的响应式网页，以增强读者对传统节日的认同感。在页面顶部设置一般网站中常用的轮播图，利用网格布局使页面根据屏幕尺寸的变化展示不同的排版与布局。

2.3.1　页面结构分析

本案例页面主要由头部轮播图、主体部分的节日信息标签页等构成。利用 Bootstrap 4 插件制作轮播图，轮播图由幻灯片、标识图标以及控制按钮等组成。节日信息标签页主要由节日标签以及节日信息介绍等组成。传统节日介绍页面结构如图 2.10 所示。

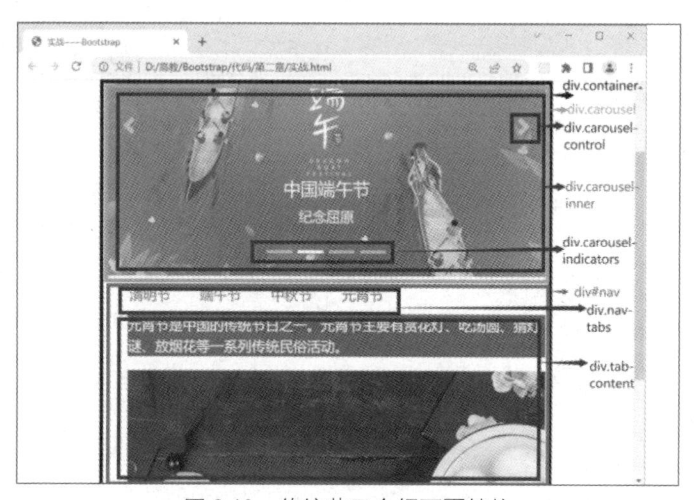

图 2.10　传统节日介绍页面结构

2.3.2　代码实现

1．主体结构代码

首先，新建一个 HTML 文件，在<body>标签中定义一个<div>父容器块，并设置类名为

container。

其次，在父容器块中分别添加轮播图和标签页这 2 个子容器块。轮播图由幻灯片、标识图标以及控制按钮等组成。标签页子容器块由类名为 nav-tabs 的标签页和类名为 tab-content 的标签内容组成，标签内容包括图片和节日信息等，具体代码如例 2.4 所示。

【例 2.4】中国传统节日。

```
1.  <!DOCTYPE html>
2.  <html>
3.  <head>
4.      <meta charset="UTF-8">
5.      <meta name="viewport" content="width=device-width,initial-scale=1, shrink-
    to-fit=no">
6.      <link rel="stylesheet" href="bootstrap-4.5.3-dist/css/bootstrap.css">
7.      <script src="jquery-3.5.1.slim.js"></script>
8.      <title>中国传统节日</title>
9.      <style type="text/css">
10.         .tab-pane img{
11.             /* 设置标签页内容中的图片适应父元素宽高 */
12.             width: 100%;
13.             height: 100%;
14.         }
15.     </style>
16. </head>
17. <body>
18.     <div id="box" class="container">
19.         <!-- 轮播图区域 -->
20.         <div id="Carousel" class="row carousel slide" data-ride="carousel">
21.             <!--标识图标-->
22.             <ol class="carousel-indicators">
23.                 <li data-target="#Carousel" data-slide-to="0" class="active"></li>
24.                 以下省略顺序为 1、2、3 的标示图标构建代码<li>
25.             </ol>
26.             <!--幻灯片-->
27.             <div class="carousel-inner  col-12">
28.                 <div class="carousel-item active">
29.                     <img src="images/qm.jpg" class="d-block w-100" alt="">
30.                     <div class="carousel-caption">
31.                         <h5>中国清明节</h5>
32.                         <p>祭祖</p>
33.                     </div>
34.                 </div>
35.                 以下省略“中国端午节”“中国中秋节”“中国元宵节”的幻灯片构建代码<div>
36.             </div>
37.             <!--控制按钮-->
38.             <a class="carousel-control-prev" href="#Carousel" data-slide="prev">
39.                 <span class="carousel-control-prev-icon"></span>
40.             </a>
41.             <a class="carousel-control-next" href="#Carousel" data-slide="next">
42.                 <span class="carousel-control-next-icon"></span>
43.             </a>
44.         </div>
45.         <!-- 标签页区域 -->
46.         <div class="row" id="nav" style="margin-left: 10px">
47.             <!-- 标签页 -->
48.             <ul class="nav nav-tabs col-6 col-xl-6 col-lg-6 col-md-12 col-sm-12"
```

```
    id="myTab">
49.             <li ><a class="nav-link active" href="#qingming" data-toggle="
    tab">清明节</a></li>
50.             以下省略"端午节""中秋节""元宵节"的标签项构建代码<li>
51.         <!-- 标签内容 -->
52.         <div id="tab-content" class="tab-content col-xl-6 col-lg-6 col-md-12
    col-12">
53.             <div role="tabpanel" class="active tab-pane" id="qingming">
54.                 <p class="text-success">清明节，又称踏青节、行清节、三月节、祭祖节等，
    扫墓祭祖与踏青郊游是清明节的两大礼俗主题，这两大传统礼俗主题在中国自古传承，至今不辍。</p>
55.                 <img src="images/sz1.jpg" alt="">
56.             </div>
57.             以下省略"端午节""中秋节""元宵节"的内容构建代码<div>
58.         </div>
59.     </div>
60.   </div>
61.   <script src="bootstrap-4.5.3-dist/js/bootstrap.min.js"></script>
62. </body>
63. </html>
```

2. CSS 代码

设置 Bootstrap 4 的组件样式时，应将自定义样式文件置于 Bootstrap 4 的基础样式文件之后，使标签内容中的图片适应父元素的宽高变化，具体代码如下。

```
1.  <style type="text/css">
2.      .tab-pane img{
3.          /* 设置标签页内容中的图片适应父元素宽高 */
4.          width: 100%;
5.          height: 100%;
6.      }
7.  </style>
```

Bootstrap 4 默认引入响应式布局，该布局具有自动适应屏幕尺寸，可根据屏幕尺寸自动布局的特性。Bootstrap 4 设计了多种网格类，网格类采用 col-type-*命名法命名，根据网格宽度的不同，网格类主要分为 col-、col-sm-、col-md-、col-lg-和 col-xl-这 5 种，具体的网格知识将在第 3 章进行详细介绍。

在上述代码中，主要使用 Bootstrap 4 的轮播图插件和标签页样式实现传统节日介绍页面。当屏幕处于大屏状态时，标签项与标签内容水平分布，显示效果如图 2.11 所示。

当屏幕为小屏或中屏时，节日标签与标签内容垂直分布，显示效果如图 2.12 所示。

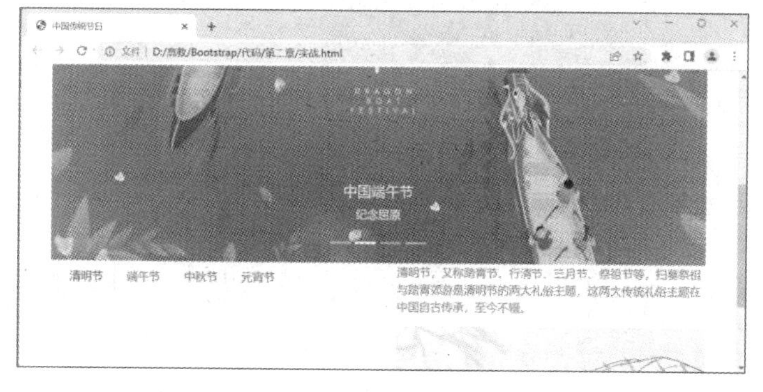

图 2.11　水平分布

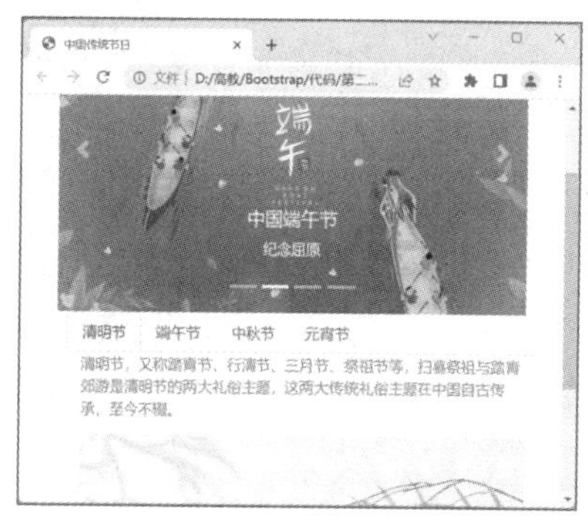

图 2.12　垂直分布

2.4 本章小结

本章主要介绍了 Bootstrap 的基础知识，包括 Bootstrap 的发展、Bootstrap 的优势以及 Bootstrap 的内容，其次介绍了 Bootstrap 的开发环境以及 Bootstrap 的使用方法，并配合具体实例讲解了 Bootstrap 工具类、组件和插件的应用，以提升读者的实战能力。希望通过学习本章内容，读者能够利用 Bootstrap 进行简单的案例开发，为学习 Bootstrap 脚手架奠定基础。

2.5 习题

1．填空题

（1）Bootstrap 的主要创始人为________、________。

（2）Bootstrap 有________、________、________、________、________等内容。

（3）安装 Bootstrap 需要配置________、________、________等资源。

2．选择题

（1）Bootstrap 插件的全部依赖是（　　）。

A．jQuery　　B．Angular　　C．JavaScript　　D．Node.js

（2）Bootstrap 是由（　　）公司研发的。

A．谷歌　　B．阿里巴巴　　C．推特　　D．甲骨文

3．思考题

（1）使用 Bootstrap 时为什么要声明文档类型？

（2）什么是 Bootstrap？为什么要使用 Bootstrap？

4．编程题

使用 Bootstrap 4 的轮播图插件设计一个介绍我国新年的轮播页面，具体实现效果如图 2.13 所示。

图 2.13　新年轮播页面

第 3 章 Bootstrap 脚手架

Bootstrap 脚手架

本章学习目标

- 认识 Bootstrap 的布局基础
- 掌握 Bootstrap 的网格系统

脚手架是一种建筑领域常用的辅助工具，是为保证施工过程顺利进行而搭设的工作平台。脚手架对应到软件开发领域，可被理解为开发人员在开发过程中使用的开发工具及开发框架。脚手架使读者无须从头开始搭建框架或者编写底层源码，可极大地提升开发效率。脚手架的英文名称是 Scaffolding，也译作基础架构。脚手架是网页的整体模板和架构。本章将重点介绍 Bootstrap 脚手架的布局基础和网格系统等方面的知识。

3.1 Bootstrap 布局基础

3.1.1 断点

断点是 Bootstrap 中的触发器，用于触发布局响应，使布局根据设备或视口大小的变化而变化。断点是一种可定制的、决定响应式布局如何在设备中进行表现或决定 Bootstrap 视口大小的宽度的临界点。Bootstrap 4 使用媒体查询技术为布局创建合理的断点。Bootstrap 4 的断点分类及其说明如表 3.1 所示。

表 3.1 Bootstrap 4 的断点分类及其说明

断点	规格	屏幕尺寸
超小型	xs	<576px
小型	sm	≥576px
中型	md	≥768px
大型	lg	≥992px
超大型	xl	≥1200px

每个断点对应的屏幕尺寸均被设置为 12 的倍数，符合网格系统的 12 列划分规则。

3.1.2 布局容器

容器是 Bootstrap 中最基本的布局元素之一，在使用默认网格系统时容器是必需的。虽然容器可以实现结构嵌套，但大多数布局并不需要嵌套容器。

1. 容器分类

Bootstrap 有 3 种容器，即 container 容器、container-fluid 容器和 container-{断点规格}容器，容器与容器之间最大的区别在于宽度的设定，具体介绍如下。

（1）container 容器，是用于固定宽度并支持响应式布局的容器。

Bootstrap 默认使用.container 类构造 container 容器。container 容器是响应式的、固定宽度的容器。固定宽度并非自定义的固定数值，而是 container 容器利用媒体查询根据实际的屏幕尺寸大小设定一个固定的值，且该容器在页面居中显示。当浏览器的窗口变化时，页面会呈现阶段性的变化。

container 容器的语法格式如下。

```
<div class="container">
  <!-- Content here -->
</div>
```

（2）container-fluid 容器，是保持 width 为 100%、占据全部视口的容器，它在所有的断点处均保持 width 为 100%。

container-fluid 容器自动设置容器宽度为外层视口的 100%，始终保持全屏大小和 100%宽度设置。为元素添加.container-fluid 类，可使元素始终保持跨越整个视口的宽度。

container-fluid 容器的语法格式如下。

```
<div class="container-fluid">
<!-- Content here -->
  ...
</div>
```

（3）container-{断点规格}容器，是在指定断点（如.container-sm）上保持 width 为 100%的容器。

对不同断点下 container 容器、container-{断点规格}容器以及 container-fluid 容器的宽度进行比较，比较结果如表 3.2 所示。

表 3.2 不同断点下容器宽度比较

容器	超小型（<576px）	小型（≥576px）	中型（≥768px）	大型（≥992px）	超大型（≥1200px）
.container	100%	540px	720px	960px	1140px
.container-sm	100%	540px	720px	960px	1140px
.container-md	100%	100%	720px	960px	1140px
.container-lg	100%	100%	100%	960px	1140px
.container-xl	100%	100%	100%	100%	1140px
.container-fluid	100%	100%	100%	100%	100%

2. 容器应用

通过实际案例说明 container 容器与 container-fluid 容器的区别，具体代码如例 3.1 所示。

【例 3.1】container 容器和 container-fluid 容器。

```
1.   <!DOCTYPE html>
2.   <html lang="en">
```

```
3.  <head>
4.      <meta charset="UTF-8">
5.      <meta name="viewport" content="width=device-width,initial-scale=1, shrink-
    to-fit=no">
6.      <title>container 和 container-fluid</title>
7.      <link rel="stylesheet" href="bootstrap-4.5.3-dist/css/bootstrap.css">
8.      <script src="jquery-3.5.1.slim.js"></script>
9.      <script src="bootstrap-4.5.3-dist/js/bootstrap.min.js"></script>
10. </head>
11. <body>
12.     <!-- container 容器 -->
13.     <div class="container border text-center align-middle py-5 bg-info">container
    容器</div>
14.     <br/>
15.     <!-- container-fluid 容器 -->
16.     <div class="container-fluid border text-center align-middle py-5 bg-success ">
    container-fluid 容器</div>
17. </body>
18. </html>
```

上述示例中的.border、.text-center、.align-middle、.py-5 和.bg-light 等工具类，分别用于为容器设置边框、内容水平居中、垂直居中、上下内边距和背景色等。这些工具类在此处仅用于测试，具体内容将在本书的第 5 章中进行详细介绍。

运行上述代码，当设备屏幕尺寸小于 768px 时，显示效果如图 3.1 所示。

当设备屏幕尺寸大于等于 768px 时，显示效果如图 3.2 所示。

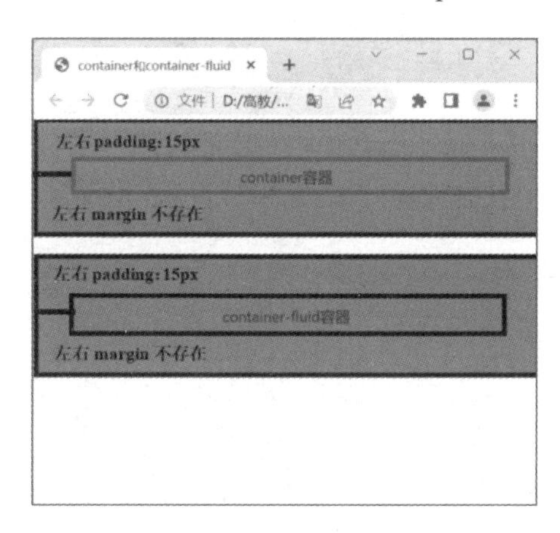

图 3.1　小型设备上的显示效果

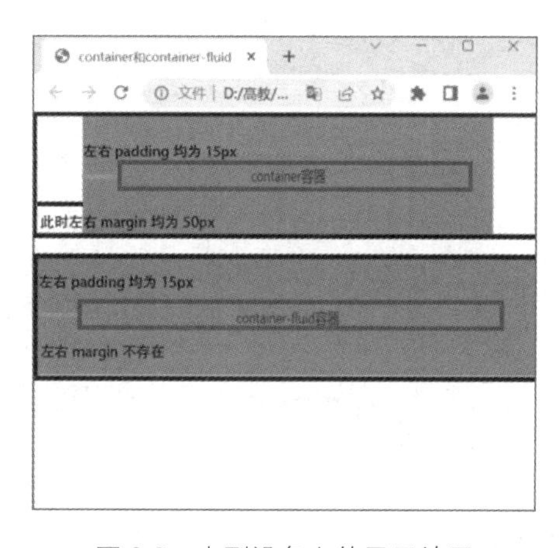

图 3.2　中型设备上的显示效果

container 容器具有外边距，而 container-fluid 容器没有外边距。container 容器的左右内边距始终保持为 15px，当屏幕尺寸小于 768px 时 margin 值不发挥作用，当屏幕尺寸大于等于 768px 时 margin 值发挥作用，并根据屏幕尺寸变化呈现阶段性变化。

container 容器和 container-fluid 容器的区别主要体现在是否存在一个随视口宽度变化而变化的 margin 值。container 容器所谓的自适应是通过 margin 值的阶段性变化来实现的，而 container-fluid 容器并不关注设备的屏幕尺寸，它始终保持 100%宽度。

3.1.3　弹性布局

弹性布局是 CSS3 的一个特性，是一种可使页面适应不同屏幕大小、设备类型，确保元素拥有恰当行为的布局方式。Bootstrap 4 使用弹性布局来快速管理网格系统的列元素、导航栏、组件的布局、对齐和大小等。读者可根据实际的设计需求自定义 CSS 样式，以设计出更复杂的布局样式。需要注意 IE9 及其以下版本并不支持弹性布局，所以在开发过程中如需使 IE8、IE9 等浏览器，请使用 Bootstrap 3。

下面使用.d-flex 类创建一个弹性盒子容器，为其设置 3 个弹性子元素，并使用.d-inline-flex 类创建显示在同一行上的弹性盒子容器，具体代码如例 3.2 所示。

【例 3.2】弹性布局。

```
1.  <!DOCTYPE html>
2.  <html lang="en">
3.  <head>
4.      <meta charset="UTF-8">
5.      <meta name="viewport" content="width=device-width,initial-scale=1, shrink-
    to-fit=no">
6.      <title>弹性布局</title>
7.      <link rel="stylesheet" href="bootstrap-4.5.3-dist/css/bootstrap.css">
8.      <script src="jquery-3.5.1.slim.js"></script>
9.      <script src="bootstrap-4.5.3-dist/js/bootstrap.min.js"></script>
10. </head>
11. <body>
12.     <div class="container ">
13.         <!-- Flex -->
14.         <h2>Flex</h2>
15.         <p>使用.d-flex 类创建一个弹性盒子容器，并设置 3 个弹性子元素：</p>
16.         <div class="d-flex p-3 bg-secondary text-white">
17.             <div class="p-2 bg-info">Flex item 1</div>
18.             <div class="p-2 bg-warning">Flex item 2</div>
19.             <div class="p-2 bg-success">Flex item 3</div>
20.         </div>
21.     </div>
22.     <div class="container ">
23.         <!-- 行内 Flex -->
24.         <h2>行内 Flex</h2>
25.         <p>创建显示在同一行上的弹性盒子容器可以使用.d-inline-flex 类:</p>
26.         <div class="d-inline-flex p-3 bg-secondary text-white">
27.           以下省略与本例中 17～19 行相同的重复代码
28.         </div>
29.     </div>
30. </body>
31. </html>
```

在上述代码中，.d-flex 类代表弹性盒子，.p-*类代表内边距（padding），.bg-*类代表背景色。弹性盒子主要分为两种，一种是默认弹性盒子（.d-*-flex），另一种是嵌入式弹性盒子（.d-*-inline-flex）。注意，“*”既可以省略为空，也可以设为任意一种设备规格，如.d-flex、.d-lg-flex、.d-inline-flex、.d-md-inline-flex 等。

运行上述代码，弹性布局的显示效果如图 3.3 所示。

弹性布局有许多用于页面设计的类，此处仅进行简要介绍，弹性布局的具体内容将在本书第 6 章进行详细介绍。

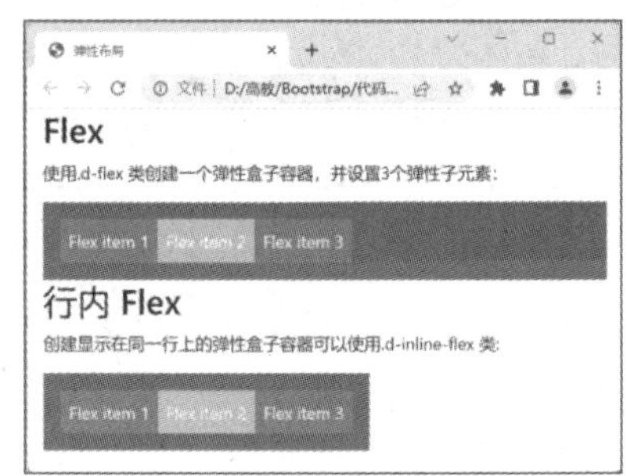

图 3.3 弹性布局的显示效果

3.2　网格系统

网格系统（也称栅格系统、网格布局）是 Bootstrap 4 框架的一大特色，网格系统可使页面布局更简便、更美观、更易于维护。

3.2.1　网格系统的组成

Bootstrap 4 提供了一套响应式的、移动设备优先的网格系统。网格系统默认最多可划分为 12 列，进而组成规格为 12 列、宽度为 960px 的容器。基础网格系统如图 3.4 所示。

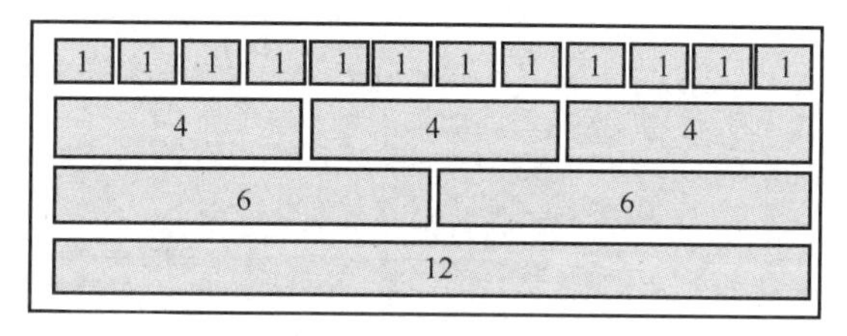

图 3.4　基础网格系统

网格系统主要由行容器（row）、列元素（col）与间隙（gutter）组成，简单来说，就是将一定宽度的页面容器切割成数栏或数列，网格系统的组成如图 3.5 所示。

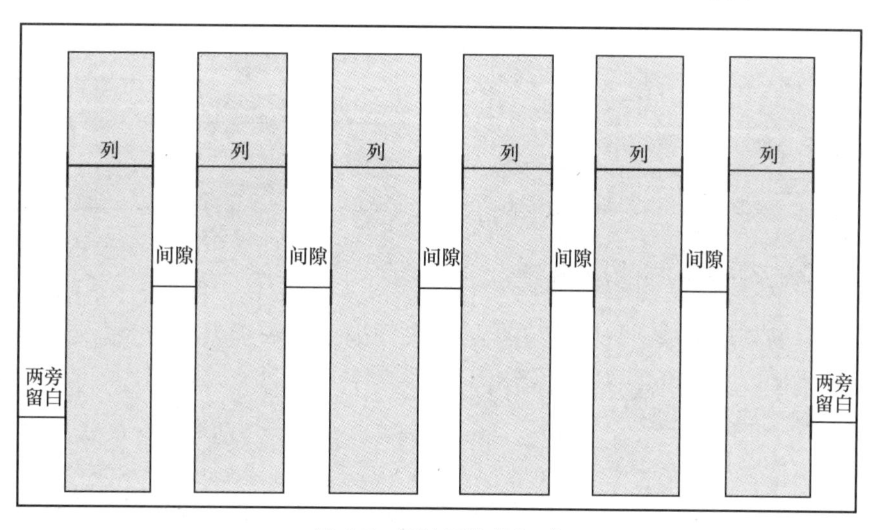

图 3.5　网格系统的组成

3.2.2　网格系统的特性

网格系统使用一系列包含内容的行容器和列元素来进行页面布局，在应用网格系统的过程中，应掌握网格系统的 7 个主要特性。

（1）网格系统的所有行都应放在添加了.container 类或.container-fluid 类的容器中，以便对其进行对齐，调整内边距和外边距。

（2）网格系统经由行容器和列元素建立页面结构，在行容器中可以添加列元素，且仅有列元素可以是行容器的直接子元素，页面具体内容应当放置在列元素内。

（3）每个行容器所允许拥有的列元素总数最大为 12。如 4 个相等的列元素应使用 4 个.col-3 类进行设置。

（4）预定义的网格类，如.row 类和.col-sm-4 类等可用于快速建立网格布局。

（5）设置内边距可创建列元素与列元素之间的间隙，设置第一列与最后一列的外边距为负值可抵消内边距的影响。

（6）当某个行容器中的列元素的总数超过 12 时，该行容器中额外的列元素将作为单元被放置到新的行中。

（7）网格响应类的运用。当某一元素应用.col-md-*类且未应用.col-lg-*类和.col-xl-*类时，.col-md-*类不仅会影响中型设备的页面样式，也会影响大型、超大型设备的页面样式。

Bootstrap 的网格系统在不同设备中具有不同约定，网格系统在各种设备上的约定如表 3.3 所示。

表 3.3　　网格系统在各种设备上的约定

容器	超小型屏幕设备（<576px）	小型屏幕设备（≥576px）	中型屏幕设备（≥768px）	大型屏幕设备（≥992px）	超大型屏幕设备（≥1200px）
栅格系统行为	总是水平排列		开始是堆叠在一起的，当屏幕宽度大于阈值时将变为水平排列		
容器宽度	无（自动）	540px	720px	960px	1140px
类前缀	.col	.col-sm-	.col-md-	.col-lg-	.col-xl-
列数	12				
间隙宽度	30px，每列左右各占 15px				
嵌套	允许				
列排序	允许				

3.2.3　基础网格系统的应用

下面通过案例来演示基础网格系统的应用。使用.container 类创建一个固定容器，使用.row 类创建一个行容器，并在该行容器中使用.col 类设置 3 个列元素，具体代码如例 3.3 所示。

【例 3.3】基础网格系统。

```
1.  <!DOCTYPE html>
2.  <html lang="en">
3.  <head>
4.      <meta charset="UTF-8">
5.      <meta name="viewport" content="width=device-width,initial-scale=1, shrink-
    to-fit=no">
6.      <title>基础网格系统</title>
7.      <link rel="stylesheet" href="bootstrap-4.5.3-dist/css/bootstrap.css">
8.      <script src="jquery-3.5.1.slim.js"></script>
9.      <script src="bootstrap-4.5.3-dist/js/bootstrap.min.js"></script>
10. </head>
11. <body>
12.     <!-- container 容器 -->
13.     <div class="container  ">
14.         <!-- 行容器 -->
```

```
15.         <div class="row">
16.             <!-- 行容器中嵌套列元素 -->
17.             <div class="col  bg-info">first col</div>
18.             <div class="col  bg-success">second col</div>
19.             <div class="col  bg-warning">third col</div>
20.         </div>
21.     </div>
22. </body>
23. </html>
```

Bootstrap 4的网格系统默认划分为12列，所以列元素所跨越的网格总数应为12（或与其父容器的网格数相等）。以.col-4类为例解释列元素的取值规则，12除以4等于3，即将屏幕划分为3列，其中每列占据4份网格。

运行上述代码，页面显示为等宽3列的网格系统，显示效果如图3.6所示。

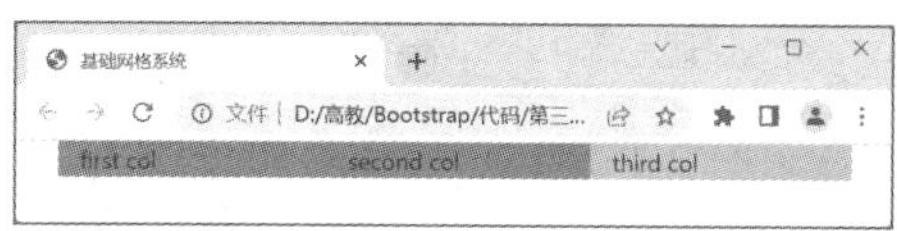

图3.6 基础网格系统

3.2.4 响应类

Bootstrap 4的网格系统包含5种预定义的用于构建复杂响应式布局的网格响应类，读者可根据实际设计需求在超小型、小型、中型、大型、超大型5种设备（屏幕）中定义布局样式。

1. 设备全覆盖

当需要设计覆盖所有设备的布局样式时，如实现从超小型设备到超大型设备保持相同的布局样式，可使用.col或.col-*类。.col-*类指定列的特定大小（如.col-6类）。

以下案例实现覆盖所有设备的布局样式，代码如例3.4所示。

【例3.4】设备全覆盖。

```
1.  <!DOCTYPE html>
2.  <html lang="en">
3.  <head>
4.      <meta charset="UTF-8">
5.      <meta name="viewport" content="width=device-width,initial-scale=1, shrink-
    to-fit=no">
6.      <title>设备全覆盖</title>
7.      <link rel="stylesheet" href="bootstrap-4.5.3-dist/css/bootstrap.css">
8.      <script src="jquery-3.5.1.slim.js"></script>
9.      <script src="bootstrap-4.5.3-dist/js/bootstrap.min.js"></script>
10. </head>
11. <body>
12.     <div class="container">
13.         <h3 align="center">设备全覆盖</h3>
14.         <div class="row">
15.             <!-- 默认.col 实现自动等宽 -->
16.             <div class="col border  bg-light">col</div>
17.             <div class="col border  bg-light">col</div>
18.             <div class="col border  bg-light">col</div>
19.             <div class="col border  bg-light">col</div>
20.         </div>
21.         <div class="row">
22.             <!-- 使用.col-*指定特定列的宽度 -->
23.             <div class="col-4 border  bg-light">col-4</div>
24.             <div class="col-8 border  bg-light">col-8</div>
25.         </div>
```

```
26.     </div>
27. </body>
28. </html>
```

在上述代码中，仅为列元素设置超小型设备中的布局样式，且未使用.col-md-*、.col-lg-*、.col-lg-*、.col-xl-*等响应类，因此在未设置其他响应类的前提下，.col-类不仅会影响超小型设备的布局样式，也会影响大型、超大型等设备的布局样式。

运行上述代码，页面在所有设备中的显示效果均如图 3.7 所示。

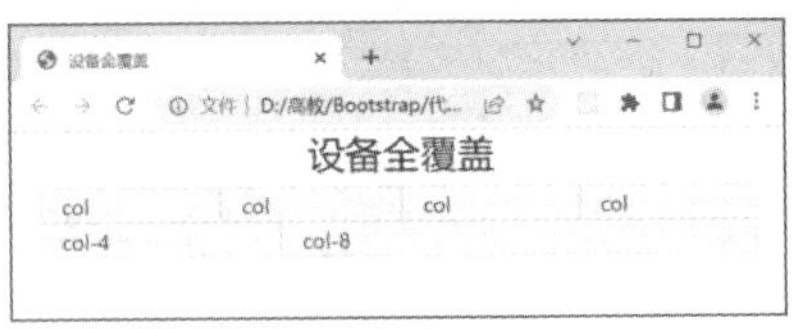

图 3.7 设备全覆盖的显示效果

2. 响应类的混合搭配

当需要根据设备类型对每个列元素都进行布局定义时，可使用.col、.col-*、.col-md-*、.col-lg-*、.col-lg-*、.col-xl-*等响应类设计相应设备上的列元素布局样式，实现响应类的混合搭配。

在以下案例中为列元素混合搭配响应类，代码如例 3.5 所示。

【例 3.5】混合搭配响应类。

```
1.  <!DOCTYPE html>
2.  <html lang="en">
3.  <head>
4.      <meta charset="UTF-8">
5.      <meta name="viewport" content="width=device-width,initial-scale=1, shrink-
    to-fit=no">
6.      <title>混合搭配</title>
7.      <link rel="stylesheet" href="bootstrap-4.5.3-dist/css/bootstrap.css">
8.      <script src="jquery-3.5.1.slim.js"></script>
9.      <script src="bootstrap-4.5.3-dist/js/bootstrap.min.js"></script>
10. </head>
11. <body>
12. <div class="container">
13.     <h3>混合搭配</h3>
14.     <!-- 在小型及以下设备上显示为一个全宽（占 12 份）的列和一个半宽（占 6 份）的列 -->
15.     <!-- 在中型及以上设备上显示为一行两列，列元素分别占 8 份和 4 份-->
16.     <div class="row">
17.         <div class="col-12 col-md-8 border py-3 text-white bg-success">小型及以下
    设备上本列元素占 12 份---中型及以上设备上本列元素占 8 份</div>
18.         <div class="col-6 col-md-4 border py-3 text-white bg-danger">小型及以下设备
    上本列元素占 6 份---中型及以上设备上本列元素占 4 份</div>
19.     </div>
20.     <!--在所有的设备上，列的宽度都是占 50%，即 6 份-->
21.     <div class="row">
22.         <div class="col-6 border py-3 text-white bg-info">所有的设备中，本列元素占 6 份
    </div>
23.         <div class="col-6 border py-3 text-white bg-info ">所有的设备中，本列元素占 6 份
    </div>
24.     </div>
25. </div>
26. </body>
27. </html>
```

在上述代码中，使用.col-*类设置列元素在所有设备中的默认布局样式，并使用.col-md-*类设置列元素在中型的设备中的布局样式。响应类对应的设备尺寸越大，根据其定义的布局样式的优先级越高。

以第 1 行第 1 列的元素为例，它在中型的设备中保持 8 份的宽度，而在小型及以下设备中保持 12 份的宽度。.col-md-*类定义的布局样式在中型及以上的设备中覆盖了.col-*类的定义的布局样式。

运行上述代码，在小型及以下的设备中，页面显示效果如图 3.8 所示；在中型及以上设备中，页面显示效果如图 3.9 所示。

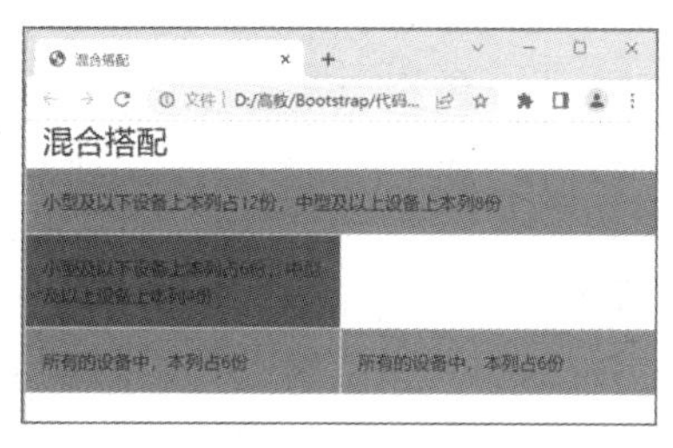

图 3.8　小型及以下设备的页面显示效果

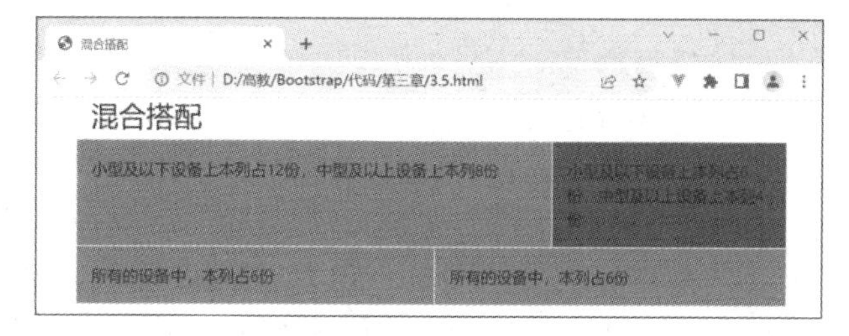

图 3.9　中型及以上设备的页面显示效果

3．列元素包装

当行容器中所有列元素跨越的网格数量之和超过 12 时，网格系统会自动将额外的列元素作为一个单元包装到新行容器中。

以下案例实现列元素包装，代码如例 3.6 所示。

【例 3.6】列元素包装。

```
1.  <!DOCTYPE html>
2.  <html lang="en">
3.  <head>
4.      <meta charset="UTF-8">
5.      <meta name="viewport" content="width=device-width,initial-scale=1, shrink-
  to-fit=no">
6.      <title>列元素包装</title>
7.      <link rel="stylesheet" href="bootstrap-4.5.3-dist/css/bootstrap. css">
8.      <script src="jquery-3.5.1.slim.js"></script>
9.      <script src="bootstrap-4.5.3-dist/js/bootstrap.min.js"></script>
10. </head>
11. <body>
12.     <div class="container">
13.         <h3>列元素包装</h3>
14.         <div class="row">
15.             <div class="col-8 py-3 border text-white bg-primary">
16. col-8 此列占 8 份</div>
17.             <div class="col-5 py-3 border text-white bg-success">
18. col-5 此列占 5 份</div>
19.             <div class="col-7 py-3 border text-white bg-danger">
20. col-7 此列占 7 份</div>
21.         </div>
22.     </div>
23. </body>
24. </html>
```

在上述代码中，使用.col-8 类设置第 1 个列元素在行容器中占 8 份宽度，使用.col-5 类设置第 2 个列元素在行容器中占 5 份宽度。因为 8 份+5 份=13 份>12 份，所以占 5 份的列元素将作为一个连续单元被包装到一个新行容器中，后续的列元素则在新行容器中继续排列。

运行上述代码，列元素包装的显示效果如图 3.10 所示。

3.2.5 列排序

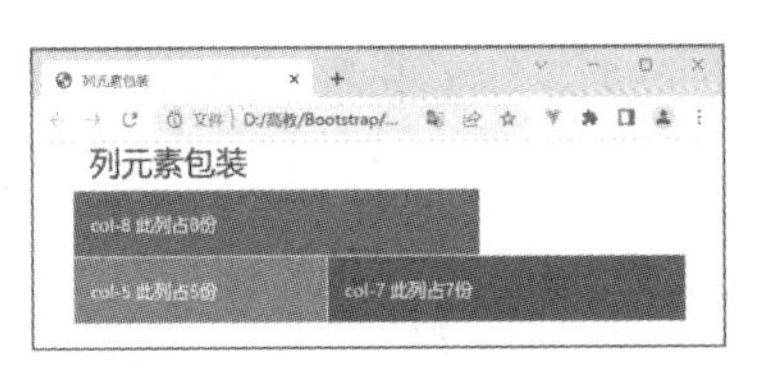

图 3.10 列元素包装

HTML 结构的读取是按照从上向下、从左向右的顺序进行的，因此无法随意更改页面的可视化顺序。在 Bootstrap 4 中，网格系统具有一个完美的特性，即读者可便捷地以一种顺序编写列元素，然后以另外一种顺序显示列元素。列元素的重新排列可借助.order-*类或.offset-{设备类型}-*类实现。

1. order 重新排序

CSS 中的 order 属性可规定弹性布局中元素的排列顺序，弹性布局中元素的 order 属性值默认为 0。读者可为元素设置 order 属性值从而变更元素的排列顺序，order 属性值越大元素的排列顺序越靠后。拥有相同 order 属性值的元素按照它们在代码中出现的顺序进行排列。

Bootstrap 4 默认采用弹性布局，读者可使用.order-*类更改元素的可视化顺序。Bootstrap 4 规定.order-*类的取值范围为 1～12，共 12 个等级。

以下案例使用.order-*类更改列元素的排列顺序，代码如例 3.7 所示。

【例 3.7】使用.order-*类实现列排序。

```
1.  <!DOCTYPE html>
2.  <html lang="en">
3.  <head>
4.      <meta charset="UTF-8">
5.      <meta name="viewport" content="width=device-width,initial-scale=1, shrink-
    to-fit=no">
6.      <link rel="stylesheet" href="bootstrap-4.5.3-dist/css/bootstrap.css">
7.      <script src="jquery-3.5.1.slim.js"></script>
8.      <script src="bootstrap-4.5.3-dist/js/bootstrap.min.js"></script>
9.      <title>使用.order-*类实现列排序</title>
10. </head>
11. <body class="container">
12.     <div class="row mt-5">
13.         <div class="col order-5 py-3 bg-danger text-white">order-5</div>
14.         <div class="col order-4 py-3 bg-warning text-white">order-4</div>
15.         <div class="col order-3 py-3 bg-info text-white">order-3</div>
16.     </div>
17. </body>
18. <html>
```

从 HTML 代码来看，上述示例中列元素若按照它们在代码中出现的默认顺序进行显示，则列元素的显示顺序为 order-5、order-4、order-3，显示效果如图 3.11 所示。

使用.order-*类对列元素进行重新排序后，order 属性取值大的元素按顺序靠后。由于"order-3 的 order 属性值<order-4 的 order 属性值<order-5 的 order 属性值"，因此页面中列元素的显示顺序为 order-3、order-4、order-5，显示效果如图 3.12 所示。

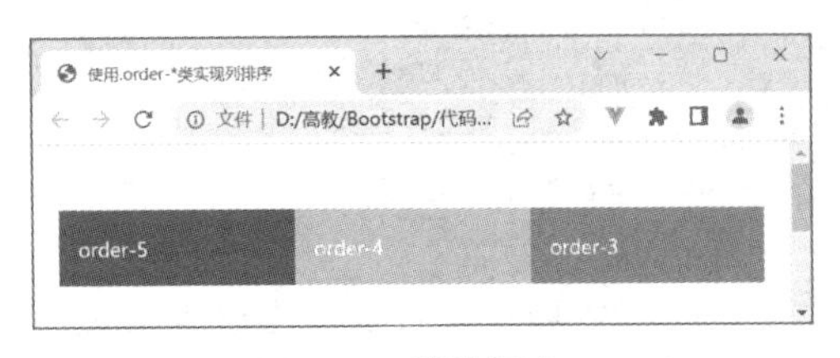

图 3.11 默认顺序

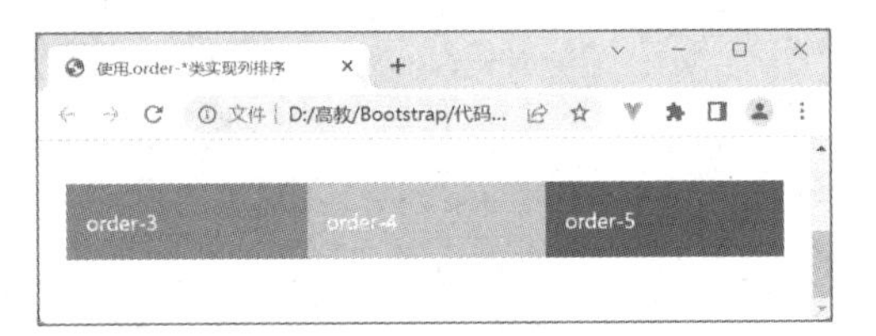

图 3.12 重新排序

注意，没有定义.order 类的元素将默认排在前面。.order 类仅对元素的视觉顺序产生作用，并不会影响元素的逻辑顺序或标签顺序，因此.order-*类不能用于非视觉媒体。

Bootstrap 5 可提供.order-0～.order-5 以及.order-first、.order-last 等工具类。在 Bootstrap 5 源码中，.order-0～.order-5 实际上只做了一件事，就是设置元素的 order 属性值为 0～5，而.order-*类和.order-last 类分别用于设置 order 属性为−1 和 6。

2．offset 列偏移

使用响应式的.offset-{设备类型}-*类可使列元素向右偏移，通过设置*的值可规定列元素向右偏移几列，如.offset-md-5 可设置列元素向右偏移 5 列。

Bootstrap 4 的.offset-{设备类型}-*类利用 margin-left 实现列元素向左偏移，实际它使用 CSS 选择器为当前元素增加左侧的外边距（Margin）。

在以下案例中使用.offset-md-*类实现列元素向右偏移，具体代码如例 3.8 所示。

【例 3.8】使用.offset-md-*类实现列元素向右偏移。

```
1.  <!DOCTYPE html>
2.  <html lang="en">
3.  <head>
4.      <meta charset="UTF-8">
5.      <meta name="viewport" content="width=device-width,initial-scale=1, shrink-
    to-fit=no">
6.      <link rel="stylesheet" href="bootstrap-4.5.3-dist/css/bootstrap.css">
7.      <script src="jquery-3.5.1.slim.js"></script>
8.      <script src="bootstrap-4.5.3-dist/js/bootstrap.min.js"></script>
9.      title>使用.offset-md-*类实现列偏移</title>
10. </head>
11. <body class="container mt-5">
12.      <h3 align="center">使用.offset-md-*类实现列元素向右偏移</h3>
13.     <!-- 第一行 -->
14.     <div class="row border text-white">
15.         <div class="col-md-4 offset-md-4 py-3 border bg-danger">
16.             第一列 .offset-md-3
17.         </div>
18.     </div>
19.     <!-- 第二行 -->
20.     <div class="row border text-white">
21.         <div class="col-md-4 offset-md-1 py-3 border bg-warning">
22.             第一列 .offset-md-3
23.         </div>
24.         <div class="col-md-4 offset-md-2 py-3 border bg-warning">
25.             第二列 .offset-md-3
26.         </div>
27.     </div>
28.     <!-- 第三行 -->
29.     <div class="row border text-white">
30.         <div class="col-md-4 py-3 border bg-info">第一列</div>
31.         <div class="col-md-4 offset-md-4 py-3 border bg-info">
32.             第二列.offset-md-4
33.         </div>
34.     </div>
35. </body>
36. <html>
```

从上述 HTML 代码来看，当列元素未设置.offset-md-*类时，显示效果如图 3.13 所示。当列元素使用.offset-md-*类向右侧移动后，显示效果如图 3.14 所示。

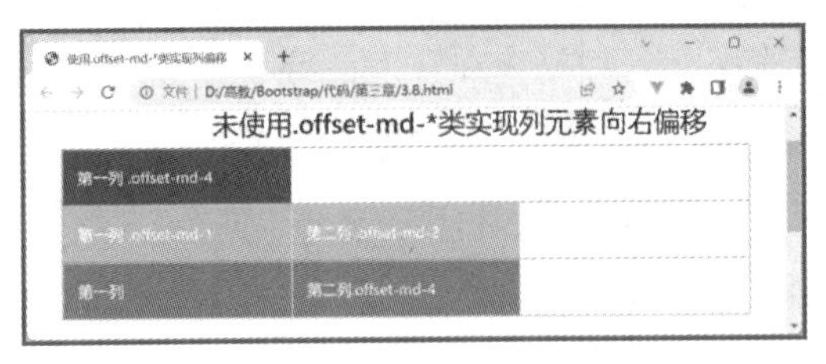

图 3.13　列元素未向右偏移

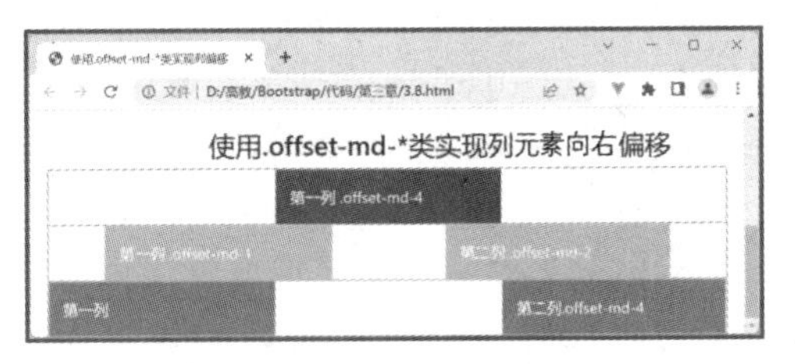

图 3.14　列元素向右偏移

读者基于 Bootstrap 3 开发项目时，可使用.pull-{设备类型}-*类与.push-{设备类型}-*类分别实现列元素的左移与右移。注意，Bootstrap 4 与 Bootstrap 5 已不再支持.pull-{设备类型}-*类和.push-{设备类型}-*类。

3.2.6　列嵌套

网格系统的列嵌套指的是将新的网格内容加入已有的网格系统中实现内容的再次嵌套。可以在已经存在的列元素内添加新行容器和列元素从而实现列嵌套，被嵌套的行容器所包含的列元素数量最好不要超过 12 个。

使用.container 类创建 1 个固定容器，使用.row 类创建 1 个行容器，并在该行容器中使用.col 类创建 2 个列元素。在第 2 个列元素中加入 1 个一行两列的网格内容从而实现网格系统的列嵌套，具体代码如例 3.9 所示。

【例 3.9】列嵌套。

```
1.  <!DOCTYPE html>
2.  <html>
3.  <head>
4.      <meta charset="UTF-8">
5.      <title>列嵌套</title>
6.      <meta name="viewport" content="width=device-width,initial-scale=1, shrink-to-
    fit=no">
7.      <link rel="stylesheet" href="bootstrap-4.5.3-dist/css/bootstrap.css">
8.      <script src="jquery-3.5.1.slim.js"></script>
9.      <script src="bootstrap-4.5.3-dist/js/bootstrap.min.js"></script>
10. </head>
11. <body class="container">
12. <h3 align="center">列嵌套</h3>
13. <!-- 第 1 层 行容器 -->
14. <div class="row">
15.     <!--第 1 个列元素 -->
16.     <div class="col-12 col-md-6 bg-danger text-white">列元素：未应用列嵌套</div>
17.     <!--第 2 个列元素 -->
18.     <div class="col-12 col-md-6 border">
19.         <!--嵌套行--第 2 层-->
20.         列元素：在本列中嵌套一个新的行容器，行容器中包含两个列容器
21.         <div class="row border ">
22.             <!--嵌套行中的两个列元素-->
23.             <div class="col-12 col-sm-6 bg-warning text-white">列嵌套</div>
24.             <div class="col-12 col-sm-6 bg-info pl-3 text-white">列嵌套</div>
25.         </div>
```

```
26.         </div>
27.     </div>
28. </body>
29. </html>
```

运行上述代码，列嵌套的显示效果如图 3.15 所示。

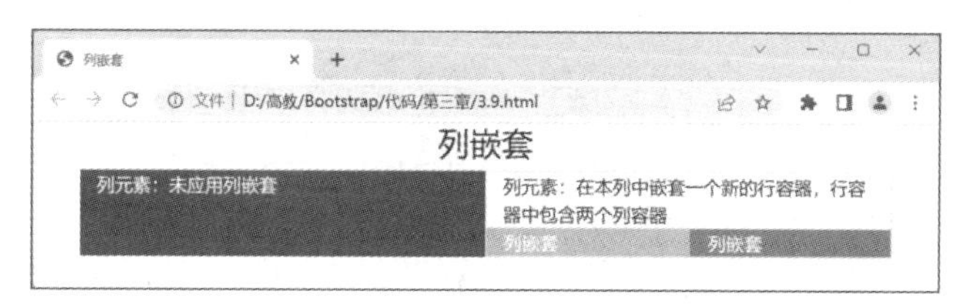

图 3.15　列嵌套

3.3　实战：信息推广页面

“金山银山，不如绿水青山”，一代又一代青年人应接续奋斗，建设更加美好的家园。本案例使用 Bootstrap 4 的网格系统实现一个介绍环境保护的信息推广页面。使用网格系统构建页面，使页面元素根据设备的变化展示不同的排版与布局。

3.3.1　页面结构分析

本案例介绍环境保护的信息推广页面的实现，页面由头部导航栏、主体部分的介绍卡片、底部的表单组构成。利用网格系统实现页面主体结构，导航栏包括网站 logo 以及 4 个导航菜单。介绍卡片主要由图片、图片名称以及图片讲解组成。信息推广页面结构如图 3.16 所示。

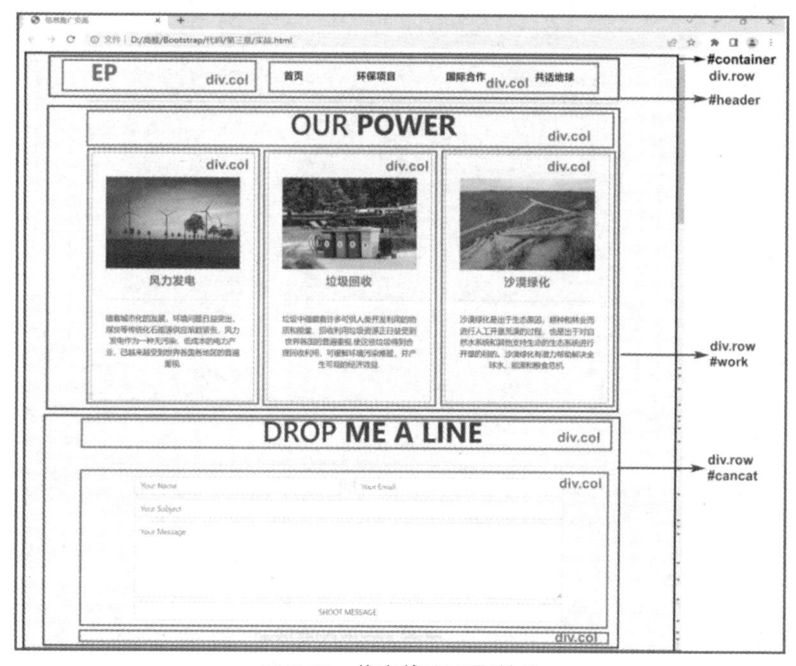

图 3.16　信息推广页面结构

3.3.2 代码实现

1. 主体结构代码

首先，新建一个 HTML 文件，在<body>标签中定义一个<div>固定容器，并设置类名为 container。

其次，在固定容器中通过.row 类分别定义 3 个行容器块，并分别设置其类名为 header、work、contact。其中，类名为 header 的行容器由 3 个列元素组成，包括菜单折叠按钮、网站 logo、菜单栏。类名为 work 的行容器由 4 个列元素组成，包括页面标题、3 个介绍卡片。类名为 contact 的行容器由 5 个列元素组成，包括页面分区标题、表单组、版权介绍，以及两个空白列，具体代码如例 3.10 所示。

【例 3.10】信息推广页面。

```
1.  <!DOCTYPE html>
2.  <html lang="en">
3.  <head>
4.      <meta charset="UTF-8">
5.      <meta name="viewport" content="width=device-width,initial-scale=1, shrink-
to-fit=no">
6.      <link rel="stylesheet" href="bootstrap-4.5.3-dist/css/bootstrap.css">
7.      <script src="jquery-3.5.1.slim.js"></script>
8.      <script src="bootstrap-4.5.3-dist/js/bootstrap.min.js"></script>
9.      <title>信息推广页面</title>
10. </head>
11. <body class="container">
12.  <!--header 头部导航栏区域 -->
13. <div class="row" id="header">
14.     <div class="col col-lg-3 col-md-3 py-3" id="ultra">
15.         <a href="#">EP</a>
16.     </div>
17.     <div id="menu" class="col-2">菜单</div>
18.     <div id="navs" class="col-6 col-md-12 col-lg-8 offset-1">
19.         <div class="row nvbs py-3 ">
20.             <div class="col-3 py-2 pl-5 bg-light" href="#home">首页</div>
21.             <div class="col-3 py-2 pr-5 bg-light" href=" #work">环保项目</div>
22.             <div class="col-3 py-2 pr-5 bg-light" href=" #about">国际合作</div>
23.             <div class="col-3 py-2 pr-4 bg-light" href=" #contact">共话地球</div>
24.         </div>
25.     </div>
26. </div>
27. <!--work 介绍卡片区域 -->
28. <div id="work" class="row">
29.     <div class="col-12">
30.         <h2 class="title">Our <strong>Power</strong></h2>
31.     </div>
32.     <div class="col-md-4 col-sm-12">
33.         <div class="work-wrapper">
34.             <img src="images/env1.jpg" alt="">
35.             <h3 class="img-title" style="padding-top: 10px;">风力发电</h3>
36.             <hr>
37.             <p>随着城市化的发展，环境问题日益突出，煤炭等传统化石能源供应渐趋紧张，风力发电作为一种
无污染、低成本的电力产业，已越来越受到世界各国各地区的普遍重视。<br></p>
38.         </div>
```

```
39.     </div>
40.     以下省略“垃圾回收”“沙漠绿化”的介绍卡片构建代码<div>
41. </div>
42. <!--contact 表单信息收集区域 -->
43. <div id="contact" class="row ">
44.     <div class="col-12 pt-4">
45.         <h2 class="title">Drop <strong>me a line</strong></h2>
46.         <hr>
47.     </div>
48.     <div class="col-md-1 col-sm-1"></div>
49.     <div class="col-md-10 col-sm-10">
50.         <form class="row" action="#" method="post">
51.             <div class="col-md-6 col-sm-12">
52.                 <input class="form-control" type="text" placeholder="Your Name">
53.             </div>
54.             <div class="col-md-6 col-sm-12"><input class="form-control" type=
    "email" placeholder="Your Email">
55.             </div>
56.             <div class="col-12 col-md-12 ">
57.                 <input class="form-control" type="text"
58.                     placeholder="Your Subject">
59.                 <textarea class="form-control"
60.                     placeholder="Your Message"rows="6">
61.                 </textarea>
62.             </div>
63.             <div class="col-md-offset-2 col-md-12  col-sm-12">
64.                 <input class="form-control" type="submit"
65.                     value="SHOOT MESSAGE">
66.             </div>
67.         </form>
68.     </div>
69.     <div class="col-md-1 col-sm-1"></div>
70.     <div class="col-md-12 col-sm-12 copy">
71.         <p>Copyright &copy; 2084 Profile. More Templates
72.             <a href="" target="_blank" title=""></a> -
73.             Collect from <a href="" title="" target="_blank">
74.             </a>
75.         </p>
76.     </div>
77. </div>
78. </body>
79. <html>
```

在上述代码中，.col-{type}-*类用于实现响应式布局，根据设备的大小来调整列元素的布局。这里的{type}表示设备的类型，可以是 sm（小型设备）、md（中型设备）、lg（大型设备），而*代表列元素所占据的宽度比例。

以 work 分区为例，该分区由 4 个列元素构成。第一个列元素指的是页面标题，它在所有型号的设备中均占 12 份，后续 3 个列元素依据列包装规则自动进入下一行。介绍卡片所对应的列元素在中型及以上设备中占 4 份，而在中型以下设备中占 12 份。

2. CSS 代码

```
1.  <style type="text/css">
2.      body{
3.          background-color: ghostwhite;
4.          }
```

```
5.      #ultra {/* 设置网页 logo */
6.          height: 100px;
7.          color: #212227;
8.          font-weight: bold;
9.          font-size: 30px;
10.         line-height: 45px;
11.         padding: 10px 0 0 12px;
12.     }
13.     #menu {/* 默认情况下隐藏菜单折叠按钮 */
14.         display: none;
15.         font-size: 20px;
16.         padding-top: 28px;
17.         font-weight: bold;
18.     }
19.     .nvbs div {/* 设置菜单的字体大小及样式 */
20.         color: #202020;
21.         font-size: 20px;
22.         font-weight: bold;
23.         line-height: 45px;
24.         letter-spacing: 1px;
25.     }
26.     .nvbs div:hover {/* 设置菜单在鼠标指针悬浮状态下的字体颜色 */
27.         color: skyblue;
28.         background-color: cadetblue;
29.     }
30.     #header{
31.         box-shadow:2px 2px 5px gainsboro; ;
32.         }
33.     .work-wrapper {/* 设置介绍卡片的样式 */
34.         border: 1px solid #666;
35.         border-radius: 2px;
36.         text-align: center;
37.         padding: 80px 40px 80px 40px;
38.     }
39.     .work-wrapper img {/* 设置介绍卡片中的图片尺寸随父元素自适应 */
40.         width: 100%;
41.     }
42.     .work-wrapper>p {/* 设置文本元素的内边距 */
43.         padding-top: 10px;
44.     }
45.     .img-title {/*设置文本元素的字体样式  */
46.         color: #eb5424;
47.         font-size: 24px;
48.         font-weight: bold;
49.         letter-spacing: 1px;
50.         padding-bottom: 10px;
51.     }
52.     .title {/* 设置页面分区标题的文字样式 */
53.         color: #303030;
54.         font-size: 60px;
55.         padding-bottom: 40px;
56.         text-transform: uppercase;
57.         text-align: center;
58.         padding-left: 100px;
59.     }
60.     input,textarea{/* 设置表单间隔 */
```

```
61.         margin-top:10px
62.     }
63.     .copy{/* 设置网页版权居中 */
64.           text-align: center;
65.         color: gainsboro;
66.         margin-top: 20px;
67.     }
68.     /* 当屏幕处于小屏即以下尺寸时隐藏导航栏、显示菜单折叠按钮 */
69.     @media screen and (max-width : 768px) {
70.         #menu {display: block;}
71.         #navs { display: none;}
72.     }
73. </style>
```

在上述 CSS 代码中，为实现导航栏与菜单折叠按钮交叉显示，使用媒体查询语句设置默认隐藏菜单折叠按钮、显示导航栏。当在小型及以下设备中，显示菜单折叠按钮、隐藏导航栏，从而实现头部导航栏区域的动态布局。

运行上述代码，在中型及以上设备中，页面显示效果如图 3.17 所示。

在小型及以下设备中，页面显示效果如图 3.18 所示。

图 3.17　中型及以上设备的页面显示效果

图 3.18　小型及以下设备的页面显示效果

3.4　本章小结

本章主要介绍了 Bootstrap 的脚手架，包括布局基础、网格系统等方面的内容，并配合具体实例加深了读者对 Bootstrap 的理解。本章重点为使用网格系统提升网页设计能力，主要涉及网格系统的组成、网格系统的应用，以及页面设计常用的响应类等。

希望通过学习本章内容，读者能够熟练应用网格系统，并配合响应类设计出更加美观的网页结构，为后续深入学习 Bootstrap 的页面设计奠定基础。

3.5　习题

1．填空题

（1）Bootstrap 的 HTML 页面的文档类型为________。

（2）Bootstrap 中全局链接的默认颜色是通过________设置的。

（3）Bootstrap 中 3 种不同的容器为________、________和________。

（4）网格系统主要由________、________与________所组成。

（5）网格系统的 5 种响应类包括________、________、________、________，以及________。

2．选择题

（1）在 Bootstrap 中，下列网格系统的标准用法中错误的是（　　）。

A．<div class="container"><div class="row"></div></div>

B．<div class="row"><div class="col-md-1"></div></div>

C．<div class="row"><div class="container"></div></div>

D．<div class="col-md-1"><div class="row"></div></div>

（2）在 Bootstrap 中，下列不属于网格系统实现原理的是（　　）。

A．自定义容器的大小，平均分为 12 份　　B．基于 JavaScript 开发的组件

C．结合媒体查询　　D．调整内外边距

（3）在 Bootstrap 网格系统中，用于将列元素在中型设备的屏幕上向右偏移 3 列的是（　　）。

A．.offset-md-3　　B．.offset-md-2　　C．.offset-sm-3　　D．.offset-3

（4）网格系统小型设备使用的类是（　　）。

A．.col-xs-*　　B．.col-sm-*　　C．.col-md-*　　D．.col-lg-*

3．思考题

（1）简述如何设置复杂页面的主宽度。

（2）简述网格系统的优势。

4．编程题

利用 Bootstrap 4 提供的.order-first、.order-last 等工具类制作“五岳”介绍页面，可利用.container 类创建 1 个固定容器，使用.row 类创建 1 个行容器，并在该行容器中使用.col 类设置 5 个列元素，将内容为“五岳”的对应列元素放置于行容器的最前方。具体实现效果如图 3.19 所示。

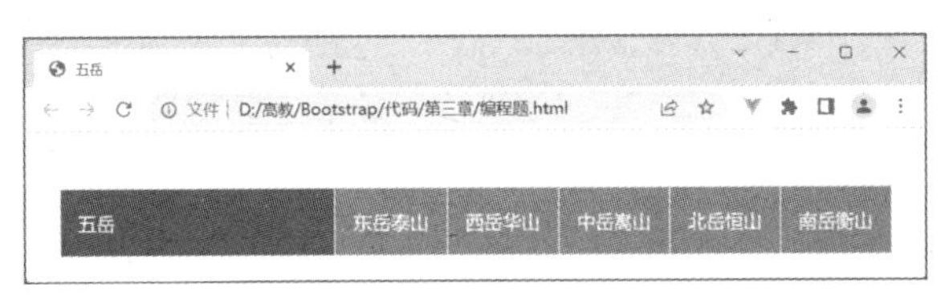

图 3.19　“五岳”介绍页面

第4章 Bootstrap 页面内容

Bootstrap 页面内容

本章学习目标

- 掌握 Bootstrap 中页面组成元素的排版
- 掌握 Bootstrap 中表格及表单的设计方法
- 掌握 Bootstrap 中图片及画像的设计方法

页面组成元素丰富且复杂，包括文字、图片和视频等。设计页面时必须按照一定的顺序合理编排页面组成元素，其布局风格直接决定页面的整体风格和美观度。在 Bootstrap 中，页面组成元素的编排应立足于全局，保持风格统一。本章主要介绍 Bootstrap 4 的页面内容，包括页面排版、代码风格、表格、表单、图片、画像等，由于这些知识最终将运用于设计实际页面，所以本章将配合具体实例帮助读者掌握 Bootstrap 4 的页面内容。

4.1 排版

本节主要介绍 Bootstrap 的排版，包括常用排版类、强调类、引用类和列表类等，掌握 Bootstrap 的排版是进行页面样式设计的基础。

4.1.1 常用排版类

本小节主要介绍 Bootstrap 4 排版的常用排版类，包括常用标题类、段落类、缩略语类等，具体说明如表 4.1 所示。

表 4.1 常用排版类

类	名称	说明
.h{1|2|3|4|5|6}	标题类	标题类可用于为 HTML 文本标签赋予标题样式，使其等同于 HTML 中的标题标签。HTML 中所有的标题标签，如<h1>到<h6>在 Bootstrap 4 中仍可使用
.small	副标题类	读者可在标题类应用<small>标签或为内嵌元素赋予.small 类，从而实现为标题添加副标题（也称辅助标题）
.display{1|2|3|4}	显式标题类	可使用.display{1|2|3|4}类将标题文字放大。Bootstrap 4 提供了.display1 到.display4 的显式标题类

续表

类	名称	说明
.lead	段落类	通过添加.lead 类可以让段落突出显示。突出显示的段落的 font-size 变为 1.25rem，font-weight 变为 300rem
.initialism	缩略语类	缩略语元素带有 title 属性，title 属性可用于存放完整文本。缩略语的提示框为背景呈白色的线框，当鼠标指针移至缩略语上方时提示框会出现“问号”。<abbr>标签用于实现缩略语和首字母缩略语，.initialism 类用于实现字体略小的缩略语

1. 常用标题类

（1）语法格式

标题类的语法格式如下。

```
<p class="h1">h1. Bootstrap 标题</p>
```

副标题类的语法格式如下。

```
<h3>主标题<small class="text-muted">副标题</small></h3>
```

显式标题类的语法格式如下。

```
<h1 class="display-1">Display 1</h1>
```

（2）演示说明

使用标题类实现依次输出 6 级标题，使用.small 类实现依次输出 3 级标题及其副标题，使用.display 类实现依次输出 4 级显式标题，具体代码如例 4.1 所示。

【例 4.1】常用标题类。

```
1.  <!DOCTYPE html>
2.  <html lang="en">
3.  <head>
4.      <meta charset="UTF-8">
5.      <meta name="viewport" content="width=device-width,initial-scale=1, shrink-to-
    fit=no">
6.      <link rel="stylesheet" href="bootstrap-4.5.3-dist/css/bootstrap.css">
7.      <script src="jquery-3.5.1.slim.js"></script>
8.      <script src="bootstrap-4.5.3-dist/js/bootstrap.min.js"></script>
9.      <title>常用标题类</title>
10. </head>
11. <body class="container">
12. <!-- .h1-.h6 标题 -->
13. <p class="h1">h1. 金樽清酒斗十千，玉盘珍羞直万钱。</p>
14. <p class="h2">h2. 停杯投箸不能食，拔剑四顾心茫然。</p>
15. <p class="h3">h3. 欲渡黄河冰塞川，将登太行雪满山。</p>
16. <p class="h4">h4. 闲来垂钓碧溪上，忽复乘舟梦日边。</p>
17. <p class="h5">h5. 行路难！行路难！</p>
18. <p class="h6">h6. 多歧路，今安在？</p>
19. <!-- 以常规标题作对照组的副标题 -->
20. <h1>金樽清酒斗十千，<small class="text-muted">玉盘珍羞直万钱。</small></h1>
21. <h2>停杯投箸不能食，<small class="text-muted">拔剑四顾心茫然。</small></h2>
22. <h3>欲渡黄河冰塞川，<small class="text-muted">将登太行雪满山。</small></h4>
23. <!-- 显式标题 -->
24.     <h1 class="display-1">Display1 闲来垂钓碧溪上</h1>
25.     <h1 class="display-2">Display2 忽复乘舟梦日边</h1>
26.     <h1 class="display-3">Display3 行路难！行路难！</h1>
27.     <h1 class="display-4">Display4 多歧路，今安在？</h1>
28. </body>
29. <html>
```

运行上述代码，常用标题类实现的显示效果如图 4.1 所示。

图 4.1 常用标题类实现的显示效果

2. 段落类

（1）语法格式

段落类的语法格式如下。

```
<p class="lead">这是一个引导段落，它从常规段落中脱颖而出。</p>
```

（2）演示说明

使用段落类突出显示赞美长城的诗句，具体代码如例 4.2 所示。

【例 4.2】段落类。

```
1.  <!DOCTYPE html>
2.  <html lang="en">
3.  <head>
4.      <meta charset="UTF-8">
5.      <meta name="viewport" content="width=device-width,initial-scale=1, shrink-to-fit=no">
6.      <link rel="stylesheet" href="bootstrap-4.5.3-dist/css/bootstrap.css">
7.      <script src="jquery-3.5.1.slim.js"></script>
8.      <script src="bootstrap-4.5.3-dist/js/bootstrap.min.js"></script>
9.      <title>段落类</title>
10. </head>
11. <body class="container mt-4">
12.     <p>长城是世界上修建时间最长、工程最大的一项古代防御工程，它是一道高大、坚固而且连绵不断的长垣。</p>
13.     <p class="lead">
14.         “望长城内外，惟余莽莽；大河上下，顿失滔滔。”
15.     </p>
16.     <p>1952 年，国家组织开展了第一批长城保护维修工程。正是一代又一代“长城人”的专注、传承，才让我们
    在今天依然能够感受到万里长城的磅礴气势。</p>
17. </body>
18. <html>
```

运行上述代码，段落类实现的显示效果如图 4.2 所示。

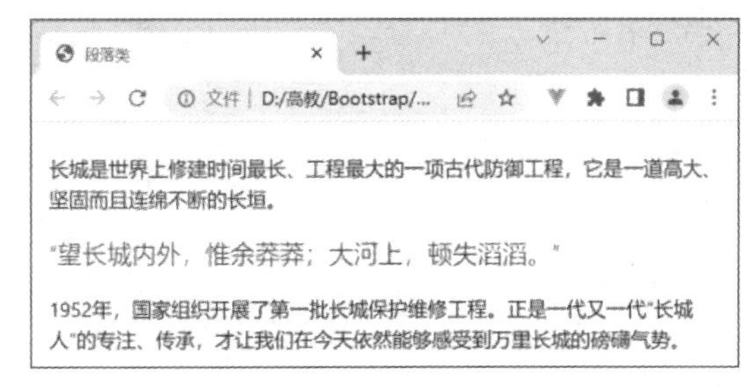

图 4.2 段落类实现的显示效果

3. 缩略语类

(1) 语法格式

缩略语类的语法格式如下。

```
<p><abbr title="完整文本" class="initialism">字体略小的缩略词</abbr></p>
```

(2) 演示说明

使用<abbr>标签与缩略语类为文本实现缩略语样式，具体代码如例 4.3 所示。

【例 4.3】缩略语类。

```
1.  <!DOCTYPE html>
2.  <html lang="en">
3.
4.  <head>
5.      <meta charset="UTF-8">
6.      <meta name="viewport" content="width=device-width,initial-scale=1, shrink-to-fit=no">
7.      <link rel="stylesheet" href="bootstrap-4.5.3-dist/css/bootstrap.css">
8.      <script src="jquery-3.5.1.slim.js"></script>
9.      <script src="bootstrap-4.5.3-dist/js/bootstrap.min.js"></script>
10.     <title>缩略语类</title>
11. </head>
12. <body class="container mt-5">
13. <p><abbr title="赵国的侠客">赵客</abbr>缦胡缨，<abbr title="吴钩宝剑">吴钩</abbr>霜雪明。</p>
14. <p>银鞍照白马，飒沓如流星。</p>
15. <p><abbr title="李白"class="initialism">----侠客行</abbr></p>
16. </body>
17. <html>
```

运行上述代码，缩略语类实现的显示效果如图 4.3 所示。

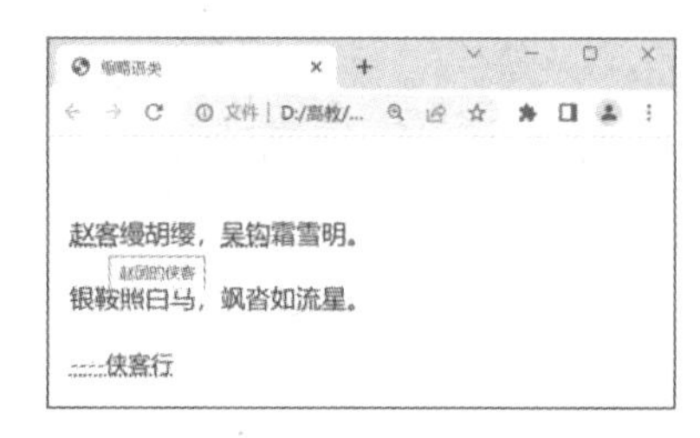

图 4.3　缩略语类实现的显示效果

4.1.2　强调类

HTML5 中常见的强调标签同样适用于 Bootstrap 4，强调标签包括<mark>、<del>、<s>、<ins>、<u>、<strong>、<em>等。实现强调样式，既可以使用强调标签包裹需要突出显示的文本，也可以使用强调类（.mark 类）。

1. 语法格式

强调标签与强调类的语法格式如下。

```
<p>你可以使用 mark 标签 <mark>高亮</mark> 文本</p>
<p class="mark">高亮文本</p>
```

2. 演示说明

分别使用强调标签与强调类为文本添加强调样式，具体代码如例 4.4 所示。

【例 4.4】强调标签与强调类。

```
1.  <!DOCTYPE html>
2.  <html lang="en">
3.  <head>
4.      <meta charset="UTF-8">
5.      <meta name="viewport" content="width=device-width,initial-scale=1, shrink-to-fit=no">
6.      <link rel="stylesheet" href="bootstrap-4.5.3-dist/css/bootstrap.css">
7.      <script src="jquery-3.5.1.slim.js"></script>
8.      <script src="bootstrap-4.5.3-dist/js/bootstrap.min.js"></script>
9.      <title>强调标签与强调类</title>
```

```
10.  </head>
11.  <body class="container">
12.      <h2>强调标签与强调类</h2>
13.      <p> mark >标签-重点标记：<mark>标记的重点内容</mark></p>
14.      <p> .mar 类：<span class="mark">标记的重点内容</span></p>
15.      <p> del >标签-删除：<del>删除的文本</del></p>
16.      <p> s >标签-不再准确中画线：<s>不再准确的文本</s></p>
17.      <p> ins >标签-补充文本：<ins>文档的补充文本</ins></p>
18.      <p> u >标签-下画线：<u>添加下画线的文本</u></p>
19.      <p> strong >标签-粗体：<strong>粗体文本</strong></p>
20.      <p> em >标签-斜体：<em>斜体文本</em></p>
21.  </body>
22.  <html>
```

运行上述代码，强调标签与强调类实现的显示效果如图 4.4 所示。

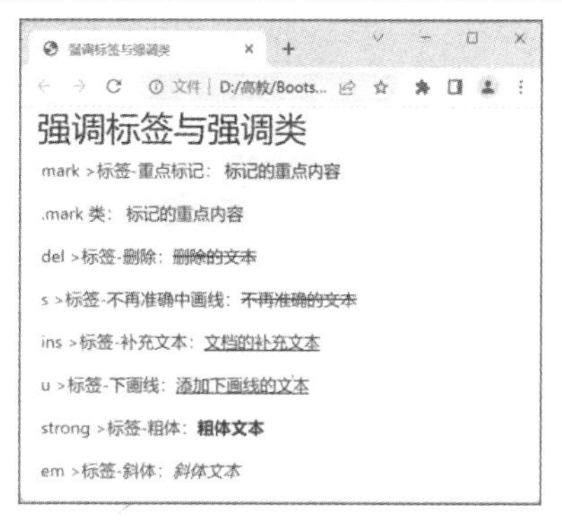

图 4.4　强调标签与强调类实现的显示效果

4.1.3　引用类

以学术网站为例，其页面中包含大量的文献资源，因此在页面中标注引用来源是必不可少的。Bootstrap 4 通过<blockquote>标签实现引用样式增强，在正文中添加引用文字，可使用引用块包裹引用文字，而引用块通过带有.blockquote 类的<blockquote>标签实现。

引用块中有 3 个可用标签。

（1）<blockquote>：引用块标签。

（2）<cite>：标注引用块内容来源的标签。

（3）<footer>：包含引用来源与作者的标签。

其中，<footer>标签要配合.blockquote-footer 类和<cite>标签使用。

1. 语法格式

引用的语法格式如下。

```
<blockquote class="blockquote">
  <p class="mb-0">引用文字</p>
  <footer class="blockquote-footer">
      引用来源-作者署名<cite title="Source Title">源作品的名称</cite>
    </footer>
</blockquote>
```

2. 演示说明

使用引用块标签实现诗歌赏析页面，并使用.text-right 类使文本右对齐，具体代码如例 4.5 所示。

【例 4.5】引用。

```
1.  <!DOCTYPE html>
2.  <html lang="en">
3.  <head>
4.  <meta charset="UTF-8">
5.  <meta name="viewport" content="width=device-width,initial-scale=1, shrink-to-fit=no">
6.  <link rel="stylesheet" href="bootstrap-4.5.3-dist/css/bootstrap.css">
7.  <script src="jquery-3.5.1.slim.js"></script>
8.  <script src="bootstrap-4.5.3-dist/js/bootstrap.min.js"></script>
9.  <title>引用</title>
```

```
10. </head>
11. <body class="container mt-5">
12. <h2>引用</h2>
13.     <blockquote>
14.         <p>红军不怕远征难，万水千山只等闲。</p>
15.         <p>五岭逶迤腾细浪，乌蒙磅礴走泥丸。</p>
16.         <p>金沙水拍云崖暖，大渡桥横铁索寒。</p>
17.         <p>更喜岷山千里雪，三军过后尽开颜。</p>
18.         <footer class="blockquote-footer text-right">—选自毛泽东的<cite>《七律·长征》
    </cite></footer>
19.     </blockquote>
20. </body>
21. <html>
```

运行上述代码，引用的显示效果如图 4.5 所示。

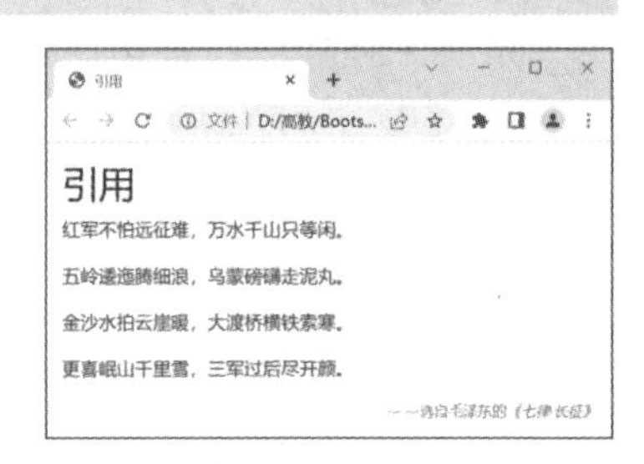

图 4.5　引用的显示效果

4.1.4　列表类

Bootstrap 4 针对列表同样实现了样式增强，包括有序列表类、无序列表类、无样式列表类、内联式列表类、描述性列表类等。其中有序列表类和无序列表类的使用方法同 HTML 的一致，本小节仅介绍无样式列表类、内联式列表类、描述性列表类，具体说明如表 4.2 所示。

表 4.2　　可用列表类

类	名称	说明
.list-unstyled	无样式列表类	用于删除 list-style 列表项的默认样式和左边距。仅适用于直接子列表项，这意味着需要为所有嵌套列表添加.list-unstylede 类
.list-inline	内联式列表类	内联式列表把垂直列表变成水平列表，且去掉项目符号，保持列表项水平显示。实现内联式列表需要将.list-inline 类与.list-inline-item 类结合，需要为列表项添加.list-inline-item 类
.list-inline-item	内联式列表项类	
.dl-horizontal	描述性列表类	描述性列表由<dl></dl>、<dt></dt>、<dd></dd>标签组成，在 Bootstrap 4 中，可为<dl>标签添加.dl-horizontal 类使列表实现水平显示效果
.text-truncate	截断文本类	用省略号截断文本。可与描述性列表组合使用，对于较长的术语，可视情况为<dt>添加.text-truncate 类，从而应用省略号截断文本

1．无样式列表类

（1）语法格式

无样式列表类的语法格式如下。

```
<ul class="list-unstyled">
  <li>列表项</li>
  <li>列表项</li>
</ul>
```

（2）演示说明

使用无样式列表类分别嵌套两个列表，对比嵌套列表是否使用.list-unstyled 类的效果，具体代码如例 4.6 所示。

【例 4.6】无样式列表。

```
1.  <!DOCTYPE html>
2.  <html lang="en">
```

```
3.  <head>
4.      <meta charset="UTF-8">
5.      <meta name="viewport" content="width=device-width,initial-scale=1, shrink-
    to-fit=no">
6.      <link rel="stylesheet" href="bootstrap-4.5.3-dist/css/bootstrap.css">
7.      <script src="jquery-3.5.1.slim.js"></script>
8.      <script src="bootstrap-4.5.3-dist/js/bootstrap.min.js"></script>
9.      <title>无样式列表</title>
10. </head>
11. <body class="container mt-5 ">
12. <h2>无样式列表</h2>
13. <ul class="list-unstyled">
14.     <li>三山</li>
15.     <li>五岳</li>
16.     <li>四大高原</li>
17.     <li>四大盆地
18.         <ul>
19.             <!-- 嵌套列表未添加.list-unstyled 类 -->
20.             <li>塔里木盆地</li>
21.             <li>准噶尔盆地</li>
22.             <li>柴达木盆地</li>
23.             <li>四川盆地</li>
24.         </ul>
25.     </li>
26.     <li>
27.         三大平原
28.         <ul class="list-unstyled">
29.             <!-- 嵌套列表添加.list-unstyled 类 -->
30.             <li>东北平原</li>
31.             <li>华北平原</li>
32.             <li>长江中下游平原</li>
33.         </ul>
34.     </li>
35. </ul>
36. </body>
37. <html>
```

运行上述代码，无样式列表的显示效果如图 4.6 所示。

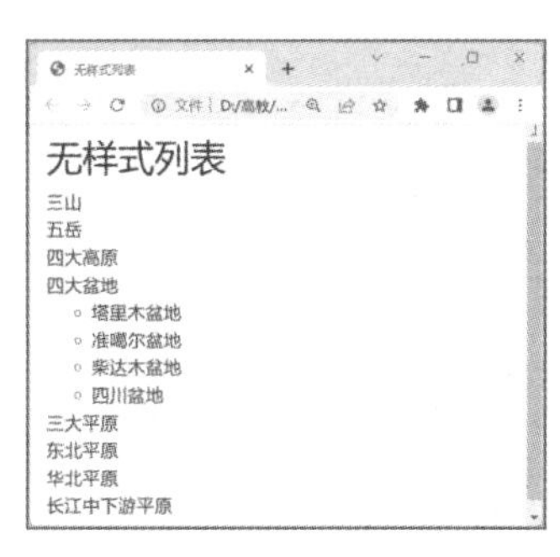

图 4.6　无样式列表的显示效果

2．内联式列表类

（1）语法格式

内联式列表类的语法格式如下。

```
<ul class="list-inline">
```

```
    <li class="list-inline-item">列表项</li>
    <li class="list-inline-item">列表项</li>
</ul>
```

（2）演示说明

使用内联式列表类实现水平显示效果，具体代码如例 4.7 所示。

【例 4.7】内联式列表。

```
1.  <!DOCTYPE html>
2.  <html lang="en">
3.  <head>
4.  <meta charset="UTF-8">
5.  <meta name="viewport" content="width=device-width,initial-scale=1, shrink-to-fit=no">
6.  <link rel="stylesheet" href="bootstrap-4.5.3-dist/css/bootstrap.css">
7.  <script src="jquery-3.5.1.slim.js"></script>
8.  <script src="bootstrap-4.5.3-dist/js/bootstrap.min.js"></script>
9.  <title>内联式列表</title>
10. </head>
11. <body class="container mt-5">
12.     <h2>内联式列表</h2>
13.     <ul class="list-inline">
14.         <li class="list-inline-item">天山</li>
15.         <li class="list-inline-item">阴山</li>
16.         <li class="list-inline-item">昆仑山</li>
17.         <li class="list-inline-item">秦岭</li>
18.         <li class="list-inline-item">南岭</li>
19.         <li class="list-inline-item">大兴安岭</li>
20.         <li class="list-inline-item">太行山</li>
21.         <li class="list-inline-item">巫山</li>
22.     </ul>
23. </body>
24. <html>
```

运行上述代码，内联式列表的显示效果如图 4.7 所示。

图 4.7　内联式列表的显示效果

3. 描述性列表类

（1）语法格式

描述性列表类的语法格式如下。

```
<dl class="dl-horizontal">
    <dt>术语</dt>
    <dd>描述性文字</dd>
    <dt class="text-truncate">术语</dt>
    <dd>描述性文字</dd>
</dl>
```

（2）演示说明

Bootstrap 4 的描述性列表与 HTML5 的基本一致，Bootstrap 4 对描述性列表进行了功能增强，调整了其行间距、外边距以及字体加粗效果。

结合描述性列表与网格系统，使术语与其描述水平对齐，实现名词解释效果。此处以标题与诗句为例，具体代码如例 4.8 所示。

【例 4.8】描述性列表。

```
1.  <!DOCTYPE html>
2.  <html lang="en">
3.  <head>
```

```
4.   <meta charset="UTF-8">
5.   <meta name="viewport" content="width=device-width,initial-scale=1, shrink-to-fit=no">
6.   <link rel="stylesheet" href="bootstrap-4.5.3-dist/css/bootstrap.css">
7.   <script src="jquery-3.5.1.slim.js"></script>
8.   <script src="bootstrap-4.5.3-dist/js/bootstrap.min.js"></script>
9.   <title>描述性列表</title>
10.  </head>
11.  <body class="container mt-5">
12.    <h2>描述性列表</h2>
13.    <dl class="row">
14.      <dt class="col-sm-3">《夏日绝句》</dt>
15.      <dd class="col-sm-9">生当作人杰，死亦为鬼雄。至今思项羽，不肯过江东。</dd>
16.      <dt class="col-sm-3">《行路难》</dt>
17.      <dd class="col-sm-9">
18.          <p>行路难，行路难！多歧路，今安在？</p>
19.          <p>长风破浪会有时，直挂云帆济沧海。</p>
20.      </dd>
21.      <dt class="col-sm-3 text-truncate">《龟虽寿》</dt>
22.      <dd class="col-sm-9">
23.          老骥伏枥，志在千里。烈士暮年，壮心不已。
24.      </dd>
25.    </dl>
26.  </body>
27.  <html>
```

在上述代码中，基于网格系统为描述性列表添加.text-truncate 类，显示效果如图 4.8 所示。

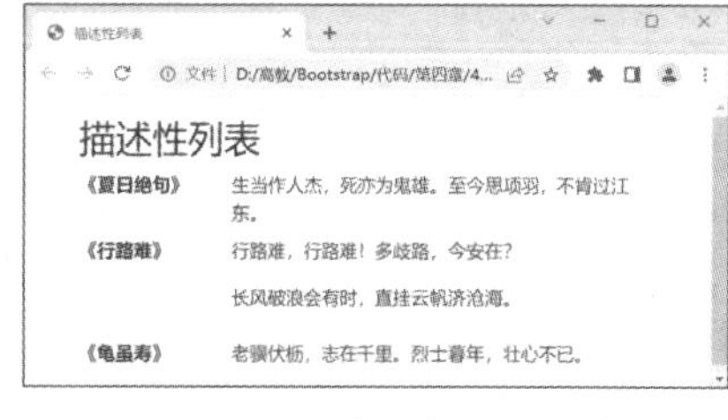

图 4.8　描述性列表的显示效果

4.2　代码标签

代码标签是 HTML5 的新增标签，可用于在文本中保持代码原有的样式。Bootstrap 4 增强了代码标签的功能，代码标签主要包括<code>、<pre>、<var>、<kbd>和<smap>，具体说明如表 4.3 所示。

表 4.3　代码标签介绍

标签	类型	说明
<code>	行内代码标签	<code>标签用于包裹行内代码片段，实现内联式的代码样式。需要确保转义 HTML 代码中的角括号（通过“<”转义左角括号，通过“>”转义右角括号）
<pre>	代码块标签	<pre>标签可包裹多行代码。同样需要确保转义 HTML 代码中的角括号，以便正确展示代码。可选择性地添加.pre-scrollable 类，实现代码块的垂直滚动效果
<var>	其他代码标签	<var>标签用于包裹并标识变量
<kbd>		<kbd>标签通常用于标识需要通过键盘输入的字符
<smap>		<samp>标签用于指示程序的输出结果

1. 行内代码标签与代码块标签

（1）语法格式

行内代码标签的语法格式如下。

```
文本内容<code>&lt;section&gt;</code>文本内容
```

代码块标签的语法格式如下。

```
<pre>
    <code>&lt;p&gt;示例代码...&lt;/p&gt;&lt;p&gt;换行代码...&lt;/p&gt;
    </code>
</pre>
```

（2）演示说明

使用行内代码标签与代码块标签分别输出单行代码及多行代码，具体代码如例 4.9 所示。

【例 4.9】行内代码标签与代码块标签。

```
1.  <!DOCTYPE html>
2.  <html lang="en">
3.  <head>
4.      <meta charset="UTF-8">
5.      <meta name="viewport" content="width=device-width,initial-scale=1,shrink-to-fit=no">
6.      <link rel="stylesheet" href="bootstrap-4.5.3-dist/css/bootstrap.css">
7.      <script src="jquery-3.5.1.slim.js"></script>
8.      <script src="bootstrap-4.5.3-dist/js/bootstrap.min.js"></script>
9.      <title>行内代码标签与代码块标签</title>
10. </head>
11. <body>
12.     <h2>行内代码标签与代码块标签</h2>
13.     <!-- 行内代码 -->
14.     <div>行内代码: <code>&lt;code&gt;</code> 标签可实现展示行内代码片段。</div>
15.     <p>行内代码: <code>alert('this is inline code')</code></p>
16.     <!-- 代码块 -->
17.     <div>
18.         代码块:
19.         <pre>var x=1;<br>var y=2;<br>alert(x+y);</pre>
20.     </div>
21. </body>
22. <html>
```

运行上述代码，行内代码标签与代码块标签实现的显示效果如图 4.9 所示。

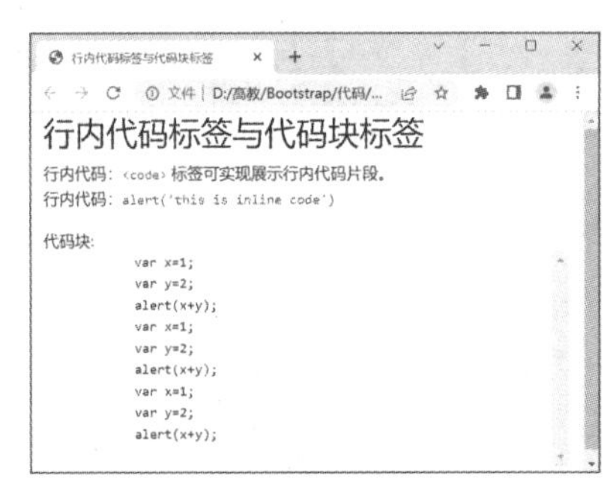

图 4.9　行内代码标签与代码块标签实现的显示效果

2. 其他代码标签

（1）语法格式

其他代码标签的语法格式如下。

```
//<var>标签
<var>y</var> = <var>m</var><var>x</var> + <var>b</var>
//<kbd>标签
文本内容<kbd>cd</kbd>文本内容<br>
```

```
文本内容<kbd><kbd>ctrl</kbd> + <kbd>,</kbd></kbd>
//<samp>标签
<samp>输出内容.</samp>
```

（2）演示说明

<var>变量标签用于包裹并标识变量，<kbd>输入标签用于标识需要通过键盘输入的字符，<samp>输出标签用于以示例的形式指示程序的输出结果。这些代码标签的用法基本一致，即使用双标签对代码进行包裹。

使用变量标签、输入标签、输出标签实现代码展示，具体代码如例 4.10 所示。

【例 4.10】其他代码标签。

```
1.  <!DOCTYPE html>
2.  <html lang="en">
3.  <head>
4.  <meta charset="UTF-8">
5.  <meta name="viewport" content="width=device-width,initial-scale=1,shrink-to-fit=no">
6.  <link rel="stylesheet" href="bootstrap-4.5.3-dist/css/bootstrap.css">
7.  <script src="jquery-3.5.1.slim.js"></script>
8.  <script src="bootstrap-4.5.3-dist/js/bootstrap.min.js"></script>
9.  <title>其他代码标签</title>
10. </head>
11. <body class="container mt-5">
12.     <h2>其他代码标签</h2>
13.     <!-- <var>标签 -->
14.     <var>int</var><var>x</var>=5;<br>
15.     <var>int</var><var>y</var>=3;<br>
16.     <var>int</var><var>sum</var>;<br>
17.     <var>sum</var> = <var>x</var>+<var>y</var><br><br>
18.      <!-- <kbd>标签  -->
19.      <p>对代码进行全选操作时，请输入： <kbd>ctrl</kbd>+<kbd>a</kbd></p><br>
20.      <!-- <samp>标签  -->
21.      document.write("hello world")
22.      <p>运行程序后，其输出结果为：<samp>hello world</samp></p>
23. </body>
24. <html>
```

运行上述代码，其他代码标签实现的显示效果如图 4.10 所示。

图 4.10　其他代码标签实现的显示效果

4.3　表格

4.3.1　表格的结构标签

Bootstrap 4 有丰富的表格样式类，如增强表格的功能、优化表格的结构标签，可使表格在页面中更加简洁、美观。表格的结构标签具体说明如表 4.4 所示。

表 4.4　表格的结构标签

标签	说明
<table>	表格容器
<thead>	表格的表头容器
<tbody>	表格的主体容器

续表

标签	说明
<tr>	表格的行结构
<td>	表格的单元格
<th>	表格的表头容器中的单元格
<caption>	表格的标题容器

Bootstrap 4 实现了表格的结构标签的样式优化，使表格风格更加统一。在 HTML 结构中有一些应用频率较少的表格标签，如<tfoot>、<colgroup>等，Bootstrap 4 仍支持这些标签，但并未对其进行样式优化与功能增强。

4.3.2 表格的个性化风格

Bootstrap 4 有丰富的表格类，读者可应用表格类设计个性化表格。Bootstrap 4 提供的表格类如表 4.5 所示。

表 4.5　　表格类

类	适用标签	说明
.table	<tbody>	表格的默认风格，对每个 td 增加 padding，相邻之间的 td 也会有一些间隔，并且增加水平方向的分隔线
.table-borderless	<tbody>	无边框风格，用于设计没有边框的表格
.table-striped	<tbody>	条纹状风格，用于设计条纹、斑马纹状的表格
.table-bordered	<tbody>	边框风格，用于设计具备边框的表格
.table-hover	<tbody>	鼠标指针悬停风格，使表格产生行悬停效果，将鼠标指针移至行上时，改变底纹颜色
.table-sm	<tbody>	紧凑风格，将表格的 padding 值缩减一半，使表格紧凑
.table-primary	<tbody>、<thead>、<tr>、<td>	用于设计表格背景颜色，蓝色，表示重要操作
.table-success	与.table-primary 一致	用于设计表格背景颜色，绿色，表示可执行操作
.table-danger	与.table-primary 一致	用于设计表格背景颜色，红色，表示危险操作
.table-info	与.table-primary 一致	用于设计表格背景颜色，浅蓝色，表示内容变更
.table-warning	与.table-primary 一致	用于设计表格背景颜色，橘色，表示需要注意的操作
.table-active	与.table-primary 一致	用于设计表格背景颜色，灰色，用于鼠标指针悬停效果
.table-secondary	与.table-primary 一致	用于设计表格背景颜色，灰色，表示内容不重要
.table-light	与.table-primary 一致	用于设计表格背景颜色，浅灰色
.table-dark	与.table-primary 一致	用于设计表格背景颜色，深灰色

Bootstrap 4 提供的所有表格类的用法基本一致，将表格类添加至对应容器上作为类名使用即可。

1．语法格式

以条纹状表格为例，表格类语法格式如下。

```
<table class="table table-striped">
  <thead>
    <tr>
      <th>#</th>
```

```
      <th>分类</th>
    </tr>
  </thead>
  <tbody>
    <tr>
      <th>1</th>
      <td>类型 1</td>
    </tr>
    <tr>
      <th>2</th>
      <td>类型 2</td>
    </tr>
  </tbody>
</table>
```

2. 演示说明

以表格的颜色风格与鼠标指针悬停风格为例演示表格类的使用，具体代码如例 4.11 所示。

【例 4.11】个性化表格。

```
1.  <!DOCTYPE html>
2.  <html lang="en">
3.  <head>
4.      <meta charset="UTF-8">
5.      <meta name="viewport" content="width=device-width,initial-scale=1,shrink-to-fit=no">
6.      <link rel="stylesheet" href="bootstrap-4.5.3-dist/css/bootstrap.css">
7.      <script src="jquery-3.5.1.slim.js"></script>
8.      <script src="bootstrap-4.5.3-dist/js/bootstrap.min.js"></script>
9.      <title>个性化表格</title>
10. </head>
11. <body class="container mt-5">
12.     <table class="table table-bordered table-hover text-center ">
13.         <caption>二十四节气</caption>
14.         <thead class="table-primary">
15.           <tr class="table-success">
16.             <th>#</th>
17.             <th>春</th>
18.             <th>夏</th>
19.             <th>秋</th>
20.             <th>冬</th>
21.           </tr>
22.         </thead>
23.         <tbody>
24.           <tr class="table-info">
25.             <th>1</th>
26.             <td>立春</td>
27.             <td>立夏</td>
28.             <td>立秋</td>
29.             <td>立冬</td>
30.           </tr>
31.           以下省略剩余 20 个节气的表格构建代码<tr>
32.         </tbody>
33.     </table>
34. </body>
35. <html>
```

在上述代码中，首先为<table>标签使用.table 类以保持 Bootstrap 4 的表格的默认样式，其次为<table>标签使用.table-bordered 类、.table-hover 类、.text-center 类，实现表格的鼠标指针悬停变色效果，为表格添加边框样式，使表格内容水平居中，完成个性化表格设计。

运行上述代码，个性化表格的显示效果如图 4.11 所示。

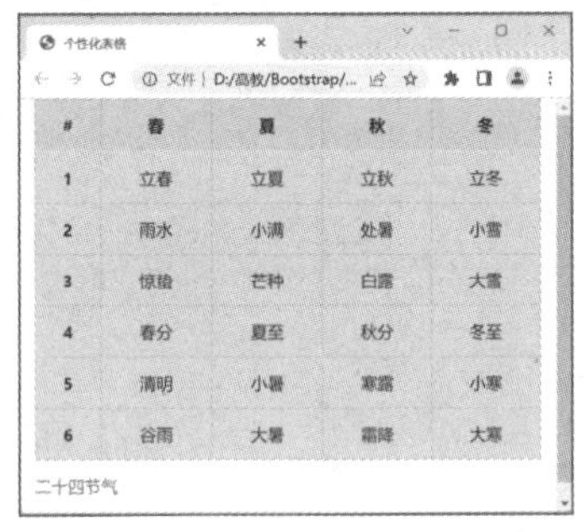

图 4.11　个性化表格的显示效果

4.4　表单

Bootstrap 4 进一步扩展了表单样式，使表单在浏览器和设备之间的呈现更具一致性。表单包括表单域、输入框、单选按钮、复选框等控件，本节将详细介绍这些表单控件的使用。

4.4.1　表单控件的基本结构

在 Bootstrap 4 中，为文本表单控件（如<input>、<textarea>、<select>）添加.form-control 类，可使文本表单控件获得统一的全局样式，如宽度 100%、浅灰色的边框、4px 的圆角等。组合使用<label>标签和表单控件时，可将<label>标签与表单控件放置在.form-group 类定义的表单组中，从而使表单组内的元素在视觉上展现出最佳的排列样式。

表单控件的语法格式如下。

```
<form>
  <div class="form-group">
   <label for="name">用户名</label>
   <input type="email" class="form-control" id="name">
  </div>
  <div class="form-group">
   <label for="pwd">密码</label>
   <input type="password" class="form-control" id="pwd">
  </div>
  <button type="submit" class="btn btn-primary">提交</button>
</form>
```

4.4.2　表单控件类

Bootstrap 4 中内置的大量表单控件类，可用于控制表单的尺寸、状态、输入范围等。表单控件类具体说明如表 4.6 所示。

表 4.6　表单控件类

类	说明
.form-control	用于为文本表单控件设置统一样式，如宽度 100%、浅灰色的边框、4px 的圆角等
.form-control-{lg|sm}	用于设置表单控件的尺寸，如设置大号、小号等
.form-control-plaintext	用于将应用了 readonly 属性的表单控件样式转化为只读的纯文本
.form-control-range	用于设置水平的范围输入效果。范围输入效果在不同的浏览器中不同
.form-text	用于创建表单的帮助文本
.form-check	单选按钮、复选框的父容器，使用方式与.form-group 类的一致。可用于实现单选按钮、复选框的堆叠效果。.form-check 容器内的控件需使用.form-check-input 类
.form-check-input	.form-check 容器内的<input>控件需使用.form-check-input 类
.form-check-label	.form-check 容器内的<label>控件需使用.form-check-label 类
.form-check-inline	用于.form-check 容器，可使容器内的单选按钮和复选框实现水平排列效果
.disabled	用于设置单选按钮与复选框的禁用状态。<input>的禁用状态通过 disabled 属性来实现
.form-row	表单行。表单控件不仅可与网格布局（row、col）组合使用，以建立更复杂的布局，还可借助 Bootstrap 4 定义的.form-row 类使表单获得更紧凑的布局

4.4.3 表单控件的使用

“实践是检验真理的唯一标准”，在学习了表单控件的常用类后，读者可以通过一些简单的案例来掌握表单控件的使用方法。

使用上述表单控件类来展示不同的显示效果，具体代码如例 4.12 所示。

【例 4.12】表单控件类。

```
1.  <!DOCTYPE html>
2.  <html lang="en">
3.  <head>
4.  <meta charset="UTF-8">
5.  <meta name="viewport" content="width=device-width,initial-scale=1,shrink-to-fit=no">
6.  <link rel="stylesheet" href="bootstrap-4.5.3-dist/css/bootstrap.css">
7.  <script src="jquery-3.5.1.slim.js"></script>
8.  <script src="bootstrap-4.5.3-dist/js/bootstrap.min.js"></script>
9.  <title>表单控制类</title>
10. </head>
11. <body class="container">
12.     <h3>表单控件类</h3>
13. <form>
14.         <div class="form-row">
15.           <div class="col">
16.             <label for="Firstname">用户名: </label>
17.             <input type="text" class="form-control form-control-lg" placeholder="
    First name" id="Firstname">
18.           </div>
19.           <div class="col">
20.             <label for="Pwd">密码: </label>
21.            <input type="password" class="form-control form-control-sm" placeholder=
    "Last name" id="Pwd">
22.             <small class="form-text">帮助文本-请输入 6 位数的密码</small>
23.           </div>
24.         </div>
25.         <div class="form-group">
26.         <label for="Mail">邮箱: </label>
27.         <!-- 输入文本框的只读纯文本模式 -->
28.         <input type="text"readonly class="form-control-plaintext" id="Mail"value
    ="email@example.com">
29.         </div>
30.         <div class="form-group">
31.             <label for="Range">输入范围</label>
32.             <input type="range" class="form-control-range" id="Range">
33.         </div>
34.         <h3>单选按钮与复选框的布局类应用</h3>
35.         性别:
36.         <div class="form-check">
37.             <input type="radio" class="form-check-input"
38.               name="sex" id="sex1">
39.             <label class="form-check-label" for="sex1">男</label>
40.         </div>
41.         <div class="form-check">
42.             <input  type="radio" class="form-check-input"
43.               name="sex" id="sex2">
44.             <label class="form-check-label" for="sex2">女</label>
```

```
45.         </div>
46.         爱好:
47.         <div class="form-check form-check-inline">
48.             <input type="checkbox" class="form-check-input"
49.               name="hobby" id="hobby1">
50.             <label class="form-check-label" for="hobby1">阅读</label>
51.         </div>
52.         <div class="form-check form-check-inline">
53.             <input type="checkbox" class="form-check-input"
54.               name="hobby" id="hobby2">
55.             <label class="form-check-label" for="hobby2">运动</label>
56.         </div>
57.         <div class="form-check form-check-inline">
58.             <input type="checkbox" class="form-check-input"
59.               name="hobby" id="hobby3">
60.             <label class="form-check-label" for="hobby3">唱歌</label>
61.         </div>
62.       </form>
63. </body>
64. </html>
```

运行上述代码，表单控件类的显示效果如图 4.12 所示。

图 4.12　表单控件类的显示效果

4.5　图片

4.5.1　图片类

Bootstrap 4 增强了图片功能，能为图片提供响应式服务。读者在项目中引用图片将更加便捷且图片元素更加稳定。图片类具体说明如表 4.7 所示。

表 4.7　　图片类

类	说明
.img-fluid	响应式图片
.img-thumbnail	缩略图，给图片加上一个宽度为 1px 的圆角边框样式
.rounded	图片样式，圆角矩形样式
.rounded-circle	图片样式，圆角 50%样式

通过 Bootstrap 4 提供的.img-fluid 类可使图片具备响应式效果，其原理是将 max-width: 100%、height:auto 赋予图片，实现响应式布局，使图片随父元素进行同步缩放。

1．语法格式

图片类的语法格式如下。

```
<img src="..." class="img-fluid" alt="...">
```

2．演示说明

使用.img-fluid 类使图片与父元素保持同步缩放，实现响应式图片的效果，具体代码如例 4.13 所示。

【例 4.13】响应式图片。

```
1.  <!DOCTYPE html>
```

```
2.  <html lang="en">
3.  <head>
4.  <meta charset="UTF-8">
5.  <meta name="viewport" content="width=device-width,initial-scale=1,shrink-to-fit=no">
6.  <link rel="stylesheet" href="bootstrap-4.5.3-dist/css/bootstrap.css">
7.  <script src="jquery-3.5.1.slim.js"></script>
8.  <script src="bootstrap-4.5.3-dist/js/bootstrap.min.js"></script>
9.  <title>响应式图片</title>
10. </head>
11. <body class="container">
12.     <h2>响应式图片</h2>
13.     <img src="images/respon.jpg" class="img-fluid" alt="">
14. </body>
15. <html>
```

运行上述代码，响应式图片的显示效果如图4.13所示。当用户改变浏览器窗口的尺寸时，该图片将随浏览器窗口尺寸的变化而同步缩放。

图 4.13 响应式图片的显示效果

4.5.2 图片对齐方式

Bootstrap 4 中设置图片对齐方式的常用方法如下。

（1）浮动类。可使用浮动类.float-left 或.float-right 分别实现图片的左浮动与右浮动。

（2）文本对齐类。可使用.text-left 类、.text-center 类、.text-right 类分别实现图片水平居左、水平居中、水平居右。

（3）外边距类。可使用外边距类.mx-auto 来实现图片水平居中，需要注意，必须通过.d-block 类将<img>标签转换成块级元素。

在以下案例中，结合图片类演示图片对齐方式的设置，具体代码如例 4.14 所示。

【例 4.14】图片对齐方式。

```
1.  <!DOCTYPE html>
2.  <html lang="en">
3.  <head>
4.  <meta charset="UTF-8">
5.  <meta name="viewport" content="width=device-width,initial-scale=1,shrink-to-fit=no">
6.  <link rel="stylesheet" href="bootstrap-4.5.3-dist/css/bootstrap.css">
7.  <script src="jquery-3.5.1.slim.js"></script>
8.  <script src="bootstrap-4.5.3-dist/js/bootstrap.min.js"></script>
9.  <title>图片对齐</title>
10. </head>
11. <body class="container mt-5">
12.     <h2>图片对齐</h2>
13.     <!-- 父元素清除浮动影响 -->
14.     <div class="clearfix">
15.         <!-- 左浮动 -->
16.         <img src="images/align.jpg" class="float-left rounded" width="200">
17.         <span class="float-left">使用浮动类实现左浮动</span>
18.         <!-- 右浮动 -->
19.         <img src="images/align.jpg" class="float-right img-thumbnail" width="200">
20.         <span class="float-right">使用浮动类实现右浮动</span>
21.     </div>
```

```
22.     <!--文本类实现水平居中 -->
23.     <div  class="text-center">
24.        <img src="images/align.jpg" class="rounded-circle" width="200">
25.        <p class="text-center">使用文本类实现水平居中</p>
26.     </div>
27.     <!-- 外边距类实现水平居中 -->
28.     <div>
29.        <img src="images/align.jpg"  class="mx-auto d-block" width="200">
30.        <p class="text-center">使用外边距类实现水平居中</p>
31.     </div>
32. </body>
33. <html>
```

运行上述代码，图片对齐方式的显示效果如图 4.14 所示。

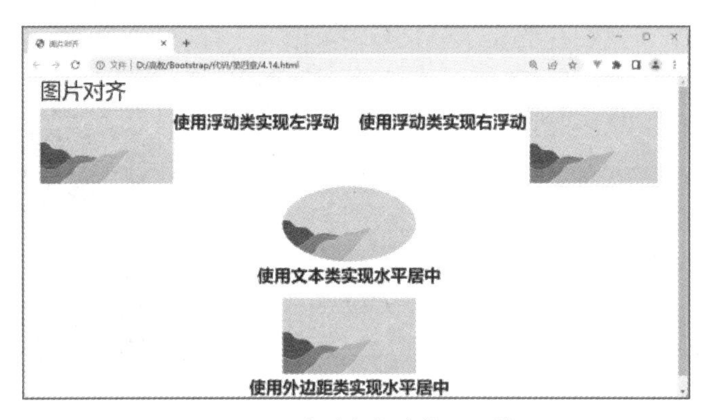

图 4.14　图片对齐方式的显示效果

4.6　画像

需要为图片显示一段内容时，如可选标题，可使用<figure>标签进行设计。Bootstrap 4 的.figure 类、.figure-img 类、.figure-caption 类可基于 HTML5 的<figure>和<figcaption>标签实现样式增强。当<figure>标签内所包含的图片没有明确尺寸时，必须为<img>标签添加.img-fluid 类，使其支持响应式布局。

1．语法格式

画像的语法格式如下。

```
<figure class="figure">
  <img src="图片地址" class="figure-img img-fluid rounded" alt="...">
  <figcaption class="figure-caption">画像对应标题</figcaption>
</figure>
```

2．演示说明

使用画像实现风景介绍页面，代码如例 4.15 所示。

【例 4.15】画像。

```
1.   <!DOCTYPE html>
2.   <html lang="en">
3.   <head>
4.   <meta charset="UTF-8">
5.   <meta name="viewport" content="width=device-width,initial-scale=1,shrink-to-fit=no">
6.   <link rel="stylesheet" href="bootstrap-4.5.3-dist/css/bootstrap.css">
```

```
7.  <script src="jquery-3.5.1.slim.js"></script>
8.  <script src="bootstrap-4.5.3-dist/js/bootstrap.min.js"></script>
9.  <title>画像</title>
10. </head>
11. <body class="container ml-5">
12.     <h2>画像</h2>
13.     <figure class="figure">
14.         <img src="images/river.jpg" class="figure-img img-fluid rounded"
15.         <figcaption class="figure-caption">岁月是一条蜿蜒的河</figcaption>
16.     </figure>
17.     <figure class="figure">
18.         <img src="images/briage.jpg" class="figure-img img-fluid rounded">
19.         <figcaption class="figure-caption">传统的桥，古朴的美</figcaption>
20.     </figure>
21.     <figure class="figure">
22.       <img src="images/mountain.jpg" class="figure-img img-fluid rounded">
23.       <figcaption class="figure-caption"> 一重山，两重山。</figcaption>
24.     </figure>
25. </body>
26. <html>
```

运行上述代码，画像的显示效果如图 4.15 所示。

图 4.15　画像

4.7　实战：经典管理系统页面

中国传统文化像一座巨大的宝库，主要包含文学类（如唐诗、宋词）、器乐类（如锣、鼓、镲）、美术类（如剪纸、书法）、舞蹈类（如孔雀舞）、民俗类（如年画）、生活类（如文房四宝）等。以诸子百家经典为例，诸子百家经典包含《论语》《孟子》《道德经》《孙子兵法》等。本节使用 Bootstrap 4 的页面排版、表格、图片等技术，实现以诸子百家经典为主题的经典管理系统页面。

4.7.1　页面结构分析

经典管理系统页面由头部标题、页面主图、表单操作项以及页面主体（即表格）4 部分构成。使用排版的标题类制作头部标题，使用图片类使页面主图保持响应式效果，使用表单控件设计表单操作项，使用表格类设计美观、合理的表格。表格主要由复选框、经典编号、经典名称、上架时间以及经典描述组成。经典管理系统页面结构如图 4.16 所示。

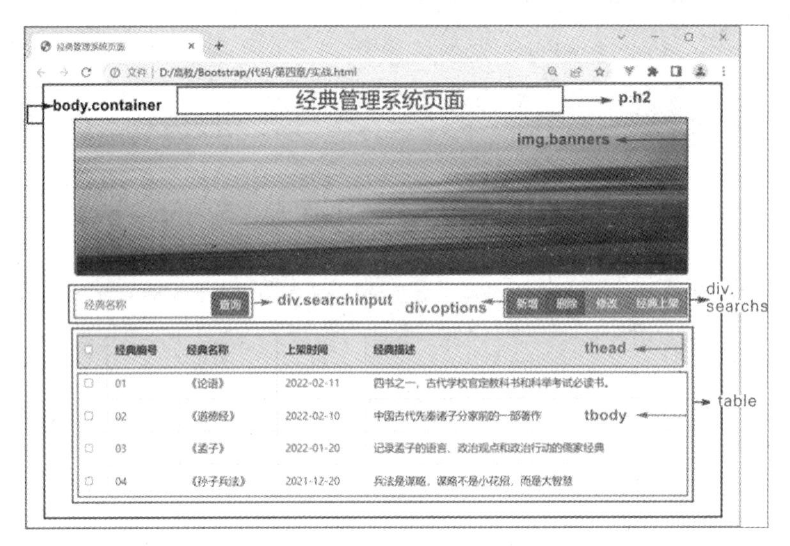

图 4.16　经典管理系统页面结构

4.7.2　代码实现

首先，新建一个 HTML 文件，在<body>标签中定义一个<div>固定容器，并设置类名为 container。

其次，在固定容器中分别定义 4 个子容器块，并分别设置其类名为 h2、banners、searchs、table，具体代码如例 4.16 所示。

【例 4.16】经典管理系统页面。

```
1.  <!DOCTYPE html>
2.  <html lang="en">
3.  <head>
4.      <meta charset="UTF-8">
5.      <meta name="viewport" content="width=device-width,initial-scale=1, shrink-to-
    fit=no">
6.      <link rel="stylesheet" href="bootstrap-4.5.3-dist/css/bootstrap.css">
7.      <script src="jquery-3.5.1.slim.js"></script>
8.      <script src="bootstrap-4.5.3-dist/js/bootstrap.min.js"></script>
9.      <title>经典管理系统页面</title>
10. </head>
11. <body class="container">
12.     <p class="h2" align="center">经典管理系统页面</p>
13.     <img src="images/banner.jpg" class="img-fluid banners" alt="">
14.     <div class="clearfix my-4 searchs">
15.         <!-- 搜索项 -->
16.         <div class="d-flex float-left searchinput">
17.             <div class="ml-6">
18.                 <form class="form-inline">
19.                   <div class="form-group">
20.                   <input type="search" class="form-control"
21.                      placeholder="经典名称">
22.                   </div>
23.                   <button type="submit" class="btn btn-primary">查询</button>
```

```
24.             </form>
25.         </div>
26.     </div>
27.     <!-- 操作项 -->
28.     <div class="ml-auto btn-group float-right options">
29.         <button type="button" class="btn btn-primary">
30.           <i class="fa fa-plus mr-1"></i>新增</button>
31.         <button type="button" class="btn btn-danger">
32.           <i class="fa fa-times mr-1"></i>删除</button>
33.         <button type="button" class="btn btn-info">
34.           <i class="fa fa-pencil mr-1"></i>修改</button>
35.         <button type="button" class="btn btn-success">
36.           <i class="fa fa-star mr-1"></i>经典上架</button>
37.     </div>
38. </div>
39. <!-- 表格  -->
40. <table class="table table-bordered table-hover ">
41.     <thead class="table-info">
42.         <tr>
43.             <th><input type="checkbox"></th>
44.             <th>经典编号</th>
45.             <th>经典名称</th>
46.             <th>上架时间</th>
47.             <th>经典描述</th>
48.         </tr>
49.     </thead>
50.     <tbody>
51.         <tr>
52.             <td><input type="checkbox"></td>
53.             <td>01</td>
54.             <td>《论语》</td>
55.             <td>2022-02-11</td>
56.             <td>四书之一，古代学校官定教科书和科举考试必读书。</td>
57.         </tr>
58.         以下省略《道德经》《孟子》《孙子兵法》详细信息的构建代码<tr>
59.     </tbody>
60. </table>
61. </body>
62. <html>
```

为实现经典管理系统页面内容的合理布局，可做以下优化。

（1）将<p>标签的类名设置为 h2，以二级标题的形式显示文字，将<img>标签的类设为 img-fluid，使页面主图与页面保持同步缩放。

（2）表单操作项由 2 个子元素组成，包括搜索条件、操作按钮组。由于两个子元素分别向左、向右浮动，因此必须为父元素添加.clearfix 类清除子元素带来的浮动影响。

（3）将表格的类设为 table、table-bordered、table-hover，使表格实现个性化设计。

读者可根据上述要点实现经典管理系统页面的设计与优化。

4.8 本章小结

本章主要介绍了 Bootstrap 4 的页面内容，包括页面排版、代码风格、表格、表单、图片以及画像等内容。本章内容偏向实践，将知识讲解与实践相结合，培养读者设计 Bootstrap 4

页面的能力。

希望通过学习本章内容，读者能够熟练使用 Bootstrap 4 的相关知识设计出美观、合理的页面，为后续深入学习 Bootstrap 4 的工具类打好基础。

4.9 习题

1. 填空题

（1）Bootstrap 4 的常用标题类包括______、______以及______。

（2）Bootstrap 4 中实现文本高亮的标签是______。

（3）Bootstrap 4 中代码标签包括______、______、______、______以及______。

（4）Bootstrap 4 的 9 种表格类包括_____、______、______、______、______以及_____。

2. 选择题

（1）在 Bootstrap 4 中，可实现圆角矩形样式的类是（　　）。

A．.rounded　　B．.rounded-circle　　C．.img-fluid　　D．.img

（2）在 Bootstrap 4 的页面排版中，用于表示重点标记文本的标签是（　　）。

A．<mark>　　B．<strong>　　C．<em>　　D．<s>

（3）以下属于 Bootstrap 4 中列表类的是 （　　）。

A．.truncate　　B．.col-inline　　C．.class　　D．.list-inline

3. 思考题

（1）在 Bootstrap 4 中如何设置文字的对齐方式？

（2）简述 Bootstrap 4 的页面组成元素。

4. 编程题

结合本章所学知识，使用.table-dark 类，设计一个黑色条纹的具有鼠标指针悬停样式的表格，具体实现效果如图 4.17 所示。

图 4.17　参与植树活动的人员表

第5章 Bootstrap的工具类

本章学习目标

- 掌握 Bootstrap 4 文本类及颜色类的使用方法
- 掌握 Bootstrap 4 边框类及边距类的使用方法
- 掌握 Bootstrap 4 display 类与浮动类的使用方法
- 掌握 Bootstrap 4 阴影类与尺寸类的使用方法
- 理解 Bootstrap 4 溢出类、定位类与内嵌类的特点

Bootstrap 的工具类

CSS 框架是允许使用层叠样式表语言进行简易、符合标准的网页设计的库，CSS 框架可大大提升网站的开发效率。Bootstrap 的核心便是 CSS 框架，Bootstrap 的基础 CSS（Base CSS）定义了丰富的通用样式类，可满足开发人员的基本设计需求。使用 Bootstrap 4 的工具类可快速开发出优美的 Web 页面，减少 CSS 代码量，提高开发人员的工作效率。本章主要介绍 Bootstrap 4 的工具类，包括文本类、颜色类、边框类、边距类、display 类、浮动类、阴影类、尺寸类、溢出类、定位类、内嵌类等，并为工具类配以实际案例来帮助读者学习和掌握其使用技巧。

5.1 文本类

Bootstrap 4 有一些关于文本的样式类，用于控制文本的对齐方式、折行、溢出、大小写转换、字体样式等。文本类可用于快速设置文本的风格、表现形式，非常适用于设计精美的文本效果。

5.1.1 文本对齐类

设置文本的对齐方式时可将元素的类设为.text-left、.text-right、.text-center 和.text-justify。Bootstrap 4 中的以上 4 种类用于设置文本对齐方式，还设计了.text-*-*类用于文本的响应式对齐方式，具体说明如表 5.1 所示。

表 5.1 文本对齐类

类	说明
.text-left	用于设置文本左对齐
.text-right	用于设置文本右对齐

续表

类	说明
.text-center	用于设置文本居中对齐
.text-justify	用于设置文本两端对齐
.text-{sm|md|lg|xl}-{left|right|center}	表示在小、中、大或超大型设备上实现文本左对齐、右对齐或居中对齐。文本对齐类可与网格系统结合，根据响应断点的不同而采用不同的文本对齐方式

1．语法格式

文本对齐类的语法格式如下。

```
<p class="text-left">文本内容</p>
<p class="text-sm-left">文本内容</p>
```

2．演示说明

在页面中分别使用.text-left 类和.text-md-center 类演示文本对齐类的使用方法，使文本在默认情况下保持左对齐，在中型设备上保持居中对齐，具体代码如例 5.1 所示。

【例 5.1】文本对齐类。

```
1.  <!DOCTYPE html>
2.  <html lang="en">
3.  <head>
4.  <meta charset="UTF-8">
5.  <meta name="viewport" content="width=device-width,initial-scale=1, shrink-to-fit=no">
6.  <link rel="stylesheet" href="bootstrap-4.5.3-dist/css/bootstrap.css">
7.  <script src="jquery-3.5.1.slim.js"></script>
8.  <script src="bootstrap-4.5.3-dist/js/bootstrap.min.js"></script>
9.  <title>文本对齐类</title>
10. </head>
11. <body class="container">
12.     <h2 class="text-sm-left text-md-center">文本对齐类</h2>
13.     <p class="text-sm-left text-md-center">天行健，君子以自强不息</p></body>
14. </html>
```

运行上述代码，文本在小型设备上保持左对齐，显示效果如图 5.1 所示。

文本在中型设备上保持居中对齐，显示效果如图 5.2 所示。

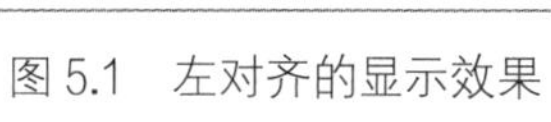

图 5.1　左对齐的显示效果

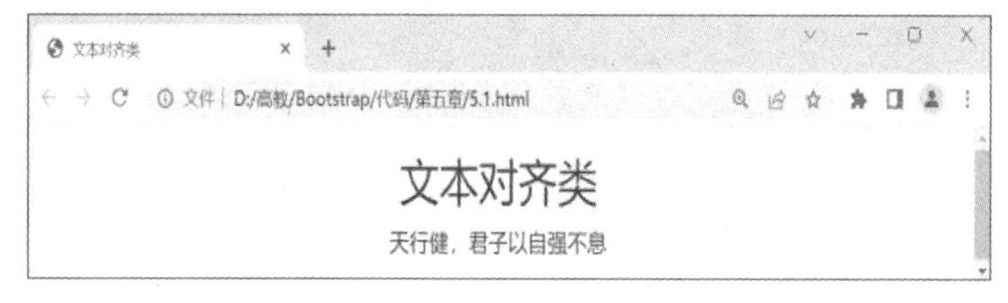

图 5.2　居中对齐的显示效果

5.1.2　文本转换类

当页面中的文本由中英文共同构成时，可按照文本显示规则对字母进行大小写转换，进一步提高文本的可读性。在 Bootstrap 4 中对字母进行大小写转换，可通过以下 3 种类实现，具体说明如表 5.2 所示。

表 5.2　　　　文本转换类

类	说明
.text-lowercase	用于将元素内的字母转换为小写字母
.text-uppercase	用于将元素内的字母转换为大写字母
.text-capitalize	用于将元素内每个单词的第一个字母转换为大写字母，不影响其他字母

1. 语法格式

文本转换类的语法格式如下。

```
<p class="text-lowercase">转为小写的文本</p>
```

2. 演示说明

使用上述文本转换类显示表示 12 种优秀品质的单词，具体代码如例 5.2 所示。

【例 5.2】文本转换类。

```
1.  <!DOCTYPE html>
2.  <html lang="en">
3.  <head>
4.  <meta charset="UTF-8">
5.  <meta name="viewport" content="width=device-width,initial-scale=1, shrink-to-fit=no">
6.  <link rel="stylesheet" href="bootstrap-4.5.3-dist/css/bootstrap.css">
7.  <script src="jquery-3.5.1.slim.js"></script>
8.  <script src="bootstrap-4.5.3-dist/js/bootstrap.min.js"></script>
9.  <title>文本转换类</title>
10. </head>
11. <body class="container mt-5">
12.     <h2 class="text-center">字母大小写转换</h2>
13.     <p class="text-uppercase">learn、help、sincere、kind </p>
14.     <p class="text-lowercase">CREATIVITY、COURIOSITY、INSIGHT、LEADERSHIP</p>
15.     <p class="text-capitalize">optimism、tenacity、courage、diligence</p>
16. </body>
17. </html>
```

运行上述代码，文本转换类实现的显示效果如图 5.3 所示。

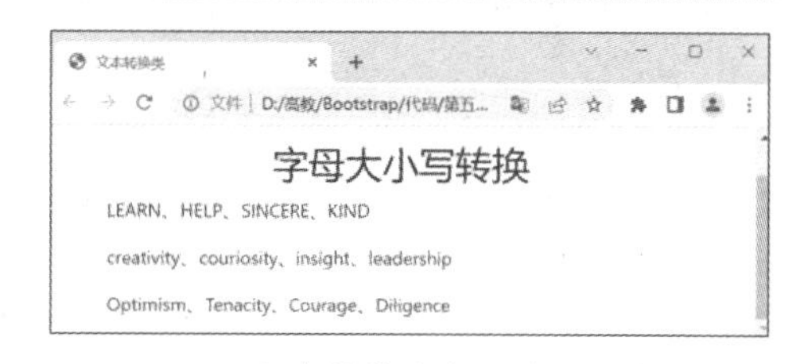

图 5.3　文本转换类实现的显示效果

5.1.3　文本折行与溢出类

当页面中的文本超出元素本身的宽度时，文本内容会默认自动折行。在 Bootstrap 4 中如需对文本进行折行处理、阻止文本折行、隐藏溢出文本等操作时，可使用以下 3 种类来实现，具体说明如表 5.3 所示。

表 5.3　　　　文本折行与溢出类

类	说明
.text-wrap	用于在文本长度超出元素宽度时，允许元素内的文本折行
.text-nowrap	用于在文本长度超出元素宽度时，阻止元素内的文本折行
.text-truncate	用于在文本长度超出元素宽度时，以省略号的形式表示超出的文本内容

1. 语法格式

文本折行与溢出类的语法格式如下。

```
<div class="text-wrap" style="width: 6rem;">
 此文本允许折行
</div>
```

2. 演示说明

在页面中定义 3 个宽度为 10rem 的 div 块元素，将第一个块元素的类设为 text-wrap，允许文本折行。将第二个块元素的类设为 text-nowrap，阻止文本折行。将第三个块元素的类设为 text-truncate，实现文本溢出的隐藏。具体代码如例 5.3 所示。

【例 5.3】文本折行与溢出类。

```
1.  <!DOCTYPE html>
2.  <html lang="en">
3.  <head>
4.  <meta charset="UTF-8">
5.  <meta name="viewport" content="width=device-width,initial-scale=1,shrink-to-fit=no">
6.  <link rel="stylesheet" href="bootstrap-4.5.3-dist/css/bootstrap.css">
7.  <script src="jquery-3.5.1.slim.js"></script>
8.  <script src="bootstrap-4.5.3-dist/js/bootstrap.min.js"></script>
9.  <title>文本折行与溢出类</title>
10. </head>
11. <body class="container mt-5">
12.     <h2>文本折行与溢出类</h2>
13.     <div class="text-wrap border border-info" style="width:10rem">东北平原：又叫松辽
    平原，由三江平原、辽河平原和松嫩平原 3 部分组成。</div><br>
14.     <div class="text-nowrap border border-info" style="width:10rem">在黄河下游，主要由
    黄河、淮河、海河等河流冲积而成。面积约 30 万平方千米。</div><br>
15.     <div class="text-truncate border border-info" style="width:10rem">长江中下游平原：
    河网纵横，湖泊众多，称为“水乡泽国”。</div>
16. <br>
17. </body>
18. </html>
```

运行上述代码，文本折行与溢出类实现的显示效果如图 5.4 所示。

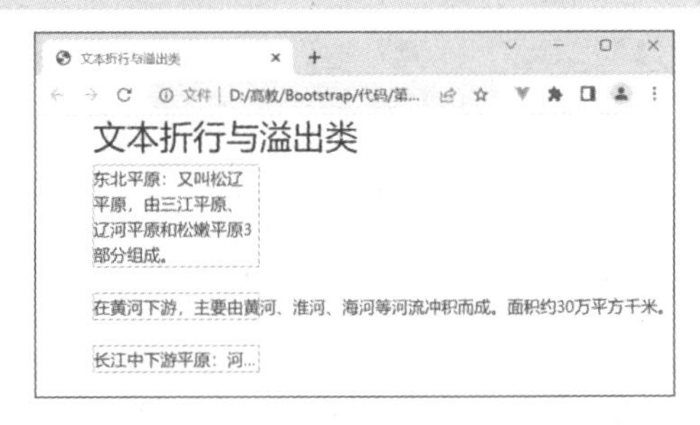

图 5.4　文本折行与溢出类实现的显示效果

5.1.4　文本字体类

Bootstrap 4 能满足文本字体的设计需求，有丰富的文本字体类，通过文本字体类可快速更改文本的字体粗细以及倾斜样式。在 Bootstrap 4 中设置文本的字体样式时，可使用以下 6 种文本字体类来实现，具体说明如表 5.4 所示。

表 5.4　文本字体类

类	说明
.font-weight-bold	用于设置较粗的字体
.font-weight-bolder	用于为当前元素设置相对于父元素较粗的字体
.font-weight-normal	用于设置正常粗细的字体
.font-weight-light	用于设置细的字体
.font-weight-lighter	用于为当前元素设置相对于父元素较细的字体
.font-italic	用于设置斜体的字体

1. 语法格式

文本字体类的语法格式如下。

```
<p class="font-weight-bold">粗体文字</p>
```

2. 演示说明

在页面中依次使用上述 6 种文本字体类，以便更好地对比文本字体类实现的不同效果，具体代码如例 5.4 所示。

【例 5.4】文本字体类。

```
1.  <!DOCTYPE html>
2.  <html lang="en">
3.  <head>
4.  <meta charset="UTF-8">
5.  <meta name="viewport" content="width=device-width,initial-scale=1,shrink-to-fit=no">
6.  <link rel="stylesheet" href="bootstrap-4.5.3-dist/css/bootstrap.css">
7.  <script src="jquery-3.5.1.slim.js"></script>
8.  <script src="bootstrap-4.5.3-dist/js/bootstrap.min.js"></script>
9.  <title>文本字体类</title>
10. </head>
11. <body class="container">
12.     <h2>文本字体类</h2>
13.     <p class="font-weight-bold">京剧：我国戏曲的主要剧种之一。----(bold)</p>
14.     <p class="font-weight-bolder">越剧：浙江地方戏曲剧种之一，起源于嵊州，由当地民歌发展而成。
    ----(bolder)</p>
15.     <p class="font-weight-normal">豫剧：是中国五大戏曲剧种之一，中国第一大地方剧种。
    ----(normal)</p>
16.     <p class="font-weight-light">黄梅戏：原名黄梅调、采茶戏等，起源于湖北黄梅，发展壮大于安徽
    安庆。----(light)</p>
17.     <p class="font-weight-lighter">评剧：流传于中国北方，是汉族传统戏曲剧种之一。
    ----(lighter)</p>
18.     <p class="font-italic">花鼓戏：中国地方戏曲剧种，是全国地方戏曲中同名最多的剧种。
    ----(italic)</p>
19. </body>
20. </html>
```

运行上述代码，文本字体类实现的显示效果如图 5.5 所示。

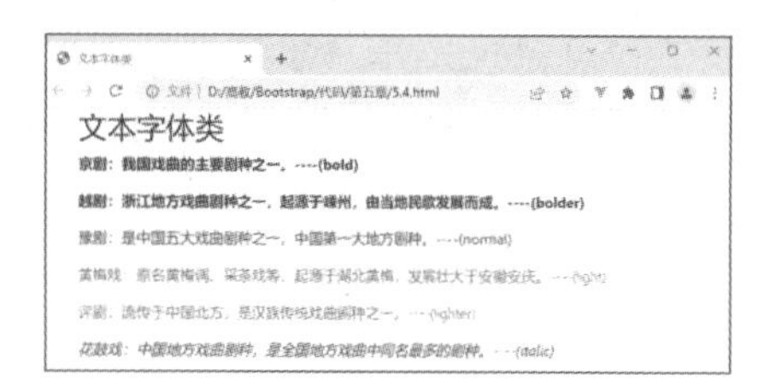

图 5.5　文本字体类实现的显示效果

5.1.5　其他文本类

Bootstrap 4 还提供了其他常用的文本类，在使用 Bootstrap 4 进行开发时可能会用到，具体说明如表 5.5 所示。

1. 语法格式

其他文本类的语法格式如下。

```
<p class="text-monospace">等宽字体</p>
```

表 5.5　其他文本类

类	说明
.text-reset	重置颜色，用于重置文本颜色或链接颜色，以便继承父元素的字体颜色
.text-monospace	等宽字体，用于将所选内容设为等宽字体
.text-decoration-underline	文字装饰，用于为文本添加修饰线（Bootstrap 5 新增）

续表

类	说明
.text-decoration-none	文字装饰，用于为文本删除修饰线
text-decoration-line-through	文字装饰，用于为文本添加中画线（Bootstrap 5 新增）

2. 演示说明

在页面中依次使用 Bootstrap 4 的 3 种其他文本类，以展现多种文本样式，具体代码如例 5.5 所示。

【例 5.5】其他文本类。

```
1.  <!DOCTYPE html>
2.  <html lang="en">
3.  <head>
4.      <meta charset="UTF-8">
5.      <meta name="viewport" content="width=device-width,initial-scale=1,shrink-to-
    fit=no">
6.      <link rel="stylesheet" href="bootstrap-4.5.3-dist/css/bootstrap.css">
7.      <script src="jquery-3.5.1.slim.js"></script>
8.      <script src="bootstrap-4.5.3-dist/js/bootstrap.min.js"></script>
9.      <title>其他文本类</title>
10. </head>
11. <body class="container">
12.     <h2>其他文本类<small>—职业道德精神</small></h2>
13.     <!-- 设置父元素中的字体颜色为红色 -->
14.     <div class="text-red">
15.         <!-- 重置本元素中字体颜色，继承父元素的字体颜色 -->
16.         <p class="text-reset">忠于职守</p>
17.     </div>
18.     <!-- 等宽字体 -->
19.     <p class="text-monospace">乐于奉献</p>
20.     <!-- <s></s>标签为文本添加中画线 -->
21.     <!-- 删除<s>标签的中画线效果 -->
22.     <s class="text-decoration-none">尊职敬业</s>
23. </body>
24. </html>
```

运行上述代码，其他文本类实现的显示效果如图 5.6 所示。

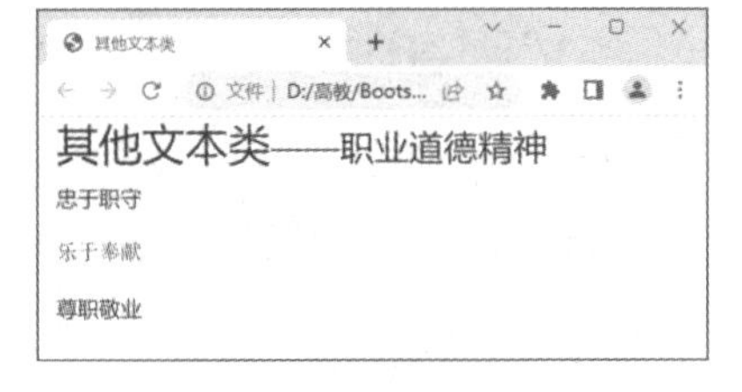

图 5.6 其他文本类实现的显示效果

5.2 颜色类

网页制作中一般使用颜色提升元素与主题的契合度，营造出独特的网页风格。读者还可以使用颜色划分页面布局，方便用户迅速锁定信息区域，使用突出的颜色发挥视觉引导作用。Bootstrap 4 支持使用少量颜色类传达颜色含义，并支持对具有悬停状态的链接进行颜色设计。Bootstrap 4 中的颜色类主要包括文本颜色类、链接颜色类、背景颜色类等。

5.2.1 文本颜色类

Bootstrap 4 提供了一系列具有代表意义的文本颜色类，通过颜色赋予文本特殊意义，具体说明如表 5.6 所示。

表 5.6 文本颜色类

类	说明
.text-primary	文本颜色为蓝色，表示重要意义
.text-secondary	文本颜色为灰色，表示次要意义
.text-success	文本颜色为浅绿色，表示成功意义
.text-danger	文本颜色为浅红色，表示危险意义
.text-warning	文本颜色为浅黄色，表示警告意义
.text-info	文本颜色为浅蓝色，表示信息意义
.text-light	文本颜色为浅灰色，表示高亮意义（浅灰色文本在白色背景上看不清）
.text-dark	文本颜色为深灰色，表示暗色意义
.text-muted	文本颜色为灰色，表示减弱意义
.text-white	文本颜色为白色（白色文本在白色背景上看不清）
.text-body	文本颜色与 body 保持一致，继承 body 的文本颜色
.text-{颜色}-*	用于设置文本颜色的透明度（*代表透明程度，范围为 0～100）

1. 语法格式

文本颜色类的语法格式如下。

```
<p class="text-primary">文本内容</p>
```

2. 演示说明

在页面中使用 Bootstrap 4 的上述文本颜色类，具体代码如例 5.6 所示。

【例 5.6】文本颜色类。

```
1.  <!DOCTYPE html>
2.  <html lang="en">
3.  <head>
4.  <meta charset="UTF-8">
5.  <meta name="viewport" content="width=device-width,initial-scale=1, shrink-to-fit=no">
6.  <link rel="stylesheet" href="bootstrap-4.5.3-dist/css/bootstrap.css">
7.  <script src="jquery-3.5.1.slim.js"></script>
8.  <script src="bootstrap-4.5.3-dist/js/bootstrap.min.js"></script>
9.  <title>文本颜色类</title>
10. </head>
11. <body class="container">
12.     <h2>文本颜色类演示<small>——中国著名建筑</small></h2>
13.         <p class="text-primary">北京故宫：中国明清两代的皇家宫殿。<small>
    ----.text-primary</small></p>
14.     <p class="text-secondary">布达拉宫：一座宫堡式建筑群。<small>----.text-secondary
    </small></p>
15.     <p class="text-success">颐和园：中国清朝时期的皇家园林，前身为清漪园。<small>
    ----.text-success</small></p>
16.     <p class="text-danger">永乐宫:国家首批重点文物保护单位。<small>.text-danger</small>
    </p>
17.     <p class="text-warning">秦始皇陵:国家 AAAAA 级旅游景区。<small>----.text-warning
    </small></p>
18.     <p class="text-info">赵州桥：世界上现存年代久远、跨度最大、保存最完整的单孔坦弧敞肩石拱桥。
    <small>----.text-info</small></p>
```

```
19.     <!-- text-light 在白色背景中看不清，设置本元素背景颜色为黑色 -->
20.     <p class="text-light bg-dark">黄鹤楼：位于湖北省武汉市武昌区，地处蛇山之巅。<small>
    ----.text-light</small></p>
21.     <p class="text-dark">岳阳楼：自古有“洞庭天下水，岳阳天下楼”之美誉。<small>
    ----.text-dark</small></p>
22.     <!-- 文本颜色继承来自 body 的文本颜色 -->
23.     <p class="text-body">嵩岳寺塔：全国重点文物保护单位、世界文化遗产。<small>
    ----.text-body</small></p>
24.     <p class="text-muted">大雁塔：现存最早、规模最大的唐代四方楼阁式砖塔。<small>
    ----.text-muted</small></p>
25.     <!-- text-white 在白色背景中看不清，设置本元素背景颜色为黑色 -->
26.     <p class="text-white bg-dark">承德避暑山庄:世界文化遗产、国家 AAAAA 级旅游景区。<small>
    ----.text-white</small></p>
27.     <!-- 文本透明度演示 -->
28.     <p class="text-white-50 bg-dark">长城:又称万里长城，是中国古代的军事防御工事。<small>
    ----.text-white-50</small></p>
29. </body>
30. </html>
```

运行上述代码，文本颜色类实现的显示效果如图 5.7 所示。

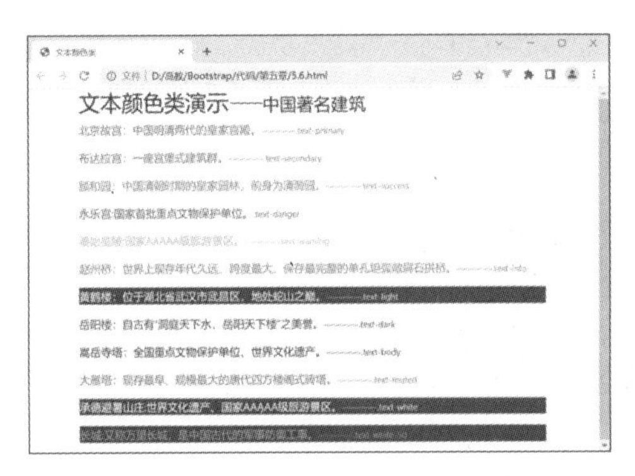

图 5.7　文本颜色类实现的显示效果

5.2.2　链接颜色

对于 5.2.1 小节介绍的文本颜色类，Bootstrap 4 允许其在超链接上正常使用。Bootstrap 4 通过焦点样式和悬浮样式使超链接文本在鼠标指针悬浮时颜色变暗，从而保持超链接文本与网页整体颜色和谐统一。与设置文本颜色类一样，Bootstrap 4 并不建议为文本使用.text-white 和.text-light 类，它们需要与背景颜色搭配使用。

1. 语法格式

链接颜色的语法格式如下。

```
<a class="text-primary">文本内容</a>
```

2. 演示说明

在超链接标签上使用 Bootstrap 4 的文本颜色类，以展现多种链接颜色样式，具体代码如例 5.7 所示。

【例 5.7】链接颜色。

```
1.  <!DOCTYPE html>
2.  <html lang="en">
3.  <head>
4.  <meta charset="UTF-8">
```

```
5.  <meta name="viewport" content="width=device-width,initial-scale=1,shrink-to-fit=no">
6.  <link rel="stylesheet" href="bootstrap-4.5.3-dist/css/bootstrap.css">
7.  <script src="jquery-3.5.1.slim.js"></script>
8.  <script src="bootstrap-4.5.3-dist/js/bootstrap.min.js"></script>
9.  <title>链接颜色</title>
10. </head>
11. <body class="container">
12.     <h2>链接颜色<small>——以中国文化遗产为例</small></h2>
13.     <p><a class="text-primary">鼓浪屿<small>------Primary link</small></a></p>
14.     <p><a class="text-secondary">大运河<small>------Secondary link</small></a></p>
15.     <p><a class="text-success">良渚古城遗址城<small>------Success link</small></a></p>
16.     <p><a class="text-danger">武夷山<small>------Danger link</small></a></p>
17.     <p><a class="text-warning">乐山大佛<small>------Warning link</small></a></p>
18.     <p><a class="text-info">丽江古城<small>------Info link</small></a></p>
19.     <p><a class="text-light bg-dark">平遥古城<small>------Light link</small></a></p>
20.     <p><a class="text-dark">周口店北京人遗址<small>------Dark link</small></a></p>
21.     <p><a class="text-muted">大足石刻<small>------Muted link</small></a></p>
22.     <p><a class="text-white bg-dark">龙门石窟<small>------White link</small></a></p>
23. </body>
24. </html>
```

运行上述代码，链接颜色实现的显示效果如图 5.8 所示。

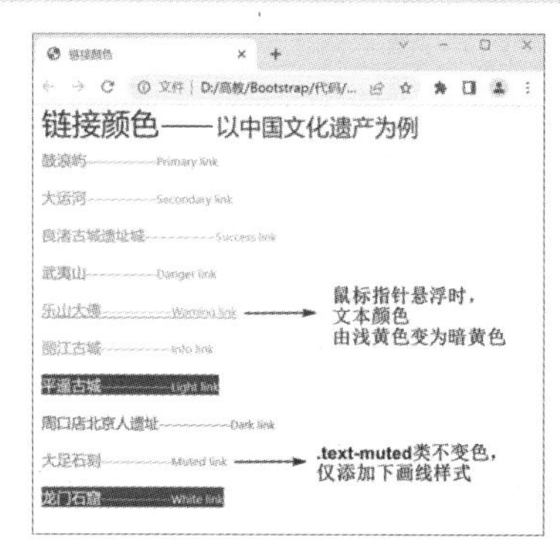

图 5.8　链接颜色实现的显示效果

5.2.3　背景颜色类

为元素添加背景颜色可使用 Bootstrap 4 提供的背景颜色类来实现。背景颜色类与文本颜色类相似，文本颜色类用于设计文本颜色，背景颜色类则用于设计元素的背景颜色。背景颜色不会影响文本颜色，开发过程中需将背景颜色类与文本颜色类结合使用，才能设计出协调、美观的样式。背景颜色类的具体说明如表 5.7 所示。

表 5.7　背景颜色类

类	说明
.bg-primary	背景颜色为蓝色，表示重要意义
.bg-secondary	背景颜色为灰色，表示次要意义
.bg-success	背景颜色为浅绿色，表示成功意义
.bg-danger	背景颜色为浅红色，表示危险意义
.bg-warning	背景颜色为浅黄色，表示警告意义
.bg-info	背景颜色为浅蓝色，表示信息意义
.bg-light	背景颜色为浅灰色，表示高亮意义（浅灰色背景在文本为白色时会模糊文字）
.bg-dark	背景颜色为深灰色，表示暗色意义
.bg-white	背景颜色为白色（白色背景在文本为白色时会模糊文字）
.bg-transparent	背景颜色为透明色（透明色背景在文本为白色时会模糊文字）

1. 语法格式

背景颜色类的语法格式如下。

```
<p class="bg-primary">文本内容</p>
```

2. 演示说明

在页面中使用Bootstrap 4的上述背景颜色类，展现多种背景颜色样式，具体代码如例5.8所示。

【例 5.8】背景颜色类。

```
1.  <!DOCTYPE html>
2.  <html lang="en">
3.  <head>
4.  <meta charset="UTF-8">
5.  <meta name="viewport" content="width=device-width,initial-scale=1, shrink-to-fit=no">
6.  <link rel="stylesheet" href="bootstrap-4.5.3-dist/css/bootstrap.css">
7.  <script src="jquery-3.5.1.slim.js"></script>
8.  <script src="bootstrap-4.5.3-dist/js/bootstrap.min.js"></script>
9.  <title>背景颜色类</title>
10. </head>
11. <body class="container">
12.     <h2>背景颜色类</h2>
13.     <div class="p-2 mb-2 bg-primary text-white">长风破浪会有时，直挂云帆济沧海<small>
    ------.bg-primary</small></div>
        <div class="p-2 mb-2 bg-secondary text-white"> 知我者，谓我心忧，不知我者，谓我何
    求<small>------.bg-secondary</small></div>
14.     <div class="p-2 mb-2 bg-success text-white">博观而约取，厚积而薄发<small>
    ------.bg-success</small></div>
15.     <div class="p-2 mb-2 bg-danger text-white">不飞则已，一飞冲天<small>
    ------.bg-danger</small></div>
16.     <div class="p-2 mb-2 bg-warning text-dark">穷且益坚，不坠青云之志<small>
    ------.bg-warning</small></div>
17.     <div class="p-2 mb-2 bg-info text-white">愿得此身长报国，何须生入玉门关<small>
    ------.bg-info</small></div>
18.     <div class="p-2 mb-2 bg-light text-dark">不畏浮云遮望眼，自缘身在最高层<small>
    ------.bg-light</small></div>
19.     <div class="p-2 mb-2 bg-dark text-white">花门楼前见秋草，岂能贫贱相看老<small>
    ------.bg-dark</small></div>
20.     <div class="p-2 mb-2 bg-white text-dark">大鹏一日同风起，扶摇直上九万里<small>
    ------.bg-white</small></div>
21.     <div class="p-2 mb-2 bg-transparent text-dark">路漫漫其修远兮，吾将上下而求索<small>
    ------.bg-transparent</small></div>
22. </body>
23. </html>
```

运行上述代码，背景颜色类实现的显示效果如图5.9所示。

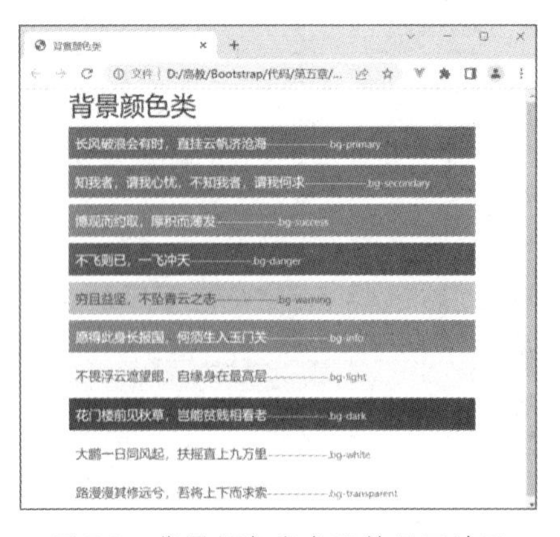

图 5.9　背景颜色类实现的显示效果

5.2.4　案例练习——前端学习菜单页面

本小节主要通过一个案例将所学颜色类应用于实践，案例实现依赖于颜色类中的文本颜色类、链接颜色类和背景颜色类等。

1．页面结构分析

前端学习菜单页面将网格布局与颜色类相结合，使页面分为 1 个行容器、6 个列元素以及 1 个页面标题。前端学习菜单页面结构如图 5.10 所示。

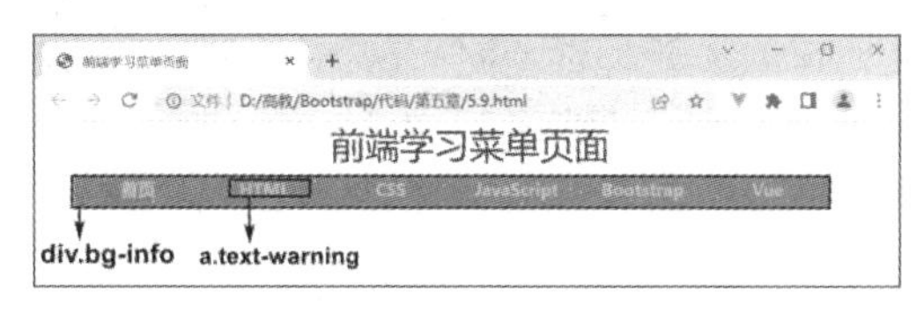

图 5.10　前端学习菜单页面结构

2．代码实现

首先，新建一个 HTML 文件，以外链的方式在该文件中引入 Bootstrap 4 的相关资源文件。在<body>标签中添加类.container。

其次，在<body>标签中设置 1 个标题标签，并在页面中设置 1 个行容器包裹 6 个列元素，通过为列元素添加颜色类实现浅红色背景、浅黄色文字及悬浮变色效果，具体代码如例 5.9 所示。

【例 5.9】前端学习菜单页面。

```
1.  <!DOCTYPE html>
2.  <html lang="en">
3.  <head>
4.  <meta charset="UTF-8">
5.  <meta name="viewport" content="width=device-width,initial-scale=1,shrink-to-fit=no">
6.  <link rel="stylesheet" href="bootstrap-4.5.3-dist/css/bootstrap.css">
7.  <script src="jquery-3.5.1.slim.js"></script>
8.  <script src="bootstrap-4.5.3-dist/js/bootstrap.min.js"></script>
9.  <title>前端学习菜单页面</title>
10. <style>
11.     .row{
12.         width: 100%;
13.         height: 30px;
14.     }
15. </style>
16. </head>
17. <body class="container text-center">
18.     <h2>前端学习菜单页面</h2>
19.     <div class="row">
20.         <div class="col-2 bg-danger font-weight-bold">
21.             <a class="text-warning">首页</a></div>
22.         <div class="col-2 bg-danger font-weight-bold">
23.             <a class="text-warning">HTML</a></div>
24.         <div class="col-2 bg-danger font-weight-bold">
25.             <a class="text-warning">CSS</a></div>
26.         <div class="col-2 bg-danger font-weight-bold">
27.             <a class="text-warning">JavaScript</a></div>
28.         <div class="col-2 bg-danger font-weight-bold">
29.             <a class="text-warning">Bootstrap</a></div>
30.         <div class="col-2 bg-danger font-weight-bold">
31.             <a class="text-warning">Vue</a></div>
32.     </div>
33. </body>
34. </html>
```

实现前端学习菜单页面，需要对页面元素进行以下优化。

（1）在页面中添加标题，明确页面主题。

（2）使菜单包含 1 个宽度自适应的行元素，在行元素内设置 6 个宽度相等的列元素，等分化的网格布局使菜单排版显得更加美观。

（3）在列元素中嵌入<a>标签，实现菜单悬浮变色的页面效果。

（4）为列元素添加.bg-danger 类实现浅红色背景，添加.font-weight-bold 类实现文字加粗，并为超链接添加.text-warning 类实现其文本悬浮变色的效果。

5.3 边框类

Bootstrap 4 有一系列关于边框的样式类，用于实现快速创建、删除边框或指定创建、删除元素单侧边框。边框类可用于实现快速创建元素的边框，设置边框颜色、边框形状等，非常适用于图像、按钮或任何其他元素。

5.3.1 边框设置类

边框设置类包括边框创建类与边框删除类。为元素创建边框可设置元素的类名为 border，即通过.border 类为元素创建默认的 4 条边框，该默认边框为浅灰色的细边框。当需要指定创建元素的某一侧边框时，可使用以下 4 种边框创建类实现，具体说明如表 5.8 所示。

表 5.8 边框创建类

类	说明
.border-top	用于为元素创建上边框
.border-right	用于为元素创建右边框
.border-left	用于为元素创建左边框
.border-bottom	用于为元素创建下边框

在元素具有边框的前提下，当需要指定删除元素的全部或某一侧边框时，可使用以下 5 种边框删除类实现，具体说明如表 5.9 所示。

表 5.9 边框删除类

类	说明
.border-0	用于删除元素的所有边框，前提是需要删除的边框已经存在
.border-top-0	用于删除元素的上边框，前提是需要删除的边框已经存在
.border-right-0	用于删除元素的右边框，前提是需要删除的边框已经存在
.border-left-0	用于删除元素的左边框，前提是需要删除的边框已经存在
.border-bottom-0	用于删除元素的下边框，前提是需要删除的边框已经存在

1．语法格式

边框设置类的语法格式如下。

```
<span class="border"></span>
```

2．演示说明

在页面中设置 4 个块元素 A、B、C 和 D，依次为它们设置边框。为 A 元素创建 4 侧边框，为 B 元素创建左侧、右侧及下侧的边框，为 C 元素创建 4 侧边框并删除上侧边框，为 D 元素创建 4 侧边框并删除 4 侧边框，具体代码如例 5.10 所示。

【例 5.10】边框设置类。

```
1.  <!DOCTYPE html>
2.  <html lang="en">
3.  <head>
4.  <meta charset="UTF-8">
5.  <meta name="viewport" content="width=device-width,initial-scale=1, shrink-to-fit=no">
6.  <link rel="stylesheet" href="bootstrap-4.5.3-dist/css/bootstrap.css">
7.  <script src="jquery-3.5.1.slim.js"></script>
8.  <script src="bootstrap-4.5.3-dist/js/bootstrap.min.js"></script>
9.  <title>边框设置类</title>
10. <style>
11.     div{
12.         width: 100px;
13.         height: 100px;
14.         float: left;
15.         margin-right: 20px;
16.         background-color: whitesmoke;}
17. </style>
18. </head>
19. <body class="container">
20.     <h2>边框设置类</h2>
21.     <div id="A" class="border"></div>
22.     <div id="B" class="border-right border-bottom border-left"></div>
23.     <div id="C" class="border border-top-0"></div>
24.     <div id="D" class="border border-0"></div>
25. </body>
26. </html>
```

运行上述代码，边框设置类实现的显示效果如图 5.11 所示。

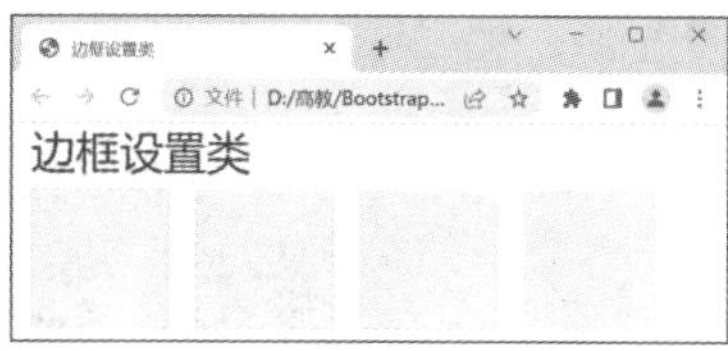

图 5.11 边框设置类实现的显示效果

5.3.2 边框颜色类

设置元素的边框颜色，前提是要为元素应用边框基础类.border 或单边基础类，确保元素已存在边框。设置边框颜色可使用边框颜色类来实现。边框颜色类具体说明如表 5.10 所示。

表 5.10 边框颜色类

类	说明
.border-primary	用于设计蓝色边框，表示强调意义
.border-secondary	用于设计灰色边框，表示次要意义
.border-success	用于设计绿色边框，表示成功意义
.border-danger	用于设计红色边框，表示危险意义
.border-warning	用于设计浅黄色边框，表示警告意义
.border-info	用于设计浅蓝色边框，表示信息意义
.border-light	用于设计白色边框，表示高亮意义
.border-dark	用于设计黑色边框
.border-white	用于设计白色边框

1．语法格式

边框颜色类的语法格式如下。

```
<span class="border border-primary"></span>
```

2．演示说明

在页面中设置 9 个块元素，依次为它们添加边框基础类.border 以及上述 9 种边框颜色类，具体代码如例 5.11 所示。

【例 5.11】边框颜色类。

```
1.  <!DOCTYPE html>
2.  <html lang="en">
3.  <head>
4.  <meta charset="UTF-8">
5.  <meta name="viewport" content="width=device-width,initial-scale=1, shrink-to-fit=no">
6.  <link rel="stylesheet" href="bootstrap-4.5.3-dist/css/bootstrap.css">
7.  <script src="jquery-3.5.1.slim.js"></script>
8.  <script src="bootstrap-4.5.3-dist/js/bootstrap.min.js"></script>
9.  <title>边框颜色类</title>
10. <style>
11.     div{
12.         width: 100px;
13.         height: 100px;
14.         float: left;
15.         margin-right: 20px;
16.         margin-bottom: 20px;
17.         /* 设置背景颜色，突出边框颜色 */
18.         background-color: whitesmoke;
19.         text-align: center;
20.         line-height: 100px;
21.     }
22. </style>
23. </head>
24. <body class="container">
25.     <h2>边框颜色类</h2>
26.     <div class="border border-primary">primary</div>
27.     <div class="border border-secondary">secondary</div>
28.     <div class="border border-success">success</div>
29.     <div class="border border-danger">danger</div>
30.     <div class="border border-warning">warning</div>
31.     <div class="border border-info">info</div>
32.     <div class="border border-light">light</div>
33.     <div class="border border-dark">dark</div>
34.     <div class="border border-white">white</div>
35. </body>
36. </html>
```

运行上述代码，边框颜色类实现的显示效果如图 5.12 所示。

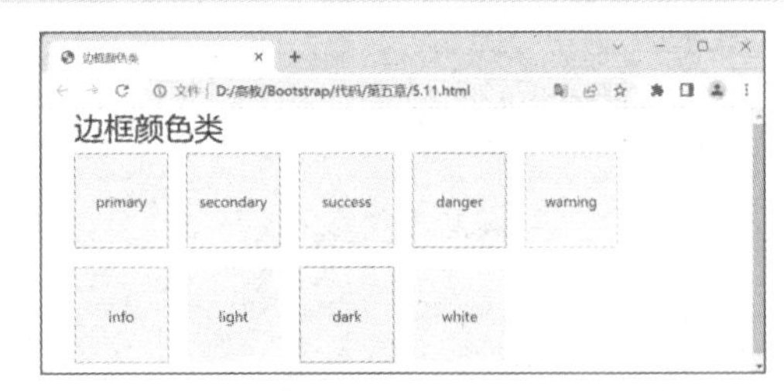

图 5.12　边框颜色类实现的显示效果

5.3.3　圆角边框类

在 Bootstrap 4 中为元素设置圆角边框，同样需要为元素添加.border 类或边框创建类，确保元素已存在边框。

设置元素的圆角边框可使用.rounded 类实现。当需要指定元素某一侧边框样式为圆角，设置元素边框形状为正圆形或胶囊形，取消元素的圆角边框，设置元素的圆角大小时，可使用以下几种圆角边框类实现，具体说明如表 5.11 所示。

表 5.11　圆角边框类

类	说明
.rounded	用于设置元素的 4 个角为圆角，前提是需要设置的边框已经存在
.rounded-top	用于设置元素左上角和右上角为圆角，前提同上
.rounded-right	用于设置元素右上角和右下角为圆角，前提同上
.rounded-left	用于设置元素左上角和左下角为圆角，前提同上
.rounded-bottom	用于设置元素左下角和右下角为圆角，前提同上
.rounded-circle	用于设置元素边框形状为正圆形，前提同上
.rounded-pill	用于设置元素边框形状为胶囊形，前提同上
.rounded-0	用于取消元素的所有圆角边框，即设置元素的 4 个角为直角，前提同上
.rounded-sm	用于设置元素的 4 个角为小圆角，前提同上
.rounded-lg	用于设置元素的 4 个角为大圆角，前提同上

1．语法格式

圆角边框类的语法格式如下。

```
<span class="border rounded"></span>
```

2．演示说明

在页面中设置 10 个块元素，为它们使用边框基础类.border 以及上述 10 种圆角边框类，具体代码如例 5.12 所示。

【例 5.12】圆角边框类。

```
1.  <!DOCTYPE html>
2.  <html lang="en">
3.  <head>
4.  <meta charset="UTF-8">
5.  <meta name="viewport" content="width=device-width,initial-scale=1, shrink-to-fit=no">
6.  <link rel="stylesheet" href="bootstrap-4.5.3-dist/css/bootstrap.css">
7.  <script src="jquery-3.5.1.slim.js"></script>
8.  <script src="bootstrap-4.5.3-dist/js/bootstrap.min.js"></script>
9.  <title>圆角边框类</title>
10. <style>
11.     div{
12.         width: 75px;
13.         height: 75px;
14.         float: left;
15.         margin-right: 20px;
16.         margin-bottom: 10px;
17.         /* 设置背景颜色，突出边框形状 */
18.         background-color: rgb(108,117,125);
19.     }
20. </style>
21. </head>
22. <body class="container mt-5">
```

```
23.     <div class="border border-dark rounded"></div>
24.     <div class="border border-dark rounded-top"></div>
25.     <div class="border border-dark rounded-left"></div>
26.     <div class="border border-dark rounded-right"></div>
27.     <div class="border border-dark rounded-bottom"></div>
28.     <div class="border border-dark rounded-0"></div>
29.     <div class="border border-dark rounded-circle"></div>
30.     <div class="border border-dark rounded-pill"
31.     style="width: 200px ;height:100px"></div>
32.     <div class="border border-dark rounded-lg"></div>
33.     <div class="border border-dark rounded-sm"></div>
34. </body>
35. </html>
```

运行上述代码，圆角边框类实现的显示效果如图 5.13 所示。

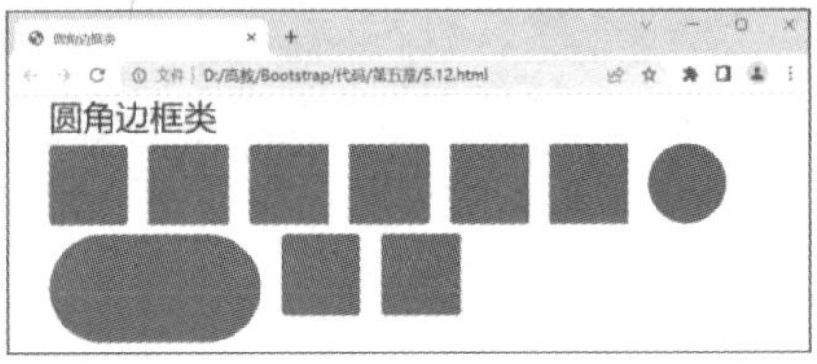

图 5.13　圆角边框类实现的显示效果

5.4　边距类

元素之间的间距可使用 margin 或 padding 属性来控制，margin 属性影响本元素与外界相邻元素之间的距离，即外边距；padding 属性影响元素边框与元素内容之间的距离，即内边距。Bootstrap 4 中有许多关于边距的类，使用边距类可快速、便捷地设计页面外观，使页面协调、美观。

1. 基础边距类

在 CSS 中调节元素边距通常使用 CSS 的 margin 属性和 padding 属性来实现，在 Bootstrap 4 中可使用简写的基础边距类实现。m 和 p 是基础边距类的简写形式，其中 m 表示 margin，p 表示 padding。

2. 边距方向类

Bootstrap 4 内置了可设置边距方向的边距方向类，具体说明如表 5.12 所示。

表 5.12　边距方向类

类	说明
.{m|p}t	用于设置元素的 margin-top（上侧外边距）或 padding-top（上侧内边距）
.{m|p}b	用于设置元素的 margin-bottom（下侧外边距）或 padding-bottom（下侧内边距）
.{m|p}l	用于设置元素的 margin-left（左侧外边距）或 padding-left（左侧内边距）
.{m|p}r	用于设置元素的 margin-right（右侧外边距）或 padding-right（右侧内边距）
.{m|p}x	用于设置元素左右两侧的外边距或左右两侧的内边距（x 代表水平方向）
.{m|p}y	用于设置元素上下两侧的外边距或上下两侧的内边距（y 代表垂直方向）
.{m|p}	用于设置元素上下左右 4 侧的外边距或内边距

3. 边距距离类

基础边距类不可单独使用，必须与边距距离类结合使用；边距方向类也不可单独使用，必须与基础边距类以及边距距离类结合使用。Bootstrap 4 有 6 个边距距离类，用于控制边距的大小，具体说明如表 5.13 所示。

表 5.13 边距距离类

类	说明
.*-0	用于设置元素的 margin 或 padding 为 0rem（*代表{m|p}或{m|p}-方向）
.*-1	用于设置元素的 margin 或 padding 为 0.25rem
.*-2	用于设置元素的 margin 或 padding 为 0.5rem
.*-3	用于设置元素的 margin 或 padding 为 1rem
.*-4	用于设置元素的 margin 或 padding 为 1.5rem
.*-5	用于设置元素的 margin 或 padding 为 3rem
*-auto	用于为固定宽度的块级元素实现水平居中

4. 负边距类

CSS 中的负边距（Negative Margin）是页面布局的一个常用技巧，Bootstrap 4 也有 5 个负边距类用于实现负外边距样式，具体说明如表 5.14 所示。

表 5.14 负边距类

类	说明
.m{方向|空白}-n1	用于设置元素的 margin 为-0.25rem
.m{方向|空白}-n2	用于设置元素的 margin 为-0.5rem
.m{方向|空白}-n3	用于设置元素的 margin 为-1rem
.m{方向|空白}-n3	用于设置元素的 margin 为-1.5rem
.m{方向|空白}-n5	用于设置元素的 margin 为-3rem

需要注意，在 CSS 中 padding 属性值是不允许为负的，因此 Bootstrap 4 并无关于 padding 的负边距类。

5. 语法格式

边距类的语法格式如下。

```
<div class="m-4">文本内容</div>
<div class="mx-auto">元素水平居中</div>
```

6. 演示说明

在页面中设置 6 个块元素，其中前两个块元素是未使用边距类的正常块元素，主要发挥其对照组的作用，而余下 4 个块元素使用上述边距类，具体代码如例 5.13 所示。

【例 5.13】边距类。

```
1.   <!DOCTYPE html>
2.   <html lang="en">
3.   <head>
4.   <meta charset="UTF-8">
5.   <meta name="viewport" content="width=device-width,initial-scale=1, shrink-to-fit=no">
6.   <link rel="stylesheet" href="bootstrap-4.5.3-dist/css/bootstrap.css">
7.   <script src="jquery-3.5.1.slim.js"></script>
8.   <script src="bootstrap-4.5.3-dist/js/bootstrap.min.js"></script>
9.   <title>边距类</title>
10.  <style>
11.      div{/* 为块元素设置固定宽高 */
12.          width: 300px;
13.          height: 60px;}
```

```
14.     /* 设置本元素，在宽度和高度之外绘制元素的内边距和边框*/
15.     #pt{box-sizing: content-box;}
16. </style>
17. </head>
18. <body class="container">
19.     <h2>边距类</h2>
20.     <div class="border border-primary">合抱之木---(正常盒子)</div>
21.     <div class="border border-primary">生于毫末---(正常盒子)</div>
22.     <!-- 设置本元素的上方外边距为 2 级，即 0.5rem -->
23.     <div class="border border-danger mt-2">九层之台---(mt-2)</div>
24.     <!-- 设置本元素的上方内边距为 4 级，即 1.5rem -->
25.     <div id="pt" class="border border-danger mt-2 pt-4">起于累土---(mt-2、pt-2)</div>
26.     <!-- 设置本元素水平居中 -->
27.     <div class="border border-danger mt-2 mx-auto">千里之行---(mx-auto)</div>
28.     <!-- 设置本元素的左侧负外边距为 3 级，即-1rem -->
29.     <div class="border border-danger ml-n3 mt-2">始于足下---(ml-n1、mt-2)</div>
30. </body>
31. </html>
```

运行上述代码，边距类实现的显示效果如图 5.14 所示。

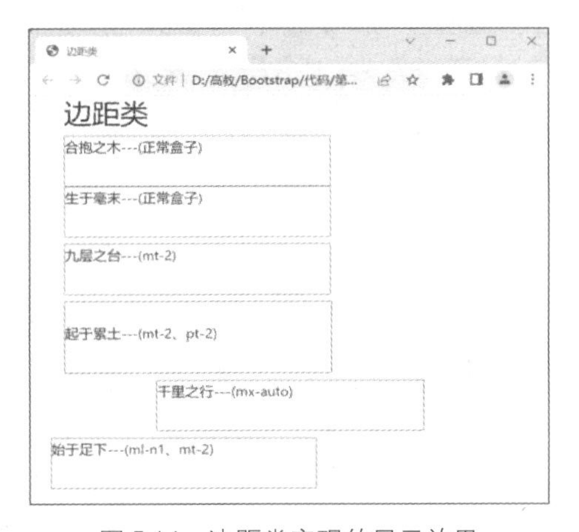

图 5.14　边距类实现的显示效果

边距类与文本类相似，同样可与 Bootstrap 4 中的网格系统组合使用，根据响应断点的不同显示不同的边距。

响应式边距类的语法格式如下。

```
<div class="{m|p}{t|r|b|l|x|y}-{0|1|2|3|4|5}">文本内容</div>
<div class="py-lg-3 py-sm-2 py-1">文本内容</div>
```

5.5　display 类

使用 Bootstrap 4 提供的 display 类可快速改变组件的 display 属性。display 类支持响应式布局，允许设置一些常见的 display 属性值以实现元素类型的转换。

5.5.1　显示或隐藏元素

显示或隐藏元素的本质是让元素在页面中显示或隐藏出来，在 CSS 中主要通过 display 属性、visibility 可见性、overflow 溢出等方法来实现。本小节主要介绍 Bootstrap 4 中的 display

类是如何控制元素的显示与隐藏的。Bootstrap 4 根据 display 属性的所有可能取值设置一个取值子集，最终得到 display 类。

在 Bootstrap 4 中 display 属性主要通过 d 来表示，display 类的语法格式如下。

```
.d-{value}
```

Bootstrap 4 中.d-{value}类中的 value 的取值如表 5.15 所示。

表 5.15 display 类的 value 取值

value 取值名称	说明
none	用于隐藏元素
inline	用于将元素显示为内联元素，元素前后没有换行
inline-block	用于将元素显示为行内块元素
block	用于将元素显示为块元素，元素前后带有换行符
table	用于将元素显示为块级表格，元素前后带有换行符
table-cell	用于将元素作为表格的一个单元格显示（作用类似于<td>和<th>）
table-row	用于将元素作为表格的一个行元素显示（作用类似于<tr>）
flex	用于将元素作为弹性伸缩盒子显示
inline-flex	用于将元素作为内联块级弹性伸缩盒子显示

1. 语法格式

display 类的语法格式如下。

```
<div class="d-inline">d-inline</div>
```

2. 演示说明

在页面中为元素添加 display 类实现内联元素和块级元素的转换，具体代码如例 5.14 所示。

【例 5.14】display 类。

```
1.  <!DOCTYPE html>
2.  <html lang="en">
3.  <head>
4.  <meta charset="UTF-8">
5.  <meta name="viewport" content="width=device-width,initial-scale=1, shrink-to-fit=no">
6.  <link rel="stylesheet" href="bootstrap-4.5.3-dist/css/bootstrap.css">
7.  <script src="jquery-3.5.1.slim.js"></script>
8.  <script src="bootstrap-4.5.3-dist/js/bootstrap.min.js"></script>
9.  <title>display 类</title>
10. </head>
11. <body class="container mt-5">
12.     <h2>内联元素和块级元素的转换</h2>
13.     <p>将 div 块元素显示为内联元素（使两个块元素在一行排列）</p>
14.     <div class="d-inline bg-info text-white">div 元素应用.d-inline 类</div>
15.     <div class="d-inline ml-5 bg-info text-white">div 元素应用.d-inline 类</div>
16.     <p>将 span 内联元素显示为块级元素（使一个 span 元素独占一行）</p>
17.     <span class="d-block bg-danger text-white">span 元素应用.d-block 类</span>
18.     <span class="d-block bg-primary text-white">span 元素应用.d-block 类</span>
19. </body>
20. </html>
```

运行上述代码，display 类实现的元素转换的显示效果如图 5.15 所示。

5.5.2 响应式显示或隐藏元素

图 5.15 元素转换

display 类支持页面的响应式设计，可根据不同设备类型响应式地显示或隐藏元素，针对设备类型显示与隐藏不同的元素，即为同一个页面设计不同显示版本。

Bootstrap 4 中 display 类的响应式代码格式如下。

```
.d-{sm|md|lg|xl}-{value}
```

当 display 类的名称中间未设置设备类型（即 sm、md、lg、xl 等）时，当前元素的 display 类的设置可影响所有断点。

当需要隐藏某个页面元素时，只需使用.d-none 类或.d-{sm,md,lg,xl}-none 类即可。当需要在给定的屏幕尺寸范围内显示某个元素时，可组合使用.d-*-none 类和.d-*-*类实现该效果。例如.d-none、.d-md-block 以及.d-xl-none 类的组合效果是在中型设备和大型设备的屏幕上显示指定的元素，在其余设备上全部隐藏该元素。

在实际开发中，读者可根据需要自由组合 dispaly 类，常用组合如表 5.16 所示。

表 5.16 diaplay 类的常用组合

类	说明
.d-none	在所有设备的屏幕上隐藏元素
.d-none 和.d-sm-block	只在超小型设备的屏幕上隐藏元素
.d-sm-none 和.d-md-block	只在小型设备的屏幕上隐藏元素
.d-md-none 和.d-lg-block	只在中型设备的屏幕上隐藏元素
.d-lg-none 和.d-xl-block	只在大型设备的屏幕上隐藏元素
.d-xl-none	只在超大型设备的屏幕上隐藏元素
.d-block	在所有设备的屏幕上显示元素
.d-block 和.d-sm-none	只在超小型设备的屏幕上显示元素
.d-none、.d-sm-block 和.d-md-none	只在小型设备的屏幕上显示元素
.d-none、.d-md-block 和.d-lg-none	只在中型设备的屏幕上显示元素
.d-none、.d-lg-block 和.d-xl-none	只在大型设备的屏幕上显示元素
.d-none 和.d-xl-block	只在超大型设备的屏幕上显示元素

1. 语法格式

响应式 display 类的语法格式如下。

```
<div class="d-none d-lg-block">在小于大型设备的屏幕上隐藏</div>
```

2. 演示说明

在页面中为元素使用响应式 display 类，实现元素的响应式显示或隐藏效果，具体代码如例 5.15 所示。

【例 5.15】响应式显示或隐藏元素。

```
1.  <!DOCTYPE html>
2.  <html lang="en">
3.  <head>
```

```
4.      <meta charset="UTF-8">
5.      <meta name="viewport" content="width=device-width,initial-scale=1, shrink-to-fit=no">
6.      <link rel="stylesheet" href="bootstrap-4.5.3-dist/css/bootstrap.css">
7.      <script src="jquery-3.5.1.slim.js"></script>
8.      <script src="bootstrap-4.5.3-dist/js/bootstrap.min.js"></script>
9.      <title>响应式显示或隐藏元素</title>
10. </head>
11. <body class="container mt-5">
12.     <h2>响应式显示或隐藏</h2>
13.     <div class=" d-md-none d-lg-block bg-success text-white">
14.       仅在中型设备上隐藏本元素（绿色背景）</div>
15.     <div class="d-none d-md-block d-lg-block  bg-danger text-white">
16.       在中型、大型、超大型设备上显示本元素（浅红色背景）</div>
17. </body>
18. </html>
```

在上述代码中，将第 1 个 div 块元素的类设为 d-md-none、d-lg-block，从而实现第 1 个块元素在小型设备上显示，在中型设备上隐藏，在大型及超大型设备上显示。将第 2 个 div 块元素的类设为 d-none、d-md-block、d-lg-block，从而实现第 2 个块元素在小型设备上隐藏，在中型及以上的设备中显示。

运行上述代码，在小型设备上，第 1 个块元素显示为绿色背景，第 2 个块元素隐藏，显示效果如图 5.16 所示。

在中型设备上，第 1 个块元素隐藏，第 2 个块元素显示为浅红色背景，显示效果如图 5.17 所示。

图 5.16　绿色背景

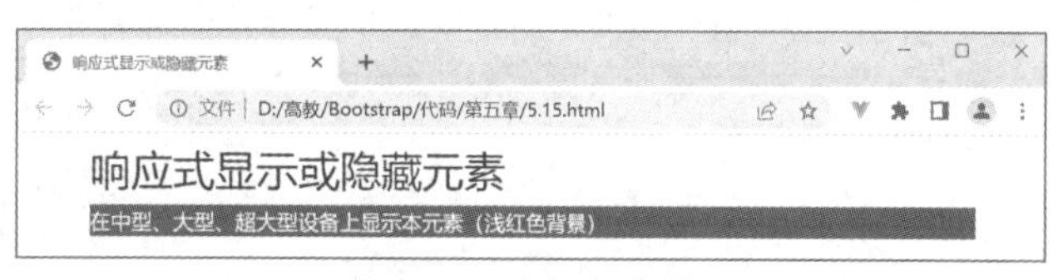

图 5.17　浅红色背景

在大型设备上，第 1 个块元素显示为绿色背景，第 2 个块元素显示为浅红色背景，显示效果如图 5.18 所示。

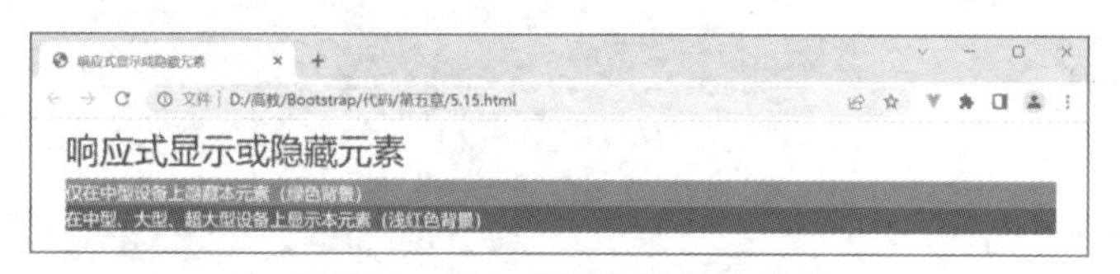

图 5.18　绿色背景和浅红色背景

5.6　浮动类

使用 Bootstrap 4 提供的浮动类可实现元素的快速浮动。浮动类支持根据网格断点的不同实现响应式浮动，即根据当前设备型号将元素浮动到左侧、右侧或禁用浮动等。

Bootstrap 4 中元素的左右浮动效果，可使用.float-left 类以及.float-right 类来实现，禁用元素浮动可使用.float-none 类来实现，具体说明如表 5.17 所示。

表 5.17 浮动类

类	说明
.float-left	在所有设备上，元素均向左浮动
.float-right	在所有设备上，元素均向右浮动
.float-none	在所有设备上，元素均不浮动
.float-{sm|md|lg|xl}-{left|right}	在小/中/大/超大型设备上，元素左/右浮动。浮动效果支持响应式设计，可根据不同的网格断点来设置不同的浮动效果

1．语法格式

浮动类的语法格式如下。

```
<div class="float-left">在所有设备类型上，元素均向左浮动</div>
```

响应式浮动类的语法格式如下。

```
<div class="float-sm-right">本元素在小型设备上向右浮动</div>
```

2．演示说明

在页面中为元素添加浮动类，设计一个导航菜单，具体代码如例 5.16 所示。

【例 5.16】浮动类。

```
1.  <!DOCTYPE html>
2.  <html lang="en">
3.  <head>
4.      <meta charset="UTF-8">
5.      <meta name="viewport" content="width=device-width,initial-scale=1, shrink-to-fit=no">
6.      <link rel="stylesheet" href="bootstrap-4.5.3-dist/css/bootstrap.css">
7.      <script src="jquery-3.5.1.slim.js"></script>
8.      <script src="bootstrap-4.5.3-dist/js/bootstrap.min.js"></script>
9.      <title>浮动类</title>
10.     <style>
11.         /*  设置列表容器的高度背景色*/
12.         ul {
13.             background-color: rgb(121, 82, 179);
14.             height: 4rem;
15.             line-height: 4rem;/*  设置子元素垂直居中*/
16.             color: white;/*文字颜色为白色  */
17.             font-weight: bold;/* 文字加粗 */
18.         }
19.         li {
20.             list-style: none;/* 去掉列表项的项目符号 */
21.             background-color: rgb(121, 82, 179);
22.         }
23.         /* 设置在不同尺寸下，列表项父容器高度的变化 */
24.         @media screen and (max-width:576px) {
25.             ul {
26.                 height: 8rem;
27.             }
28.         }
29.     </style>
30. </head>
31.
32. <body class="container">
33.     <h2>浮动类</h2>
34.     <div class="headers">
35.         <!-- 文字居中 -->
```

```
36.         <ul class="text-center clrearfix">
37.             <!-- 以下 5 个列表项向左浮动 -->
38.             <li class="float-left pl-1 pl-md-2 pl-lg-3">首页</li>
39.             <li class="float-left pl-1 pl-md-2 pl-lg-3">示例</li>
40.             <li class="float-left pl-1 pl-md-2 pl-lg-3">图标库</li>
41.             <li class="float-left pl-1 pl-md-2 pl-lg-3">优站精选</li>
42.             <li class="float-left pl-1 pl-md-2 pl-lg-3">免费模板</li>
43.             <!-- 以下 2 个列表项向右浮动 -->
44.             <li class="float-right pr-1 pr-md-2 pr-lg-3">官方精选</li>
45.             <li class="float-right pr-1 pr-md-2 pr-lg-3">下载 Bootstrap</li>
46.         </ul>
47.     </div>
48. </body>
49. </html>
```

运行上述代码，浮动类实现的显示效果如图 5.19 所示。

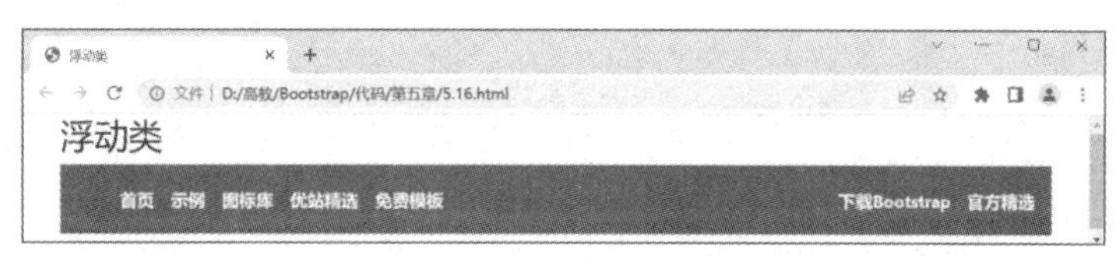

图 5.19　浮动类实现的显示效果

需要注意，为子元素设置浮动后，出于对网页整体布局的考虑，需要清除浮动影响。在 CSS 中可通过 clear:both 实现浮动清除，在 Bootstrap 4 中将清除浮动的设置包装成一个具体的类，即.clearfix 类，仅需在父元素中使用.clearfix 类，即可快速清除浮动。

5.7　阴影类

在 Bootstrap 4 中可使用 4 种阴影类来设置元素的阴影样式，Bootstrap 4 的阴影类可用于添加阴影或去除阴影。Bootstrap 4 阴影类的具体说明如表 5.18 所示。

表 5.18　阴影类

类	说明
.shadow-none	用于去除元素的阴影
.shadow-sm	用于设置小阴影
.shadow	用于设置常规阴影
.shadow-lg	用于设置大阴影

1. 语法格式

阴影类的语法格式如下。

```
<div class="shadow-none">无阴影</div>
```

2. 演示说明

在页面中为元素添加阴影类，依次使用上述 4 种阴影类，具体代码如例 5.17 所示。

【例 5.17】阴影类。

```
1.  <!DOCTYPE html>
2.  <html lang="en">
3.  <head>
4.  <meta charset="UTF-8">
```

```
5.  <meta name="viewport" content="width=device-width,initial-scale=1,shrink-to-fit=no">
6.  <link rel="stylesheet" href="bootstrap-4.5.3-dist/css/bootstrap.css">
7.  <script src="jquery-3.5.1.slim.js"></script>
8.  <script src="bootstrap-4.5.3-dist/js/bootstrap.min.js"></script>
9.  <title>阴影类</title>
10. </head>
11. <body class="container mt-2">
12.     <h2>阴影类</h2>
13.     <div class="shadow-none p-3 mb-5 bg-light rounded">无阴影</div>
14.     <div class="shadow-sm p-3 mb-5 bg-white rounded">小阴影</div>
15.     <div class="shadow p-3 mb-5 bg-white rounded">常规阴影</div>
16.     <div class="shadow-lg p-3 mb-5 bg-white rounded">大阴影</div>
17. </body>
18. </html>
```

运行上述代码，阴影类实现的显示效果如图 5.20 所示。

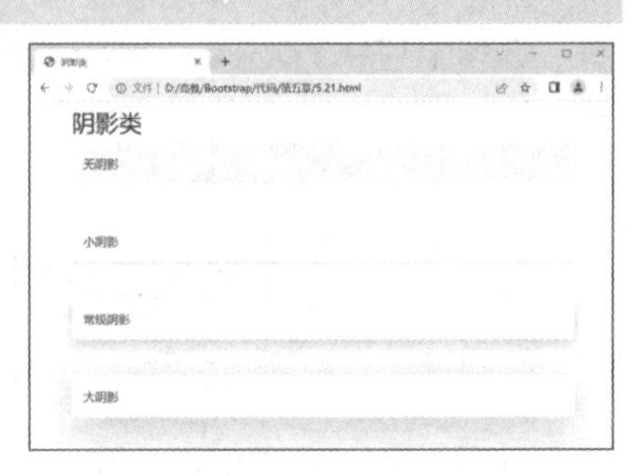

图 5.20　阴影类实现的显示效果

5.8 尺寸类

使用 Bootstrap 4 中的尺寸类，即宽度（Width）和高度（Height）的相关工具类，可轻松设置页面元素的高度和宽度。在 Bootstrap 4 中尺寸类分为两种，一种是相对于父元素的尺寸类，主要使用百分比表示宽度和高度；另一种是相对于视口的尺寸类，主要使用 vw（Viewport Width，视口宽度）和 vh（Viewport Height，视口高度）来表示宽度和高度。

5.8.1 相对于父元素的尺寸类

相对于父元素的尺寸类，默认情况下支持 25%、50%、75%、100%和 auto 这 5 个值。读者根据需要对 Bootstrap 4 源文件的_variables.scss 文件中的$sizes 变量进行修改，即可生成不同规格的尺寸类。

Bootstrap 4 中相对于父元素的尺寸类的具体说明如表 5.19 所示。

表 5.19　相对于父元素的尺寸类

类	说明
.w-25	用于设置元素的宽度为父元素宽度的 25%
.w-50	用于设置元素的宽度为父元素宽度的 50%
.w-75	用于设置元素的宽度为父元素宽度的 75%
.w-100	用于设置元素的宽度为父元素宽度的 100%
.w-auto	用于设置元素宽度自适应
.h-25	用于设置元素的高度为父元素高度的 25%
.h-50	用于设置元素的高度为父元素高度的 50%
.h-75	用于设置元素的高度为父元素高度的 75%
.h-100	用于设置元素的高度为父元素高度的 100%
.h-auto	用于设置元素高度自适应

1. 语法格式

相对于父元素的尺寸类的语法格式如下。

```
<div class="w-25 p-3" style="background-color: #eee;">25%的宽度</div>
```

2. 演示说明

在页面中为元素添加相对于父元素的尺寸类，依次使用上述 10 种尺寸类，具体代码如例 5.18 所示。

【例 5.18】相对于父元素的尺寸类。

```
1.   <!DOCTYPE html>
2.   <html lang="en">
3.   <head>
4.       <meta charset="UTF-8">
5.       <meta name="viewport" content="width=device-width,initial-scale=1, shrink-to-fit=no">
6.       <link rel="stylesheet" href="bootstrap-4.5.3-dist/css/bootstrap.css">
7.       <script src="jquery-3.5.1.slim.js"></script>
8.       <script src="bootstrap-4.5.3-dist/js/bootstrap.min.js"></script>
9.       <title>相对于父元素的尺寸类</title>
10.      <style>
11.     .sizes_height{/* 对比宽度时，设置父元素高度 */
12.        height:100px}
13.     .sizes_height div{/* 对比高度时，设置子元素的宽度 */
14.            width: 18%;}
15.      </style>
16.  </head>
17.  <body class="container ">
18.      <h2>相对于父元素的尺寸类——宽度</h2>
19.      <div class="bg-secondary
20.          border text-white mb-4 font-weight-bold">
21.          <div class="w-25 p-3 bg-info border">w-25</div>
22.          <div class="w-50 p-3 bg-info border">w-50</div>
23.          <div class="w-75 p-3 bg-info border">w-75</div>
24.          <div class="w-100 p-3 bg-info border">w-100</div>
25.          <div class="w-auto p-3 bg-info boborder der-top">w-auto</div>
26.      </div>
27.      <h2>相对于父元素的尺寸类——高度</h2>
28.      <div class="sizes_height
29.          bg-secondary border text-white font-weight-bold">
30.          <div class="h-25 d-inline-block bg-info border">h-25</div>
31.          <div class="h-50 d-inline-block bg-info border">h-50</div>
32.          <div class="h-75 d-inline-block  bg-info border">h-75</div>
33.          <div class="h-100 d-inline-block bg-info border">h-100</div>
34.          <div class="h-auto
35.           d-inline-block bg-info boborder der-top">h-auto</div>
36.      </div>
37.  </body>
38.  </html>
```

运行上述代码，相对于父元素的尺寸类的显示效果如图 5.21 所示。

除上述 10 种类以外，还可使用.mw-100 和.mh-100 这 2 种类。.mw-100 类主要用于设置元素的最大宽度，.mh-100 类主要用于设置元素的最大高度。使用上述 2 种类可避免出现因子元素尺寸过大而“撑破”父元素的情况，从而设计出美观、合理的页面。

5.8.2 相对于视口的尺寸类

vw、vh 是基于视口的单位，是 CSS3 新增的部分。不论视口如何改变，视口的宽度始终保持 100vw，高度始终保持 100vh。也就是将视口平均分为 100 份，1vw 始终等于视口宽度的 1%，1vh 始终等于视口高度的 1%。

Bootstrap 4 有 4 个相对于视口的尺寸类，具体说明如表 5.20 所示。

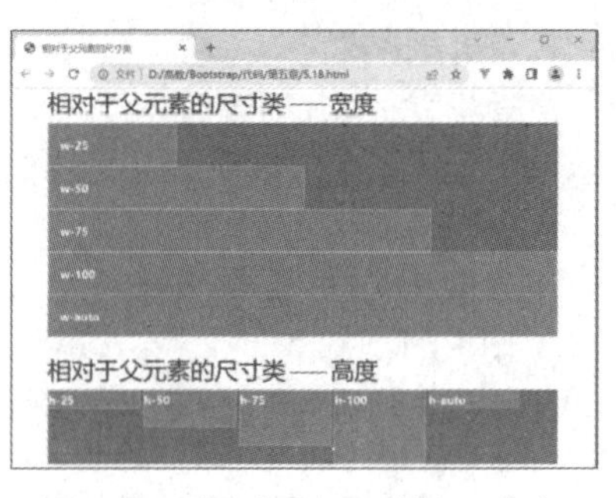

图 5.21　相对于父元素的尺寸类

表 5.20　相对于视口的尺寸类

类	说明
.min-vw-100	用于设置元素的最小宽度等于视口宽度
.min-vh-100	用于设置元素的最小高度等于视口高度
.vw-100	用于设置元素的宽度等于视口宽度
.vh-100	用于设置元素的高度等于视口高度

需要注意，设置元素的类名为 min-vw-100，当元素的宽度大于视口宽度时，元素将按照其自身的宽度大小来显示，且页面会出现横向的滚动条；当元素的宽度小于视口宽度时，此元素将按照视口的宽度大小来显示，并始终与视口宽度保持一致。

设置元素的类名为 min-vh-100，当元素的高度大于视口高度时，元素将按照其自身的高度大小来显示，且页面会出现纵向的滚动条；当元素的高度小于视口高度时，元素将按照视口的高度大小来显示，并始终与视口高度保持一致。

1．语法格式

相对于视口的尺寸类的语法格式如下。

```
<div class="min-vw-100">Min-width 100vw</div>
```

2．演示说明

在页面中为元素添加相对于视口的尺寸类，设置第 1 个 div 元素的宽度为 1000px，类名为 min-vw-100；设置第 2 个 div 元素的宽度为 200px，类名为 min-vw-100；设置第 3 个 div 元素的宽度为 200px，类名为 vw-100，具体代码如例 5.19 所示。

【例 5.19】相对于视口的尺寸类。

```
1.  <!DOCTYPE html>
2.  <html lang="en">
3.  <head>
4.  <meta charset="UTF-8">
5.  <meta name="viewport" content="width=device-width,initial-scale=1, shrink-to-fit=no">
6.  <link rel="stylesheet" href="bootstrap-4.5.3-dist/css/bootstrap.css">
7.  <script src="jquery-3.5.1.slim.js"></script>
8.  <script src="bootstrap-4.5.3-dist/js/bootstrap.min.js"></script>
9.  <title>相对于视口的尺寸类</title>
10. </head>
11. <body class="container text-white text-center">
12.     <h3 class="text-dark">相对于视口的尺寸类——宽度对比</h3>
13.     <div class="min-vw-100  mt-2 bg-info" style="width: 1000px;">
14.         元素本身宽度为 1000px----(min-vw-100)</div>
```

```
15.     <div class="min-vw-100 mt-2 bg-info" style="width: 200px;">
16.         元素本身宽度为 200px----(min-vw-100)</div>
17.     <div class="vw-100 mt-2 bg-info" style="width: 200px;">
18.         元素本身宽度为 200px----(vw-100)-与视口宽度保持一致</div>
19. </body>
20. </html>
```

运行上述代码，相对于视口的尺寸类实现的显示效果如图 5.22 所示。

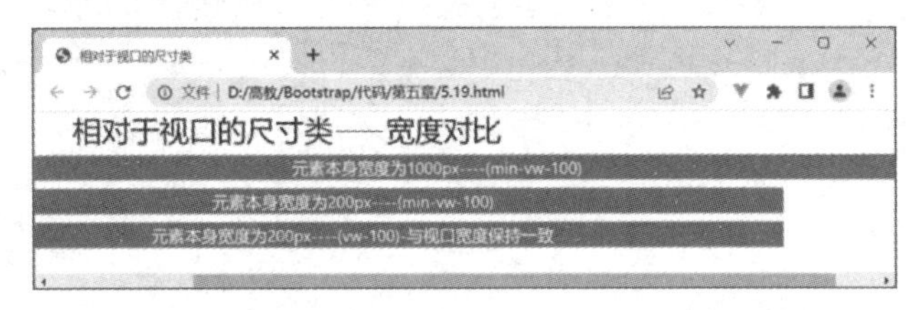

图 5.22　相对于视口的尺寸类实现的显示效果

5.9　溢出类

当一个盒子的内容（子元素）超过盒子本身的大小的时候，就会出现溢出现象。在 CSS 中通常使用 overflow 属性解决元素的内容溢出问题，而 Bootstrap 4 则用 2 种溢出类来解决元素的内容溢出问题。Bootstrap 4 溢出类的具体说明如表 5.21 所示。

表 5.21　溢出类

类	说明
.overflow-auto	在固定宽、高的元素上，如果内容超出元素大小，将出现一个垂直滚动条，移动滚动条可查看被隐藏的全部内容
.overflow-hidden	在固定宽、高的元素上，如果内容超出元素大小，溢出的部分将被隐藏

1. 语法格式

溢出类的语法格式如下。

```
<div class="overflow-auto">文本内容</div>
```

2. 演示说明

在页面中为元素添加上述 2 种溢出类，对比溢出效果，具体代码如例 5.20 所示。

【例 5.20】溢出类。

```
1.  <!DOCTYPE html>
2.  <html lang="en">
3.  <head>
4.  <meta charset="UTF-8">
5.  <meta name="viewport" content="width=device-width,initial-scale=1, shrink-to-fit=no">
6.  <link rel="stylesheet" href="bootstrap-4.5.3-dist/css/bootstrap.css">
7.  <script src="jquery-3.5.1.slim.js"></script>
8.  <script src="bootstrap-4.5.3-dist/js/bootstrap.min.js"></script>
9.  <title>溢出类</title>
10. <style>
11. div{/* 为元素设置固定宽、高 */
12.     width: 200px;
13.     height: 100px;}
14. </style>
```

```
15. </head>
16. <body class="container mt-5">
17.     <h2 class="text-center">溢出类对比</h2>
18.     <div class="overflow-auto border float-left">
19.         恰同学少年，风华正茂；书生意气，挥斥方遒。指点江山，激扬文字，粪土当年万户侯，
20.         曾记否，到中流击水，浪遏飞舟？</div>
21.     <div class="overflow-hidden border float-right">
22.         昨日兮昨日，昨日何其好！昨日过去了，今日徒烦恼。世人但知悔昨日，不觉今日又过了。
23.         水去汩汩流，花落知多少，万事立业在今日，莫待明朝悔今朝。</div>
24. </body>
25. </html>
```

运行上述代码，溢出类实现的显示效果如图 5.23 所示。

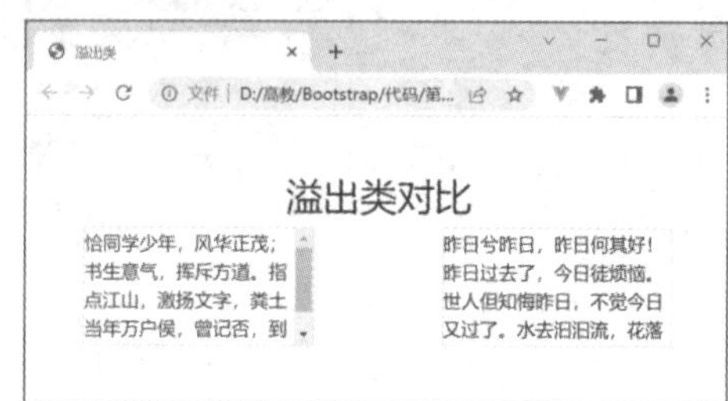

图 5.23　溢出类实现的显示效果

5.10　定位类

在 CSS 中定位是指将“盒子”固定在某一个位置，使其自由地漂浮在其他“盒子”的上面。在 Bootstrap 4 中，可通过定位类来实现元素的静态定位、相对定位、绝对定位、固定定位以及黏性定位。

Bootstrap 4 中定位类具体说明如表 5.22 所示。

表 5.22　定位类

类	说明
.position-static	静态定位，元素的默认定位方式，即无定位
.position-relative	相对定位，元素相对于元素本身在标准流中的位置进行定位
.position-absolute	绝对定位，元素相对于其具有定位的父级元素的位置进行定位
.position-fixed	固定定位，元素相对于浏览器可视化窗口进行定位
.position-sticky	黏性定位（兼容性差），被认为是相对定位和固定定位的混合。元素在跨越特定阈值前为相对定位，之后为固定定位。阈值参照物为浏览器的可视化窗口

需要注意，上述 5 个定位类不支持响应式布局。采用黏性定位则必须为其设置特定阈值，特定阈值指的是 top、right、bottom、left 中的一个，当黏性定位不设置阈值时，其行为表现与相对定位的一致。

除上述 5 种定位类之外，Bootstrap 4 还有 3 种特殊定位类，具体说明如表 5.23 所示。

表 5.23　特殊定位类

类	说明
.fixed-top	固定在顶部，将元素固定在视口的顶部且边缘对齐
.fixed-bottom	固定在底部，将元素固定在视口的底部且边缘对齐
.sticky-top	黏性置顶，当页面滚动并经过某个元素之后，该元素被固定在视口（Viewport）的顶部且边缘对齐

.sticky-top 类是基于 CSS 的 position:sticky 属性设计的，并非所有浏览器都支持该定位类，IE10 和 IE11 会将 position:sticky 渲染为 position:relative。使用.sticky-top 类的元素，当元素的 top 值为 0 时，元素表现为顶部固定定位。当元素的 top 值大于 0 时，元素表现为相对定

位。.sticky-top 类适用于一些特殊场景，例如头部导航栏固定。

1．语法格式

Bootstrap 4 中定位类与特殊定位类的语法格式如下。

```
<div class="position-sticky"style="top:10px;">position-sticky</div>
<nav class="sticky-top">导航栏内容</nav>
```

2．演示说明

在页面中分别为元素添加上述 5 种常用的定位类，对比定位效果，具体代码如例 5.21 所示。

【例 5.21】定位类。

```
1.  <!DOCTYPE html>
2.  <html lang="en">
3.  <head>
4.  <meta charset="UTF-8">
5.  <meta name="viewport" content="width=device-width,initial-scale=1, shrink-to-fit=no">
6.  <link rel="stylesheet" href="bootstrap-4.5.3-dist/css/bootstrap.css">
7.  <script src="jquery-3.5.1.slim.js"></script>
8.  <script src="bootstrap-4.5.3-dist/js/bootstrap.min.js"></script>
9.  <title>定位类</title>
10. </head>
11. <body class="container">
12.     <div class="container position-relative text-white text-center"style="height:
    1000px;">
13.         <h1 class="text-dark">定位类</h1>
14.         <div class="position-static bg-primary" style="width: 100px;
15.             height: 100px;">position-static</div>
16.         <div class="position-relative bg-secondary" style="left:50px;
17.             width: 100px; height: 100px;">position-relative</div>
18.         <div class="position-absolute bg-success" style="right:20px;
19.             width: 100px; height: 100px;">position-absolute</div>
20.         <div class="position-fixed bg-warning" style="left: 20px;
21.             bottom:20px; width: 100px; height: 100px;">position-fixed</div>
22.         <div class="position-sticky bg-danger" style="top: 0px;
23.             width: 100px; height: 100px;">position-sticky</div>
24.     </div>
25. </body>
26. </html>
```

运行上述代码，定位类实现的显示效果如图 5.24 所示。

滚动页面，当使用黏性定位类的元素的 top 值达到设定的阈值时，该元素将固定在页面中触发黏性定位，显示效果如图 5.25 所示。

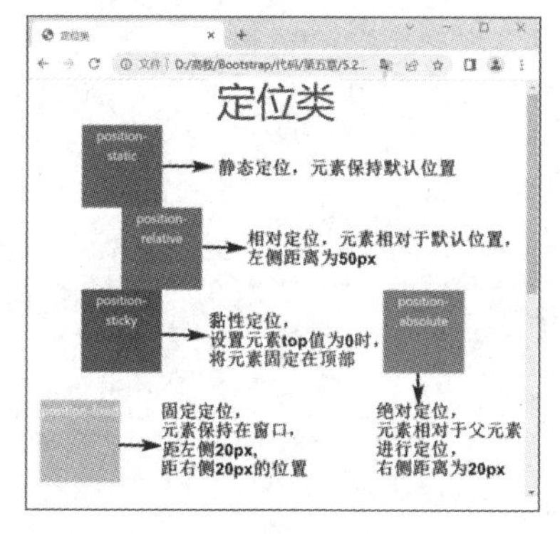

图 5.24　定位类实现的显示效果

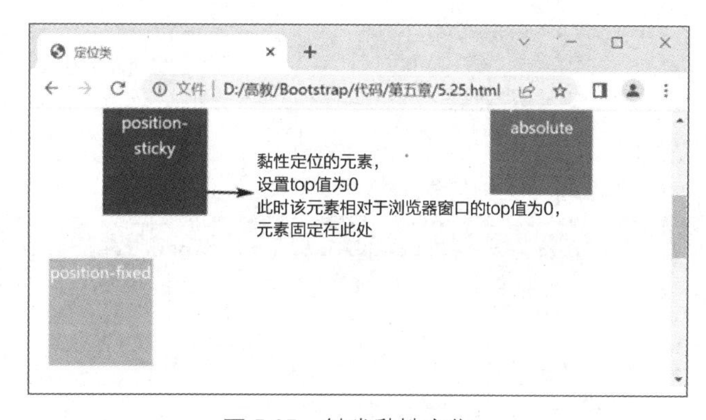

图 5.25　触发黏性定位

5.11 内嵌类

网页中的常见元素包括文本、图片、动画、视频、音乐、超链接、表格、表单、各类控件等。在页面中嵌入视频、图片、幻灯片等元素可使用<iframe>、<embed>、<video>、<object>等标签实现。Bootstrap 4 仍支持使用上述标签，此外 Bootstrap 4 还有一些内嵌类，可用于实现在任意设备上保持元素的缩放比例。

Bootstrap 4 内嵌类的具体说明如表 5.24 所示。

表 5.24 内嵌类

类	说明
.embed-responsive	适用于内嵌标签的直接父元素，可使元素实现同比例的缩放效果
.embed-responsive-item	适用于内嵌标签本身，并不强制要求，但推荐使用此类
.embed-responsive-16by9	用于设置纵横比，适用于内嵌标签的直接父元素，定义 16:9 的长宽比例
.embed-responsive-21by9	用于设置纵横比，适用于内嵌标签的直接父元素，定义 21:9 的长宽比例
.embed-responsive-3by4	用于设置纵横比，适用于内嵌标签的直接父元素，定义 3:4 的长宽比例
.embed-responsive-1by1	用于设置纵横比，适用于内嵌标签的直接父元素，定义 1:1 的长宽比例

1. 语法格式

内嵌类的语法格式如下。

```
<div class="embed-responsive embed-responsive-16by9">
  <iframe class="embed-responsive-item"
    src="https://www.youtube.com/embed/zpOULjyy-n8?rel=0"allowfullscreen>
    </iframe>
</div>
```

2. 演示说明

在页面中为元素使用内嵌标签与内嵌类，具体代码如例 5.22 所示。

【例 5.22】图片嵌入。

```
1.  <!DOCTYPE html>
2.  <html lang="en">
3.  <head>
4.  <meta charset="UTF-8">
5.  <meta name="viewport" content="width=device-width,initial-scale=1,shrink-to-fit=no">
6.  <link rel="stylesheet" href="bootstrap-4.5.3-dist/css/bootstrap.css">
7.  <script src="jquery-3.5.1.slim.js"></script>
8.  <script src="bootstrap-4.5.3-dist/js/bootstrap.min.js"></script>
9.  <title>图片嵌入</title>
10. </head>
11. <body class="container">
12.     <h3 class="text-center">图片嵌入</h3>
13.     <div class="embed-responsiveembed-responsive-16by9">
14.         <iframe src="images/img1.jpeg"></iframe>
15.     </div>
16. </body>
17. </html>
```

运行上述代码，图片嵌入的显示效果如图 5.26 所示。

5.12　实战：景区门票详情页面

我国国土面积广阔，山川秀美，有着极其令人向往的美丽风景：有巍峨险峻的张家界大峡谷，有风景秀美的桂林山水，还有隐匿于人们生活之中的、大大小小的湿地公园，等等。本节将以北京的标志性公园——玉渊潭公园为主题，使用 Bootstrap 4 的工具类实现景区门票详情页面。

图 5.26　图片嵌入

5.12.1　页面结构分析

景区门票详情页面的设计，主要使用 Bootstrap 4 的文本类、颜色类、边距类、内嵌类、定位类等工具类以及网格布局来实现。页面元素包括页面导航栏、景区图片、详情标题、景区详情介绍、景区门票价格、操作按钮以及“回到顶部”按钮等。景区门票详情页面结构如图 5.27 所示。

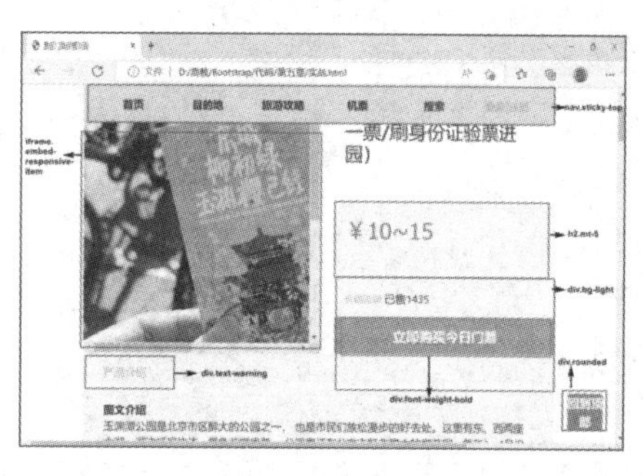

图 5.27　景区门票详情页面结构

5.12.2　代码实现

1．主体结构代码

首先，新建一个 HTML 文件，页面由 4 个行容器组成。

其次，第 1 个行容器是一个导航栏，在<nav>标签中添加.sticky-top 类实现一个固定在页面顶部的导航栏。

再次，第 2 个行容器由景区图片与景区信息这 2 个列元素组成，在第 1 列中通过<iframe>标签引入景区图片，在第 2 列中突出显示景区的介绍信息。在第 3 行发挥过渡作用引出景区的图文介绍。

最后，在第 4 行中嵌套文本与图片，通过图片、文本进一步介绍景区，具体代码如例 5.23 所示。

【例 5.23】景区门票详情页面。

```
1.  <!DOCTYPE html>
2.  <html lang="en">
3.  <head>
4.      <meta charset="UTF-8">
5.      <meta name="viewport" content="width=device-width,initial-scale=1, shrink
    -to-fit=no">
6.      <link rel="stylesheet" href="bootstrap-4.5.3-dist/css/bootstrap.css">
7.      <script src="jquery-3.5.1.slim.js"></script>
8.      <script src="bootstrap-4.5.3-dist/js/bootstrap.min.js"></script>
9.      <title>景区门票详情页面</title>
10. </head>
11. <body class="container">
12.     <!--页面导航栏 -->
13.     <nav class="row sticky-top p-3 text-center font-weight-bold headers">
14.         <span class="col-2">首页</span>
15.         以下省略“目的地”“旅游攻略”“机票”“搜索”菜单的构建代码<span>
```

```
16.         <span class="col-2 text-warning"><a class="text-warning">登录</a>|<a class=
    "text-warning">注册</a></span>
17.     </nav>
18.     <!-- 正文 -->
19.     <div class="row mt-3">
20.         <!-- 景区图片-->
21.         <div class="col-6 embed-responsive embed-responsive-4by3">
22.             <iframe class="embed-responsive-item" src="images/card.jpg" frameborder="0">
    </iframe>
23.         </div>
24.         <!-- 景区信息 -->
25.         <div class="col-6">
26.             <div class="row ml-2">
27.                 <div class="col-12 mt-4">
28.                     <h3>北京玉渊潭公园门票（快速入园/刷身份证验票进园）</h3>
29.                 </div>
30.                 <div class="col-12 p-3 bg-light mt-5">
31.                     <span class="price">¥10～15</span>
32.                 </div>
33.                 <div class="col-12 p-3 bg-light pt-5">
34.                     <a class="indicate text-warning">价格说明</a>
35.                     <span class="sold">已售 1435</span>
36.                 </div>
37.                 <div class="col-12 text-center p-3 button button-warning buys">
38.                     立即购买今日门票
39.                 </div>
40.             </div>
41.         </div>
42.     </div>
43.     <!--详情标题 -->
44.     <div class="row p-3 bg-light">
45.         <div class="col-6 text-warning">产品介绍</div>
46.     </div>
47.     <!--景区详情介绍 -->
48.     <div class="row p-3 bg-light">
49.         <div class="col-12 font-weight-bold">图文介绍</div>
50.         <div class="col-12">玉渊潭公园是北京市区最大的公园之一，省略后续文本介绍</div>
51.         <div class="col-12">
52.             <img src="images/flower1.jpg" alt="">
53.             <img src="images/flower2.jpg" alt="">
54.             <img src="images/flower3.jpg" alt="">
55.         </div>
56.     </div>
57.     <!--“回到顶部”按钮 -->
58.     <div class="position-fixed backtotop font-weight-bold text-white rounded">
    <a class="text-white" href="#">回到顶部</a></div>
59. </body>
60. </html>
```

上述代码中，使用定位类中的.sticky-top 类实现将导航栏黏性置顶，“回到顶部”按钮使用.position-fixed 类将元素固定在页面中，脱离文档流。“回到顶部”按钮由<a>标签构成，在 HTML 中将<a>标签的 href 属性值设为“#”即可实现单击<a>标签返回页面顶部。

2. CSS 代码

```
1. <style>
2. .headers {/* 设置导航栏的背景色 */
```

```
3.      background-color: gainsboro;}
4.   .price {/* 设计景区门票价格的文字样式 */
5.      font-size: 34px;
6.      color: #ff6f00;/* 橙色背景 */
7.      font-family: "Tahoma";
8.      font-weight: normal;}/* 不加粗 */
9.   .indicate {/* 设置景区门票价格说明文字的样式 */
10.     font-size: 14px;
11.     text-decoration: none; /* 取消下画线 */
12.     color: #ff9d00;/* 橙色背景 */
13.     cursor: pointer;} /* 鼠标指针悬浮时变成"小手" */
14.  .sold {/* 设置景区门票销售量的文字信息 */
15.     width: 135px;
16.     padding-top: 20px;}
17.  .buys {/* 设置景区门票购买按钮的样式 */
18.     font-size: 20px;
19.     color: #fff;
20.     line-height: 24px;
21.     border-radius: 3px; /* 圆角 */
22.     background-color: #ff900e;  /* 橙色背景 */
23.     cursor: pointer; /* 鼠标指针悬浮时变成"小手" */
24.     font-weight: bold; }/* 文字加粗 */
25.  .backtotop{/* 设置回到顶部元素的样式 */
26.     text-align: center; /* 文字居中 */
27.     font-size: 18px;
28.     width: 54px;
29.     height: 54px;
30.     background-color: #ff6f00;/* 橙色背景 */
31.     bottom:20px;/* 元素固定定位阈值*/
32.     right:20px;}/* 元素固定定位阈值*/
```

在上述CSS代码中，通过设置回到顶部元素的bottom属性值、right属性值将.position-fixed类与特定阈值相结合，最终将“回到顶部”按钮固定在页面右下角。

5.13　本章小结

本章重点讲述了如何使用 Bootstrap 4 的工具类进行网页设计，主要介绍了文本类、颜色类、边框类、边距类、display 类、浮动类、阴影类、尺寸类、溢出类、定位类、内嵌类等。读者需要掌握 Bootstrap 4 的工具类的语法，在开发中熟练使用工具类进行网页设计。

希望通过学习本章内容，读者能够熟练使用 Bootstrap 4 的工具类，提高对网页进行设计的工作效率，为后续深入学习 Bootstrap 4 框架的布局与组件奠定基础。

5.14　习题

1. 填空题

（1）Bootstrap 4 的文本的对齐方式包括______、______、______以及______。

（2）Bootstrap 4 的颜色类中表示危险意义的类是______。

（3）Bootstrap 4 中设置边框形状为四边圆角需要应用的类是______以及______。

（4）Bootstrap 4 的边距类中 m 和 p 分别代表______和______。

（5）Bootstrap 4 的尺寸类分为______和______。

2．选择题

（1）在 Bootstrap 4 中，可实现椭圆形边框的工具类是（　　）。

A．.border 和.rounded　　B．.border 和.rounded-pill

C．.border 和.rounded-top　　D．.border 和.rounded-top

（2）在 Bootstrap 4 的 display 类中，用于将块级元素转换成内联元素的类是（　　）。

A．.d-inline　　B．.d-block　　C．.d-table-cell　　D．.d-table

（3）以下类中不属于 Bootstrap 4 中浮动类的是（　　）。

A．.float-left　　B．.float-none　　C．.float-center　　D．.float-right

3．思考题

（1）简述 Bootstrap 4 中 5 种常用定位类之间的区别。

（2）简述 Bootstrap 4 定义的 4 种阴影类各自的作用。

4．编程题

结合使用本章所学知识，以学习网站为主题，使用.sticky-top 类和浮动类设计一个可固定在页面顶部的、响应式浮动的网站导航栏。导航栏在中型设备中，保持三行两列布局，在小型设备中，保持单列布局，并利用内嵌类在页面中嵌入一个视频，具体实现效果如图 5.28 所示。

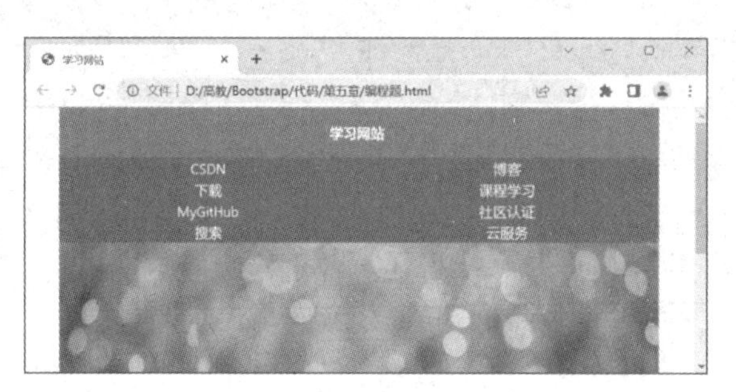

图 5.28　学习网站

第6章 Bootstrap 的弹性布局

Bootstrap 的弹性布局

本章学习目标

- 掌握弹性布局中弹性盒子的定义
- 掌握弹性布局中的排列方向类、对齐布局类的使用方法
- 掌握弹性布局中的自动相等布局类、伸缩变换布局类的使用方法
- 掌握弹性布局中的自动浮动布局类、包裹布局类、排序布局类的使用方法

Bootstrap 3 与 Bootstrap 4 最主要的区别在于 Bootstrap 4 添加了新的布局方式——弹性盒子。弹性盒子是 CSS3 的一种布局方式，它适用于响应式网页设计。基于 Bootstrap 4 的弹性布局，读者可快速管理网格系统的列、导航栏、组件等的布局、对齐方式以及对大小进行调整。对于复杂的网页布局，可通过自定义 CSS 实现。本章主要介绍 Bootstrap 4 的弹性布局类，包括弹性容器的创建类、排列方向类、对齐布局类、自动相等布局类、伸缩变换布局类、自动浮动布局类、包裹布局类、排序布局类等。

6.1 弹性盒子

CSS3 的弹性盒子（Flexible Box，也称 Flexbox、Flex）是当前较为流行的 Web 布局方式之一，它可使页面或组件的 UI 布局更具灵活性与便利性。

6.1.1 初识弹性布局

弹性布局是一种当页面需要适应不同的屏幕大小以及设备时确保元素拥有恰当的行为的布局方式。弹性盒子可提供一种非常有效的方式来对容器中的子元素进行排列、对齐和分配空白空间。

弹性盒子由弹性容器（Flex Container）和弹性项目（Flex Item）组成。使用弹性布局的元素被称为弹性容器或容器，容器内所有的子元素作为容器的成员，被称为弹性项目或子项目。

在 CSS3 中，设置容器的 display 属性值为 flex 或 inline-flex，可将该容器定义为弹性容器，弹性容器应包含一个或多个弹性项目。

6.1.2 Bootstrap 4 中的弹性布局

Bootstrap 4 中有 2 个弹性容器创建类和 1 个响应式弹性容器创建类，分别

为.d-flex、.d-inline-flex 和.d-{sm|md|lg|xl}-{flex|inline-flex}，具体说明如表 6.1 所示。

表 6.1　弹性容器创建类

类	说明
.d-flex	用于设置元素为弹性容器
.d-inline-flex	用于设置元素为内联弹性容器，即创建显示在同一行上的弹性容器
.d-{sm|md|lg|xl}-{flex|inline-flex}	弹性容器创建类支持响应式设计，可根据不同的网格断点来设置不同的弹性容器样式。使元素在小、中、大或超大型设备上表现为 flex/inline-flex 型容器

1．语法格式

弹性容器创建类的语法格式如下。

```
<div class="d-flex ">文本内容</div>
```

响应式弹性容器创建类的语法格式如下。

```
<div class="d-sm-flex">本元素在小型设备上显示为弹性盒子容器</div>
```

2．演示说明

在页面中依次使用上述 3 种弹性容器创建类，对比弹性容器与内联弹性容器的不同效果，具体代码如例 6.1 所示。

【例 6.1】弹性容器。

```
1.  <!DOCTYPE html>
2.  <html lang="en">
3.  <head>
4.  <meta charset="UTF-8">
5.  <meta name="viewport" content="width=device-width,initial-scale=1,shrink-to-fit=no">
6.  <link rel="stylesheet" href="bootstrap-4.5.3-dist/css/bootstrap.css">
7.  <script src="jquery-3.5.1.slim.js"></script>
8.  <script src="bootstrap-4.5.3-dist/js/bootstrap.min.js"></script>
9.  <title>弹性容器</title>
10. </head>
11. <body class="container">
12.     <h3>使用.d-flex 类创建弹性容器</h3>
13.     <!--使用.d-flex 类创建弹性容器，并设置 3 个弹性项目-->
14.     <div class="d-flex p-2 bg-warning text-white">
15.         <div class="p-2 bg-primary">首页</div>
16.         <div class="p-2 bg-secondary">热点</div>
17.         <div class="p-2 bg-info">专题</div>
18.     </div><br/>
19.     <h3>使用.d-inline-flex 类创建内联弹性容器</h3>
20.     <!--使用.d-inline-flex 类创建内联弹性容器，并设置 3 个弹性项目-->
21.     <div class="d-inline-flex p-2 bg-warning text-white">
22.         <div class="p-2 bg-primary">首页</div>
23.         <div class="p-2 bg-secondary">热点</div>
24.         <div class="p-2 bg-info">专题</div>
25.     </div>
26. </body>
27. </html>
```

运行上述代码，弹性容器的显示效果如图 6.1 所示。

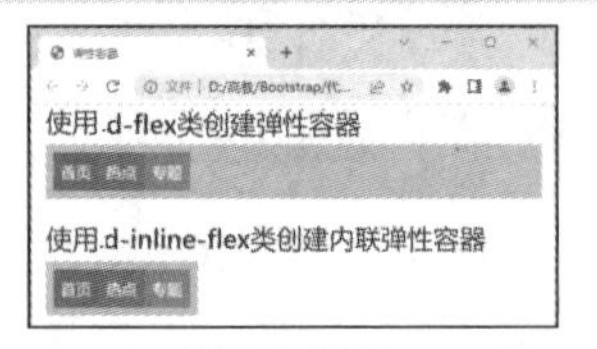

图 6.1　弹性容器的显示效果

6.2　排列方向类

弹性容器内子项目的排列方向包括水平方向和垂直方向，

Bootstrap 4 有一系列用于设置弹性项目排列方向的类，如.flex-row、.flex-column 等，下面将对这些方向类进行详细说明。

6.2.1 水平方向类

在 Bootstrap 4 中有两个方向类可设置弹性容器中子项目水平排列方向，分别为.flex-row 和.flex-row-reverse。

弹性容器中子项目排列方向的默认值为 flex-row，默认遵循从左向右的水平排列原则。因此默认情况下，读者无需在弹性容器内添加水平方向类。当读者需要修改子项目的水平排列方向或进行响应式水平方向布局时，可显式地设置水平方向类。Bootstrap 4 的水平方向类的具体说明如表 6.2 所示。

表 6.2 水平方向类

类	说明
.flex-row	设置弹性容器中子项目水平显示，即从左到右进行左排列（默认）。使用该类的前提是弹性容器已经生成
.flex-row-reverse	设置弹性容器中子项目逆向水平显示，即从右到左进行右排列，与.flex-row 类实现的排列方向相反。使用该类的前提是弹性容器已经生成
.flex-{sm|md|lg|xl}-row	响应式水平方向类表示在小、中、大或超大型设备上实现子项目水平排列，即从左到右进行左排列。使用该类的前提是弹性容器已经生成
.flex-{sm|md|lg|xl}-row-reverse	响应式逆向水平方向类表示在小、中、大或超大型设备上实现子项目逆向水平排列，即从右到左进行右排列。使用该类的前提是弹性容器已经生成

1．语法格式

水平方向类的语法格式如下。

```
<div class="d-flex flex-row bg-success mb-3">
  <div class="p-2 bg-info">子项目</div>
</div>
```

2．演示说明

在页面中分别使用逆向水平方向类、响应式水平方向类中的.flex-row-reverse、.flex-md-row 类等实现导航菜单的水平排列。菜单默认进行右排列，但在中型设备上进行左排列，具体代码如例 6.2 所示。

【例 6.2】水平方向类。

```
1.  <!DOCTYPE html>
2.  <html lang="en">
3.  <head>
4.  <meta charset="UTF-8">
5.  <meta name="viewport" content="width=device-width,initial-scale=1,shrink-to-fit=no">
6.  <link rel="stylesheet" href="bootstrap-4.5.3-dist/css/bootstrap.css">
7.  <script src="jquery-3.5.1.slim.js"></script>
8.  <script src="bootstrap-4.5.3-dist/js/bootstrap.min.js"></script>
9.  <title>水平方向类</title>
10. </head>
11. <body class="container">
12.     <h2>水平方向类</h2>
13.     <div class="d-flex flex-row-reverse flex-md-row  bg-danger text-white font-
    weight-bold mb-3">
```

```
14.         <div class="p-2 ">泰山之雄</div>
15.         <div class="p-2 ">华山之险</div>
16.         <div class="p-2 ">恒山之奇</div>
17.         <div class="p-2 ">嵩山之峻</div>
18.         <div class="p-2 ">衡山之秀</div>
19.     </div>
20. </body>
21. </html>
```

在上述代码中，将外层 div 块元素的类设为 flex-row-reverse 和 flex-md-row，从而实现弹性容器中子项目在小型设备上显示为右排列；在中型设备上显示为左排列。

运行上述代码，菜单在小型设备上为右排列，显示效果如图 6.2 所示；菜单在中型设备上为左排列，显示效果如图 6.3 所示。

图 6.2　右排列

图 6.3　左排列

6.2.2　垂直方向类

Bootstrap 4 中有两个方向类可用于设置弹性容器中子项目的垂直排列方向，分别为.flex-column 和.flex-column-reverse 类，它们分别用于设置子项目垂直排列或逆向垂直排列。Bootstrap 4 的垂直方向类的具体说明如表 6.3 所示。

表 6.3　垂直方向类

类	说明
.flex-column	设置弹性容器中子项目垂直排列，即从上到下进行垂直排列。使用该类的前提是弹性容器已经生成
.flex-column-reverse	设置弹性容器中子项目逆向垂直排列，即从下到上进行逆向垂直排列，与.flex-column 实现的排列方向相反。使用该类的前提是弹性容器已经生成
.flex-{sm|md|lg|xl}-column	表示在小、中、大或超大型设备上实现子项目垂直排列，即从上到下进行垂直排列。使用该类的前提是弹性容器已经生成
.flex-{sm|md|lg|xl}-column-reverse	表示在小、中、大或超大型设备上实现子项目逆向垂直排列，即从下到上进行逆向垂直排列。使用该类的前提是弹性容器已经生成

1．语法格式

垂直方向类的语法格式如下。

```
<div class="d-flex flex-md-column bg-success mb-3">
  <div class="p-2 bg-info">子项目</div>
</div>
```

2．演示说明

在页面中分别使用垂直方向类、响应式逆向垂直方向类中的.flex-column、.flex-md-column-reverse 类实现导航菜单的垂直排列演示。菜单在默认情况下进行自上而下的垂直排列，但在中型设备上进行自下而上的逆向垂直排列，具体代码如例 6.3 所示。

【例 6.3】垂直方向类。

```
1.   <!DOCTYPE html>
2.   <html lang="en">
3.   <head>
4.   <meta charset="UTF-8">
5.   <meta name="viewport" content="width=device-width,initial-scale=1,shrink-to-fit=no">
6.   <link rel="stylesheet" href="bootstrap-4.5.3-dist/css/bootstrap.css">
7.   <script src="jquery-3.5.1.slim.js"></script>
8.   <script src="bootstrap-4.5.3-dist/js/bootstrap.min.js"></script>
9.   <title>垂直方向类</title>
10.  </head>
11.  <body class="container ">
12.     <h2>垂直方向类</h2>
13.     <div class="d-flex flex-column flex-md-column-reverse text-white font-weight-bold
     mb-3">
14.         <div class="p-2 bg-info">四大名扇</div>
15.         <div class="p-2 bg-danger">杭州檀香扇</div>
16.         <div class="p-2 bg-warning">苏州绢扇</div>
17.         <div class="p-2 bg-success">肇庆牛骨扇</div>
18.         <div class="p-2 bg-secondary">新会葵扇</div>
19.     </div>
20.  </body>
21.  </html>
```

在上述代码中，将外层 div 块元素的类设为 flex-column 和 flex-md-column-reverse，从而实现弹性容器内的子项目在小型设备上显示为自上而下的垂直排列，在中型设备上显示为自下而上的逆向垂直排列。

运行上述代码，菜单在中型设备上自下而上排列，显示效果如图 6.4 所示；菜单在小型设备上自上而下排列，显示效果如图 6.5 所示。

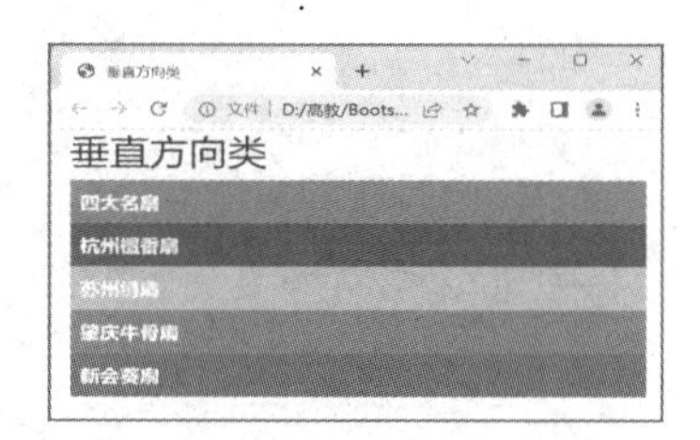

图 6.4　自下而上排列

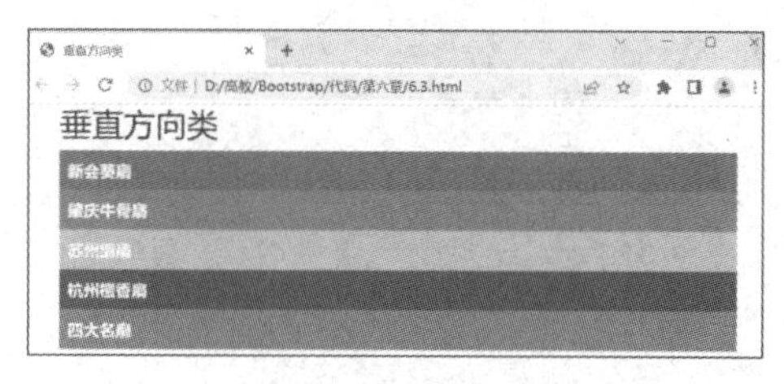

图 6.5　自上而下排列

6.3　对齐布局类

Bootstrap 4 内置了可用于设置弹性容器中子项目在主轴、交叉轴上的对齐方式的对齐布局类，包括内容排列布局类、多行项目对齐布局类、单行项目对齐布局类、指定项目对齐布局类。

6.3.1　内容排列布局类

Bootstrap 4 中的.justify-content-*类与 CSS3 中 justify-content 属性的用法类似，均可改变子项目在主轴上的对齐方式。弹性容器默认的主轴为 x 轴，主轴方向可通过 flex-direction 属性进行更改。

Bootstrap 4 对.justify-content-*类的可选方向值进行了定义，具体说明如表 6.4 所示。

表 6.4 内容排列布局类

类	说明
.justify-content-stazrt	用于设置弹性容器中子项目位于容器开头，即从行首起始位置开始从左向右排列
.justify-content-center	用于设置弹性容器中子项目位于容器的中心，即居中排列
.justify-content-end	用于设置弹性容器中子项目位于容器的末尾，即从行尾位置开始排列
.justify-content-between	用于设置弹性容器中子项目位于各行之间留有空白的容器内，即均匀排列每个子项目，首个子项目放置于起点，末尾子项目放置于终点
.justify-content-around	用于设置弹性容器中子项目位于各行之前、之间、之后都留有空白的容器内，即均匀排列每个子项目，为每个子项目分配相同的空间

需要注意，.justify-content-*类的使用前提是弹性容器已经生成。

Bootstrap 4 中的内容排列布局支持响应式设计，其语法格式如下。

```
.justify-content-{sm|md|lg|xl}-{start|end|center|between|around}
```

1. 语法格式

内容排列布局类的语法格式如下。

```
  <div class="d-flex justify-content-startbg-success t mb-3">
 <div class="p-2 bg-info">子项目</div>
  </div>
```

2. 演示说明

在页面中分别使用上述 5 种内容排列布局类，具体代码如例 6.4 所示。

【例 6.4】内容排列布局类。

```
1.   <!DOCTYPE html>
2.   <html lang="en">
3.   <head>
4.      <meta charset="UTF-8">
5.      <meta name="viewport" content="width=device-width,initial-scale=1,
     shrink-to-fit=no">
6.      <link rel="stylesheet" href="bootstrap-4.5.3-dist/css/bootstrap.css">
7.      <script src="jquery-3.5.1.slim.js"></script>
8.      <script src="bootstrap-4.5.3-dist/js/bootstrap.min.js"></script>
9.      <title>内容排列布局类</title>
10.     <style>
11.        .flex_container{ /* 设计弹性容器的宽高及背景色，使对比更加鲜明 */
12.            width: 250px;
13.            height: 40px;
14.            background-color: purple;}
15.        .flex_container div{/* 设计弹性项目的宽、高 */
16.            width: 40px;
17.            height: 40px;}
18.        .flex_item1{/* 设计弹性项目的背景色，使项目界限清晰 */
19.            background-color: rgb(240, 171, 97);}
20.        .flex_item2{background-color: rgb(237, 153, 63);}
21.        .flex_item3{background-color: rgb(244, 136, 20);}
22.     </style>
23.  </head>
24.  <body class="container ml-5">
25.     <h2>内容排列布局类</h2>
26.     <h4>start</h4>
```

```
27.     <div class="flex_container d-flex justify-content-start mb-3">
28.         <div class="flex_item1 "></div>
29.         <div class="flex_item2 "></div>
30.         <div class="flex_item3 "></div>
31.     </div>
32.     <h4>end</h4>
33.     <div class="flex_container d-flex justify-content-end mb-3">
34.         以下省略与本例 28～30 行相同的代码
35.     </div>
36.     <h4>center</h4>
37.     <div class="flex_container d-flex justify-content-center mb-3">
38.         以下省略与本例 28～30 行相同的代码
39.     </div>
40.     <h4>between</h4>
41.     <div class="flex_container d-flex justify-content-between mb-3">
42.         以下省略与本例 28～30 行相同的代码
43.     </div>
44.     <h4>around</h4>
45.     <div class="flex_container d-flex justify-content-around">
46.         以下省略与本例 28～30 行相同的代码
47.     </div>
48. </body>
49. </html>
```

运行上述代码，内容排列布局类实现的显示效果如图 6.6 所示。

6.3.2 多行项目对齐布局类

在 Bootstrap 4 中，.align-content-*类与.justify-content-*类的作用类似，.justify-cotent-*类用于控制容器内子项目在主轴方向上的对齐方式，.align-content-*类用于控制容器内多行子项目在交叉轴方向（与主轴方向相反）上的对齐方式。多行项目对齐布局类仅适用于因弹性容器空间不足，容器内存在多行子项目的情况，因此该布局类对单行项目并无影响。

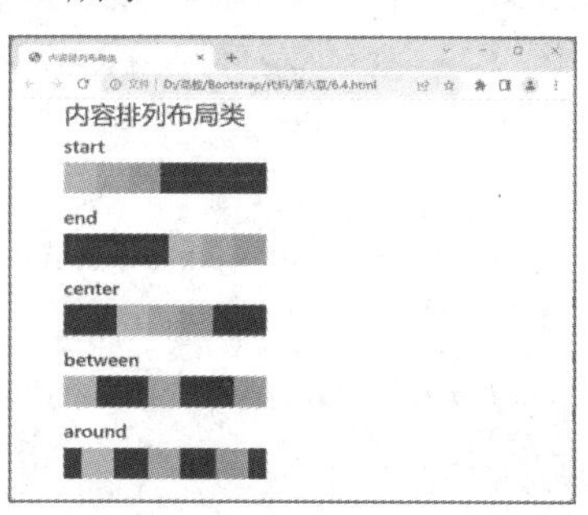

图 6.6 内容排列布局类实现的显示效果

Bootstrap 4 对.align-content-*类的可选方向值进行了定义，具体说明如表 6.5 所示。

表 6.5 多行项目对齐布局类

类	说明
.align-content-start	用于设置容器中多行子项目位于容器开头（默认），即各行项目向容器交叉轴方向的起始位置堆叠、靠紧
.align-content-center	用于设置容器中多行子项目位于容器中心，即各行项目向容器交叉轴方向的中间位置堆叠、靠紧，各行项目两两紧靠在弹性容器交叉轴方向上居中对齐
.align-content-end	用于设置容器中多行子项目位于容器末尾，即各行项目向容器交叉轴方向的末尾位置堆叠、靠紧
.align-content-between	用于设置容器中多行子项目位于各行之间留有空白的容器内，即各行项目在容器中平均分布
.align-content-around	用于设置容器中多行子项目位于各行之前、之间、之后都留有空白的容器内，即各行项目在容器中平均分布，两端保留单行子项目与单行子项目之间间距大小的一半
.align-content-stretch	用于设置容器中子项目被拉伸以适应容器，即各行子项目将会伸展以占用剩余的容器空间

需要注意，.align-content-*类的使用前提是弹性容器已经生成。

Bootstrap 4 中的多行项目对齐布局支持响应式设计，其语法格式如下。

```
.align-conten-{sm|md|lg|xl}-{start|end|center|between|around|stretch}
```

1. 语法格式

多行项目对齐布局类的语法格式如下。

```
<div class="d-flex align-content-start bg-success mb-3">
  <div class="p-2 bg-info">子项目</div>
</div>
```

2. 演示说明

在页面中分别使用上述 6 种多行项目对齐布局类，以展现多种多行项目对齐布局样式，具体代码如例 6.5 所示。

【例 6.5】多行项目对齐布局类。

```
1.  <!DOCTYPE html>
2.  <html lang="en">
3.  <head>
4.      <meta charset="UTF-8">
5.      <meta name="viewport" content="width=device-width,initial-scale=1,shrink-to-fit=no">
6.      <link rel="stylesheet" href="bootstrap-4.5.3-dist/css/bootstrap.css">
7.      <script src="jquery-3.5.1.slim.js"></script>
8.      <script src="bootstrap-4.5.3-dist/js/bootstrap.min.js"></script>
9.      <title>多行项目对齐布局类</title>
10.   <style>
11. .flex_container {/* 设计弹性容器的宽高及背景色，使对比更加鲜明 */
12.     width: 220px;
13.     height: 120px;
14.     background-color: purple;}
15. .flex_container div {/* 设计 flex 项目的宽高 */
16.     width: 40px;
17.     height: 40px;}
18. /* 设计弹性项目的背景色，使项目对比界限清晰 */
19. .flex_item1 {background-color: rgb(240, 171, 97);}
20. .flex_item2 {background-color: rgb(237, 153, 63);}
21. .flex_item3 {background-color: rgb(244, 136, 20);}
22. </style>
23. </head>
24. <body class="container">
25.     <h2>多行项目对齐布局类</h2>
26. <div class="float-left mr-5">
27.     <h5>start</h5>
28.     <div class="flex_container  d-flexalign-content-start flex-wrap mb-3 ">
29.             <div class="flex_item1 "></div>
30.             <div class="flex_item2 "></div>
31.             <div class="flex_item3 "></div>
32.             <div class="flex_item1 "></div>
33.             <div class="flex_item2 "></div>
34.             <div class="flex_item3 "></div>
35.         </div>
36.     <h5>end</h5>
37.     <div class="flex_container d-flex align-content-end flex-wrap mb-3">
38.         以下省略与本例 29~34 行相同的代码
39.     </div>
40.     <h5>center</h5>
41.     <div class="flex_container d-flex align-content-center flex-wrap mb-3">
```

```
42.         以下省略与本例 29～34 行相同的代码
43.      </div>
44.   </div>
45.  <div class="float-left ">
46.      <h5>between</h5>
47.      <div class="flex_container d-flex align-content-between flex-wrap mb-3">
48.         以下省略与本例 29～34 行相同的代码
49.      </div>
50.      <h5> around </h5>
51.      <div class="flex_container d-flex align-content-around flex-wrap">
52.         以下省略与本例 29～34 行相同的代码
53.      </div>
54.      <h5>stretch</h5>
55.      <div class="d-flex align-content-stretch  bg-warning  text-white flex-wrap"
   style="width:220px; height: 140px;">
56.         <div class="p-4 bg-primary"></div>
57.         <div class="p-4 bg-success"></div>
58.         <div class="p-4 bg-danger"></div>
59.         <div class="p-4 bg-primary"></div>
60.         <div class="p-4 bg-success"></div>
61.         <div class="p-4 bg-danger"></div>
62.      </div>
63.  </div>
64.  </body>
65.  </html>
```

在上述代码中，所有使用.align-content-*类的 div 块元素均显式地添加了.flex-wrap 包裹类，使弹性容器内的子项目在容器空间不足时自动换行，从而形成多行子项目的布局结构。

运行上述代码，多行项目对齐布局类实现的显示效果如图 6.7 所示。

图 6.7　多行项目对齐布局类实现的显示效果

6.3.3　单行项目对齐布局类

Bootstrap 4 中的.align-items-*类与 CSS3 中的 align-items 属性的作用一致，.align-items-*类用于定义单行子项目在弹性容器交叉轴方向（与主轴方向相反）上的对齐方式。.align-items-*类的可选方向值具体说明如表 6.6 所示。

表 6.6　单行项目对齐布局类

类	说明
.align-items-start	用于设置容器中子项目位于容器开头，即单行子项目在容器交叉轴方向的起始位置放置
.align-items-center	用于设置容器中子项目位于容器中心，即单行子项目在容器交叉轴方向上居中放置
.align-items-end	用于设置容器中子项目位于容器末尾，即单行子项目在容器交叉轴方向上的末尾位置放置
.align-items-baseline	用于设置容器中子项目位于容器基线上，即容器中的子项目以项目第一行文字的基线为准对齐
.align-items-stretch	用于设置容器中子项目被拉伸以适应容器（默认），即单行子项目将伸展以占用剩余的容器空间。如果子项目未设置高度或高度设为 auto，它的高度是容器的高度

需要注意，.align-items-*类的应用前提是弹性容器已经生成。

Bootstrap 4 中的单行项目对齐布局同样支持响应式设计，其语法格式如下。

```
.align-items-{sm|md|lg|xl}-{stretch|start|end|center|baseline}
```

1. 语法格式

单行项目对齐布局类的语法格式如下。

```
<div class="d-flex align-items-start bg-success mb-3">
  <div class="p-2 bg-info">子项目</div>
</div>
```

2. 演示说明

在页面中分别使用上述 5 种单行项目对齐布局类，以展现单行项目对齐布局的多样性。案例设计以宋代四大名窑为主题，将单行项目对齐布局与名窑介绍相结合，具体代码如例 6.6 所示。

【例 6.6】单行项目对齐布局类。

```
1.  <!DOCTYPE html>
2.  <html>
3.  <head>
4.      <meta charset="UTF-8">
5.      <title>单行项目对齐布局类</title>
6.      <meta name="viewport" content="width=device-width,initial-scale=1,shrink-to-fit=no">
7.      <link rel="stylesheet" href="bootstrap-4.5.3-dist/css/bootstrap.css">
8.      <script src="jquery-3.5.1.slim.js"></script>
9.      <script src="bootstrap-4.5.3-dist/js/bootstrap.min.js"></script>
10. </head>
11. <style>
12.     .boxset{
13.         width: 100%;    /*设置宽度*/
14.         height: 80px;   /*设置高度*/
15.         background-color:  silver};/*设置容器背景色*/
16. </style>
17. <body class="container">
18. <h3>单行项目对齐布局类</h3>
19. <h6>start</h6>
20. <div class="d-flex align-items-start text-white mb-3 boxset">
21.     <div class="p-2 border border-dark ">宋代四大名窑:</div>
22.     <div class="p-2 border border-dark">汝窑</div>
23.     <div class="p-2 border border-dark">官窑</div>
24.     <div class="p-2 border border-dark">哥窑</div>
25.     <div class="p-2 border border-dark">钧窑</div>
26. </div>
27. <h6>end</h6>
28. <div class="d-flex align-items-end text-white mb-3 boxset">
29.     以下省略与本例 21～25 行相同的代码
30. </div>
31. <h6>center</h6>
32. <div class="d-flex align-items-center text-white mb-3 boxset">
33.     以下省略与本例 21～25 行相同的代码
34. </div>
35. <h6>baseline</h6>
36. <div class="d-flex align-items-baseline text-white mb-3 boxset">
37.     <!-- 设置子项目高度差异，突出项目第一行文字的基线-->
38.     <div class="p-2 border border-dark">宋代四大名窑:</div>
39.     <div class="p-2 border border-dark">汝窑</div>
40.     <div class="p-2 border border-dark">官窑</div>
```

```
41.     <div class="p-2 border border-dark">哥窑</div>
42.     <div class="p-2 border border-dark">钧窑</div>
43. </div>
44. <h6>stretch</h6>
45. <div class="d-flex align-items-stretch text-white mb-3 boxset">
46.     以下省略与本例 21～25 行相同的代码
47. </div>
48. </body>
49. </html>
```

在上述代码中，类名为 align-items-baseline 的容器，其子项目的对齐方式以项目第一行文字的基线为准，各子项目的文字始终保持在同一水平线上。

运行上述代码，单行项目对齐布局类实现的显示效果如图 6.8 所示。

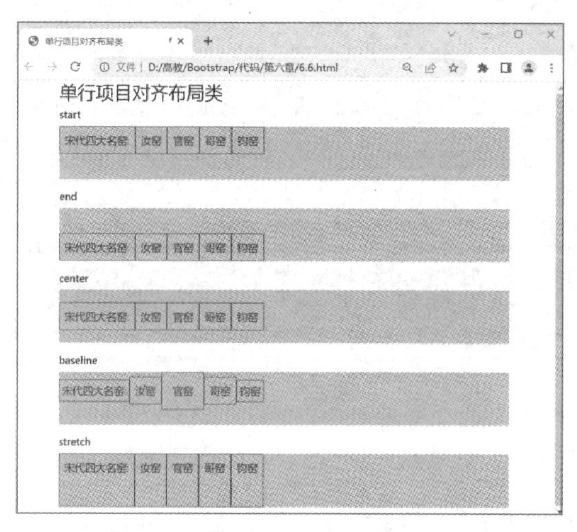

图 6.8　单行项目对齐布局类实现的显示效果

6.3.4　指定项目对齐布局类

在 Bootstrap 4 中，.align-self-*类用于指定某个项目在交叉轴方向上的对齐方式。.align-self-*类应用于项目，可覆盖弹性容器的.align-items-*类。

.align-self-*类与.align-items-*类的可选方向值相同，有 start、center、end、baseline、stretch，默认方向值均为 stretch，具体说明如表 6.7 所示。

表 6.7　指定项目对齐布局类

类	说明
.align-self-start	用于设置弹性容器中某个子项目位于容器交叉轴的起始位置
.align-self-center	用于设置弹性容器中某个子项目位于容器交叉轴的中心位置
.align-self-end	用于设置弹性容器中某个子项目位于容器交叉轴的末尾位置
.align-self-baseline	用于设置弹性容器中某个子项目的文字与容器基线对齐，即某个子项目以项目第一行文字的基线为准对齐
.align-self-stretch	用于设置弹性容器中某个子项目被拉伸以适应容器（默认）。如果该子项目未设置高度或高度设为 auto，则它的高度是容器的高度

需要注意，.align-self-*类的使用前提是弹性容器已经生成。

Bootstrap 4 中的指定项目对齐布局同样支持响应式设计，其语法格式如下。

```
.align-self-{sm|md|lg|xl}-{stretch|start|end|center|baseline}
```

1．语法格式

指定项目对齐布局类的语法格式如下。

```
<div class="d-flex  bg-success mb-3">
 <div class="p-2 align-self-center bg-info">子项目</div>
</div>
```

2．演示说明

在页面中分别使用上述 5 种指定项目对齐布局类，以展现指定项目对齐布局的多样性。创建 5 个弹性容器，每个容器包含 3 个子项目，具体代码如例 6.7 所示。

【例 6.7】指定项目对齐布局类。

```
1.  <!DOCTYPE html>
2.  <html lang="en">
3.  <head>
4.  <meta charset="UTF-8">
5.  <meta name="viewport" content="width=device-width,initial-scale=1,shrink-to-fit=no">
6.  <link rel="stylesheet" href="bootstrap-4.5.3-dist/css/bootstrap.css">
7.  <script src="jquery-3.5.1.slim.js"></script>
8.  <script src="bootstrap-4.5.3-dist/js/bootstrap.min.js"></script>
9.  <title>指定项目对齐布局类</title>
10. <style>
11. .boxcontainer{/* 为弹性容器指定尺寸 */
12.         width: 100%;
13.         height: 70px;}
14. </style>
15. </head>
16. <body class="container">
17.     <h2>指定项目对齐布局类</h2>
18.     <h5>start</h5>
19.     <div class="d-flex bg-secondary boxcontainer">
20.       <div class="p-2 bg-info">长江：亚洲第一长河</div>
21.         <div class="align-self-start p-2 bg-success">黄河：中华文明最主要的发源地</div>
22.         <div class="p-2 bg-warning">珠江:中国流入南海的最大水系</div>
23.     </div>
24.     <h5>end</h5>
25.     <div class="d-flex bg-secondary boxcontainer">
26.         <div class="p-2 bg-info">长江：亚洲第一长河</div>
27.         <div class="align-self-end p-2 bg-success">黄河：中华文明最主要的发源地</div>
28.         <div class="p-2 bg-warning">珠江:中国流入南海的最大水系</div>
29.     </div>
30.     <h5>center</h5>
31.     <div class="d-flex bg-secondary boxcontainer">
32.         <div class="p-2 bg-info">长江：亚洲第一长河</div>
33.         <div class="align-self-center p-2 bg-success">黄河：中华文明最主要的发源地</div>
34.         <div class="p-2 bg-warning">珠江:中国流入南海的最大水系</div>
35.     </div>
36.     <h5>baseline</h5>
37.     <div class="d-flex bg-secondary boxcontainer">
38.         <!-- 3个子项目均使用.align-self-baseline 类，并添加.p-*边距类使项目尺寸差异化，从而
   观察项目是否根据文字基线进行对齐 -->
39.         <div class="p-1 align-self-baseline bg-info">长江：亚洲第一长河</div>
40.         <div class="align-self-baseline p-2 bg-success">黄河：中华文明最主要的发源地</div>
41.         <div class="align-self-baseline p-3 bg-warning">珠江:中国流入南海的最大水系</div>
```

```
42.         </div>
43.         <h5>stretch</h5>
44.         <div class="d-flex bg-secondary boxcontainer">
45.             <div class="p-2 bg-info">长江：亚洲第一长河</div>
46.             <div class="align-self-stretch p-2 bg-success">黄河：中华文明最主要的发源地</div>
47.             <div class="p-2 bg-warning">珠江：中国流入南海的最大水系</div>
48. </body>
49. </html>
```

需要注意，第 4 个弹性容器内的 3 个子项目均使用了.align-self-baseline 类，并为其添加.p-* 边距类使项目尺寸差异化，从而观察项目是否根据项目的文字基线进行对齐。

运行上述代码，指定项目对齐布局类实现的显示效果如图 6.9 所示。

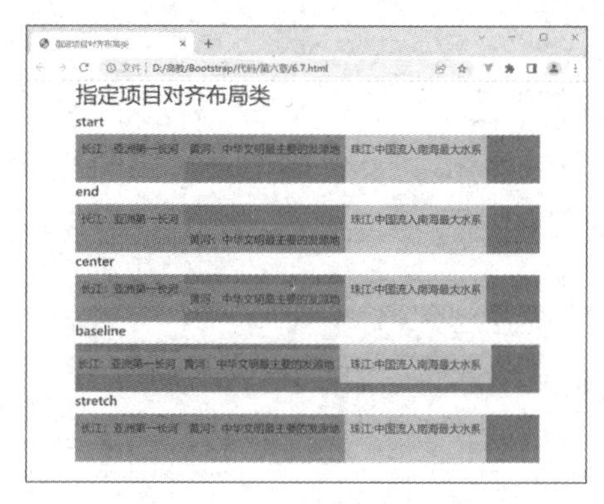

图 6.9　指定项目对齐布局类实现的显示效果

6.3.5　案例练习——骰子图案设计页面

本小节通过骰子上的数字图案来练习对齐布局类的使用，案例的实现基于对齐布局类中的内容排列布局类、单行项目对齐布局类、指定项目对齐布局类等。

1．页面结构分析

骰子是中国传统民间娱乐游戏中用来投掷的工具，最初用作占卜工具。本案例将实现一个骰子图案设计页面，依次展示骰子的 1 点至 6 点的图案。结合所学知识，使用 Bootstrap 4 的对齐布局类实现一个骰子图案设计页面，页面结构如图 6.10 所示。

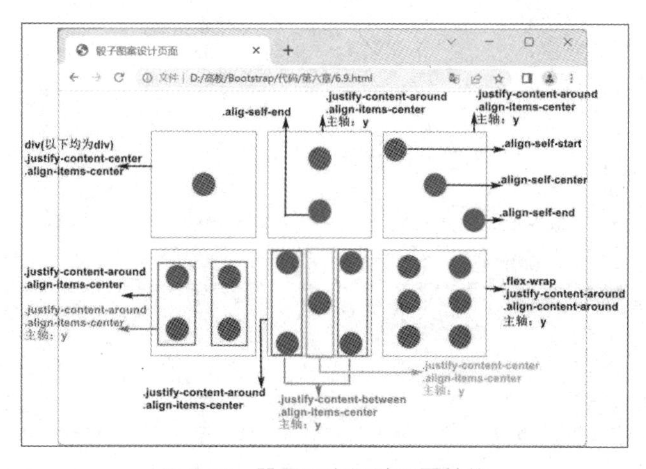

图 6.10　骰子图案设计页面结构

2. 代码实现

首先，新建一个 HTML 文件，以外链的方式在该文件中引入 Bootstrap 4 的相关资源文件。

其次，在<body>标签中添加类.container，在<body>标签中设置 6 个 div 子标签，将其类设为 main_box，并使其成为弹性容器，且容器的宽、高固定，具体代码如例 6.8 所示。

【例 6.8】骰子图案设计页面。

```
1.  <!DOCTYPE html>
2.  <html lang="en">
3.  <head>
4.  <meta charset="UTF-8">
5.  <meta name="viewport" content="width=device-width,initial-scale=1,
   shrink-to-fit=no">
6.  <link rel="stylesheet" href="bootstrap-4.5.3-dist/css/bootstrap.css">
7.  <script src="jquery-3.5.1.slim.js"></script>
8.  <script src="bootstrap-4.5.3-dist/js/bootstrap.min.js"></script>
9.  <title>骰子图案设计页面</title>
10. <style>
11. .main_box{  /* 固定容器大小 */
12.      width: 150px;
13.      height: 150px;}
14. /* 更改容器主轴为 y 轴 */
15.    .container div:nth-child(2),div:nth-child(3),
16.    div:nth-child(4) div,div:nth-child(5) div,div:nth-child(6){
17.      flex-direction: column
18.    }
19. </style>
20. </head>
21. <body class="container mt-5">
22.    <!-- 1点 -->
23.    <div class="main_box d-flex justify-content-center align-items-center
24.    border border-dark float-left m-2">
25.      <div class="item_box bg-danger border rounded-circle p-3"></div>
26.    </div>
27.    <!-- 2点 -->
28.    <div class="main_box d-flex justify-content-around align-items-center
29.     border border-dark float-left m-2">
30.        <div class="item_box bg-danger border rounded-circle p-3"></div>
31.        <div class="alig-self-end item_box bg-danger
32.        border rounded-circle p-3"></div>
33.    </div>
34.    <!-- 3点 -->
35.    <div class="main_box d-flex justify-content-around align-items-center
36.    border border-dark float-left m-2">
37.      <div class="align-self-start item_box bg-danger border rounded-circle
38.        p-3"></div>
39.      <div class="align-self-center item_box bg-danger
40.        border rounded-circle p-3"></div>
41.      <div class="align-self-end item_box bg-danger border rounded-circle
42.        p-3"></div>
43.   </div>
44.   <!-- 4点 -->
45.   <!-- 容器内的2个项目水平排列 -->
46.   <div class="main_box justify-content-around align-items-center
47.   border border-dark d-flex   float-left m-2">
48.    <div class="d-flex justify-content-around align-items-center"
```

```
49.     style="width: 100%;height:100%">
50.       <!-- 容器的主轴方向为 y 轴，容器内的两个项目垂直排列 -->
51.       <div class="item_box bg-danger border rounded-circle p-3"></div>
52.       <div class="item_box bg-danger border rounded-circle p-3"></div>
53.     </div>
54.     <div class="d-flex justify-content-around align-items-center"
55.      style="width: 100%;height:100%">
56.         <!-- 容器的主轴方向为 y 轴，容器内的两个项目垂直排列 -->
57.         <div class="item_box bg-danger border rounded-circle p-3"></div>
58.         <div class="item_box bg-danger border rounded-circle p-3"></div>
59.     </div>
60.   </div>
61.   <!-- 5点 -->
62.   <!-- 容器内的 3 个项目水平排列 -->
63.   <div class="main_box justify-content-aroun dalign-items-center
64.    d-flex border border-dark float-left m-2">
65.     <div class="d-flex justify-content-between align-items-center"
66.      style="width: 100%;height:100%">
67.         <!-- 容器的主轴为 y 轴，容器内的两个项目垂直排列，
68.              放置在本容器上下两侧 -->
69.         <div class="item_box bg-danger border rounded-circle p-3"></div>
70.         <div class="item_box bg-danger border rounded-circle p-3"></div>
71.     </div>
72.     <div class="d-flex justify-content-center align-items-center">
73.         <!-- 容器的主轴为 y 轴，容器内的两个项目居中排列，
74.              放置在本容器中心-->
75.         <div class="item_box bg-danger border rounded-circle p-3"></div>
76.     </div>
77.     <div class="d-flex justify-content-between align-items-center"
78.      style="width: 100%;height:100%">
79.         <!-- 容器的主轴为 y 轴，容器内的两个项目垂直排列，
80.              放置在本容器上下两侧 -->
81.         <div class="item_box bg-danger border rounded-circle p-3"></div>
82.         <div class="item_box bg-danger border rounded-circle p-3"></div>
83.         </div>
84.     </div>
85.     <!-- 6点 -->
86.     <!-- 容器的主轴方向为 y 轴，容器内的 6 个项目垂直排列 -->
87.     <div class="main_box d-flex justify-content-around align-content-around
88.     flex-wrap border border-dark  float-left m-2">
89.     <!-- 容器内的 6 个项目触底后自动换行 -->
90.      <div class="item_box bg-danger border rounded-circle p-3 mb-1"></div>
91.      <div class="item_box bg-danger border rounded-circle p-3 mb-1"></div>
92.      <div class="item_box bg-danger border rounded-circle p-3 mb-1"></div>
93.      <div class="item_box bg-danger border rounded-circle p-3 mb-1"></div>
94.      <div class="item_box bg-danger border rounded-circle p-3 mb-1"></div>
95.      <div class="item_box bg-danger border rounded-circle p-3 mb-1"></div>
96.    </div>
97. </body>
98. </html>
```

在上述代码中，已完成骰子的 6 面图案设计，此处以点数为 3 的骰子图案为例进行讲解。

首先，在类名为 main_box 的容器中设计 3 个子项目，然后通过 flex-direction 属性设置本容器的主轴为 y 轴。

其次，为容器添加.justify-content-around、.align-items-center 类，使子项目在垂直方向（主

轴方向）上均匀分布（两端保留项目间距的一半）、在水平方向（交叉轴方向）居中分布。

最后，按顺序为 3 个子项目分别添加.align-self-start、.align-self-center、.align-self-end 类，使 3 个子项目在水平方向上遵循左、中、右的顺序进行排列。

6.4 自动相等布局类

在弹性布局中，容器和项目均具备对应的尺寸或宽、高，当所有项目的宽、高之和小于容器的宽或高时，容器内将存在未被填充的多余空间，这个空间被称为弹性容器的正自由空间（Positive Free Space），也称为剩余空间。

当读者期望多个项目平分弹性容器的剩余空间时，可在对应项目上使用.flex-fill 类。

Bootstrap 4 中的.flex-fill 类同样支持响应式设计，其语法格式如下。

```
.flex-{sm|md|lg|xl}-fill
```

1. 语法格式

自动相等布局类的语法格式如下。

```
<div class="d-flex bg-success mb-3">
  <div class="p-2 flex-fill bg-info">子项目</div>
</div>
```

2. 演示说明

在页面中创建两个弹性容器，每个容器中包含 3 个项目，此处仅为第二个容器的项目添加.flex-fill 类，通过对比两个容器内项目所占的空间，了解自动相等布局类的作用，具体代码如例 6.9 所示。

【例 6.9】自动相等布局类。

```
1.  <!DOCTYPE html>
2.  <html lang="en">
3.  <head>
4.  <meta charset="UTF-8">
5.  <meta name="viewport" content="width=device-width,initial-scale=1,
shrink-to-fit=no">
6.  <link rel="stylesheet" href="bootstrap-4.5.3-dist/css/bootstrap.css">
7.  <script src="jquery-3.5.1.slim.js"></script>
8.  <script src="bootstrap-4.5.3-dist/js/bootstrap.min.js"></script>
9.  <title>自动相等布局类</title>
10. </head>
11. <body class="container mt-3">
12.    <h3>默认状态</h3>
13.    <div class="d-flex bg-warning text-white">
14.      <div class="p-2 bg-primary ">山东半岛</div>
15.      <div class="p-2 bg-success">辽东半岛</div>
16.      <div class=" p-2 bg-danger">雷州半岛</div>
17.    </div>
18.    <h3 class="mt-3">同一组子项目平均分配容器的剩余空间</h3>
19.    <div class="d-flex bg-warning text-white mt-3">
20.      <div class="flex-fill p-2 bg-primary ">山东半岛</div>
21.      <div class="flex-fill p-2 bg-success">辽东半岛</div>
22.      <div class="flex-fill p-2 bg-danger">雷州半岛</div>
23.    </div>
24. </body>
25. </html>
```

运行上述代码，自动相等布局类实现的显示效果如图 6.11 所示。

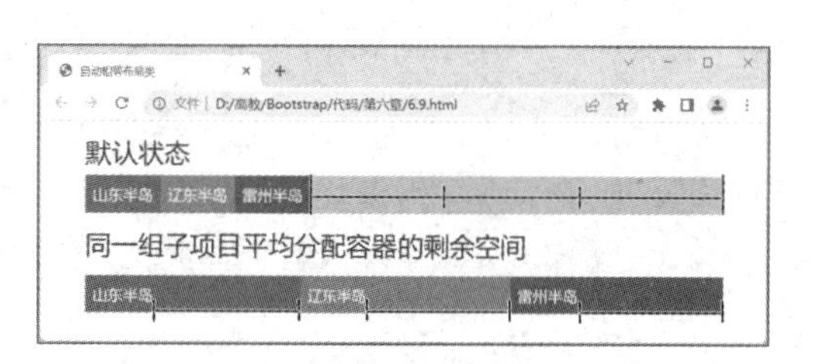

图 6.11　自动相等布局类实现的显示效果

在自动相等布局类的应用中，容器的剩余空间将根据容器内使用.flex-fill 类的项目数进行平均分配，项目的尺寸即自身原有尺寸加平均分配的空间。例如在例 6.9 中，默认状态下，容器右侧的空间为剩余空间。容器内的 3 个项目使用自动相等布局类后，剩余空间被平均分为 3 份，容器内的每个项目均追加一份分配而来的剩余空间。

6.5　伸缩变换布局类

在 Bootstrap 4 中可使用.flex-grow-*类实现项目的弹性增长能力，可使用.flex-shrink-*类实现项目的弹性伸缩能力。

Bootstrap 4 对.flex-grow-*类和.flex-shrink-*类的可选值进行了定义，具体说明如表 6.8 所示。

表 6.8　伸缩变换布局类

类	说明
.flex-grow-1	当容器中仅有一个项目使用该布局类时，该项目可占据容器的所有剩余空间，同时允许剩余项目具有必要空间。当容器中有多个项目使用该布局类时，该布局类的表现效果与.flex-fill 类的相同
.flex-grow-0	取消项目的弹性增长，与普通项目的表现效果相同
.flex-shrink-1	当容器空间不足时，使用该布局类的项目将被强制收缩，通过内容换行使本项目仅保留最小空间，从而为其他项目留出更多的空间
.flex-shrink-0	取消此项目的弹性收缩能力，与普通项目的表现效果相同

.flex-grow-*与.flex-shrink-*类同样支持响应式设计，其语法格式如下。

```
.flex-{sm|md|lg|xl}-grow-{0|1}
.flex-{sm|md|lg|xl}-shrink{0|1}
```

1. 语法格式

伸缩变换布局类的语法格式如下。

```
<div class="d-flex bg-success mb-3">
  <div class="p-2 flex-grow-1 bg-info">子项目</div>
  <div class="p-2 bg-info">子项目</div>
</div>
```

2. 演示说明

在页面中分别使用上述 4 种伸缩变换布局类，具体代码如例 6.10 所示。

【例 6.10】伸缩变换布局类。

```
1.  <!DOCTYPE html>
2.  <html lang="en">
3.  <head>
4.  <meta charset="UTF-8">
5.  <meta name="viewport" content="width=device-width,initial-scale=1,shrink-to-fit=no">
```

```
6.  <link rel="stylesheet" href="bootstrap-4.5.3-dist/css/bootstrap.css">
7.  <script src="jquery-3.5.1.slim.js"></script>
8.  <script src="bootstrap-4.5.3-dist/js/bootstrap.min.js"></script>
9.  <title>伸缩变换布局类</title>
10. </head>
11. <body class="container">
12.     <h3>增长变换布局类</h3>
13.     <p>1 个项目增长</p>
14.     <div class="d-flex bg-warning text-white mb-3">
15.         <div class="p-2 flex-grow-1 bg-primary">flex-grow-1</div>
16.         <div class="p-2 flex-grow-0 bg-info">flex-grow-0</div>
17.         <div class="p-2 bg-success">flex-item</div>
18.         <div class="p-2 bg-danger">flex-item</div>
19.     </div>
20.     <p>2 个项目增长</p>
21.     <div class="d-flex bg-warning text-white mb-3">
22.         <div class="p-2 flex-grow-1 bg-primary">flex-grow-1</div>
23.         <div class="p-2 flex-grow-1 bg-info">flex-grow-1</div>
24.         <div class="p-2 bg-success">flex-item</div>
25.         <div class="p-2 bg-danger">flex-item</div>
26.     </div>
27.
28.     <h3>收缩变换布局类</h3>
29.     <p>1 个项目收缩</p>
30.     <div class="d-flex bg-warning text-white mb-3">
31.         <div class="p-2 w-100 bg-primary">w-100</div>
32.         <div class="p-2 flex-shrink-1 bg-info">flex-shrink-1</div>
33.         <div class="p-2 flex-shrink-0 bg-success">flex-shrink-0</div>
34.         <div class="p-2 w-100 bg-danger">w-100</div>
35.     </div>
36.     <p>2 个项目收缩</p>
37.     <div class="d-flex bg-warning text-white mb-3">
38.         <div class="p-2 w-100 bg-primary">w-100</div>
39.         <div class="p-2 flex-shrink-1 bg-info">flex-shrink-1</div>
40.         <div class="p-2 flex-shrink-1 bg-success">flex-shrink-1</div>
41.         <div class="p-2 w-100 bg-danger">w-100</div>
42.     </div>
43. </body>
44. </html>
```

运行上述代码，伸缩变换布局类实现的显示效果如图 6.12 所示。

在例 6.10 中，当容器内存在 1 个需要进行弹性增长的项目时，该项目占据容器的所有剩余空间，其他项目仅具备必要空间；当容器内存在 2 个需要进行弹性增长的项目时，这 2 个项目将平分容器的所有剩余空间，其他项目仅具备必要空间。

当容器内存在需要进行弹性收缩的项目时，该项目将被强制收缩，通过内容换行使该项目仅保留最小空间，从而为其他项目留出更多的空间。

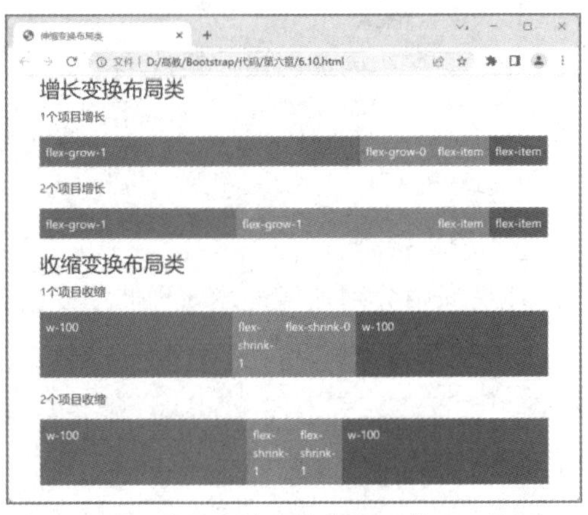

图 6.12　伸缩变换布局类实现的显示效果

6.6 自动浮动布局类

在Bootstrap 4中搭配使用对齐布局类与自动边距（Auto Margin），弹性容器可实现自动浮动布局效果。Bootstrap 4的自动浮动布局类主要分为水平方向浮动布局类以及垂直方向浮动布局类。

在Bootstrap 4中可使用水平方向浮动布局类实现弹性容器的水平方向浮动布局，具体说明如表6.9所示。

表6.9　　水平方向浮动布局类

类	说明
.mr-auto	向右移动两个项目
.ml-auto	向左移动两个项目

在Bootstrap 4中可使用垂直方向浮动布局类实现弹性容器的垂直方向浮动布局，具体说明如表6.10所示。

表6.10　　垂直方向浮动布局类

类	说明
.mt-auto	可使项目向容器底部垂直移动，实现元素的margin-top:auto
.mb-auto	可使项目向容器顶部垂直移动，实现元素的margin-bottom:auto

需要注意，为容器中的项目添加.mr-auto、.ml-auto、.mt-auto、.mb-auto类的前提是其父级弹性容器已经生成，且实现垂直方向浮动布局还应结合.align-items类与flex-direction: column类。

1．语法格式

自动浮动布局类的语法格式如下。

```
<div class="d-flex bg-success mb-3">
  <div class="p-2 mr-auoto bg-info">子项目</div>
  <div class="p-2 bg-info">子项目</div>
<div class="p-2 bg-info">子项目</div>
</div>
```

2．演示说明

以中国三大三角洲为主题设计页面，使用水平方向浮动布局类与垂直方向浮动布局类展现多种自动浮动布局，具体代码如例6.11所示。

【例6.11】自动浮动布局类。

```
1.  <!DOCTYPE html>
2.  <html lang="en">
3.  <head>
4.  <meta charset="UTF-8">
5.  <meta name="viewport" content="width=device-width,initial-scale=1,shrink-to-fit=no">
6.  <link rel="stylesheet" href="bootstrap-4.5.3-dist/css/bootstrap.css">
7.  <script src="jquery-3.5.1.slim.js"></script>
8.  <script src="bootstrap-4.5.3-dist/js/bootstrap.min.js"></script>
9.  <title>自动浮动布局类</title>
```

```
10. </head>
11. <body class="container">
12.     <h3 class="align-center">水平方向浮动布局类</h3>
13.     <!-- 无 margin，预设 -->
14.     <div class="d-flex bg-info text-white mb-3">
15.         <div class="p-2 bg-primary"> 长江三角洲</div>
16.         <div class="p-2 bg-warning">珠江三角洲 </div>
17.         <div class="p-2 bg-danger">黄河三角洲</div>
18.     </div>
19.     <!-- 右移 -->
20.     <div class="d-flex bg-info text-white mb-3">
21.         <div class="mr-auto p-2 bg-primary"> 长江三角洲</div>
22.         <div class="p-2 bg-warning">珠江三角洲 </div>
23.         <div class="p-2 bg-danger">黄河三角洲</div>
24.     </div>
25.     <!-- 左移 -->
26.     <div class="d-flex bg-info text-white mb-3">
27.         <div class="p-2 bg-primary"> 长江三角洲</div>
28.         <div class="p-2 bg-warning">珠江三角洲 </div>
29.         <div class="ml-auto p-2 bg-danger">黄河三角洲</div>
30.     </div>
31.     <h3 class="align-center">垂直方向浮动布局类</h3>
32.     <div class="d-flex align-items-start flex-column bg-info text-white mb-3" style=
    "height: 180px;">
33.         <!-- 本项目置顶 -->
34.         <div class="p-2 mb-auto bg-primary">长江三角洲</div>
35.         <div class="p-2 bg-warning">珠江三角洲</div>
36.         <div class="p-2 bg-danger">黄河三角洲</div>
37.     </div>
38.     <div class="d-flex align-items-start flex-column bg-info text-white mb-3" style=
    "height: 180px;">
39.         <div class="p-2 bg-primary">长江三角洲</div>
40.         <div class="p-2 bg-warning">珠江三角洲</div>
41.         <!-- 本项目置底 -->
42.         <div class="mt-auto p-2 bg-danger">黄河三角洲</div>
43.     </div>
44. </body>
45. </html>
```

运行上述代码，自动浮动布局类实现的显示效果如图 6.13 所示。

6.7 包裹布局类

当一个弹性容器的宽、高固定，包含多个项目，所有项目的宽、高之和大于容器的宽或高时，默认情况下容器内的项目会被压缩或溢出。

当读者期望多个项目在弹性容器内换行显示时，可在对应弹性容器中使用.flex-wrap 类。Bootstrap 4 的包裹布局类包括.flex-nowrap（无包裹类）、.flex-wrap（包裹类）、.flex-wrap-reverse（反向包裹类），具体说明如表 6.11 所示。

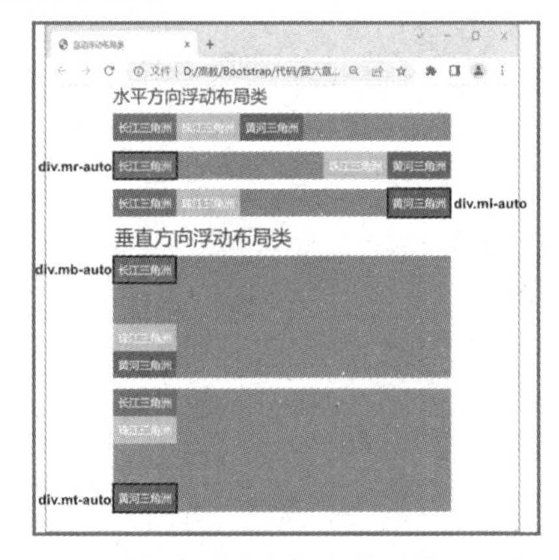

图 6.13　自动浮动布局类实现的显示效果

表 6.11 包裹布局类

类	说明
.flex-nowrap	用于设置弹性容器为无包裹布局（默认），即不允许容器中的子项目换行
.flex-wrap	用于设置弹性容器为包裹布局，即允许容器中的子项目换行
.flex-wrap-reverse	用于设置弹性容器为反向包裹布局，即允许容器中的子项目反向换行

弹性容器的包裹布局类同样支持响应式设计，其语法格式如下。

```
.flex-{sm|md|lg|xl}-{nowrap|wrap|wrap-reverse}
```

1. 语法格式

包裹布局类的语法格式如下。

```
<div class="d-flex flex-wrap bg-success mb-3">
  <div class="p-2 bg-info">子项目</div>
...
</div>
```

2. 演示说明

以中国六大茶系为主题设计页面，在页面中分别使用.flex-wrap 和.flex-wrap-reverse 类对比布局效果，具体代码如例 6.12 所示。

【例 6.12】包裹布局类。

```
1.  <!DOCTYPE html>
2.  <html lang="en">
3.  <head>
4.  <meta charset="UTF-8">
5.  <meta name="viewport" content="width=device-width,initial-scale=1,shrink-to-fit=no">
6.  <link rel="stylesheet" href="bootstrap-4.5.3-dist/css/bootstrap.css">
7.  <script src="jquery-3.5.1.slim.js"></script>
8.  <script src="bootstrap-4.5.3-dist/js/bootstrap.min.js"></script>
9.  <title>包裹布局类</title>
10. </head>
11. <body class="container ml-5">
12.     <h3 class="text-align-center">包裹布局类</h3>
13.     <!-- 普通包裹 -->
14.     <h5>wrap</h5>
15.     <div class="d-flex bg-warning text-white mb-4 flex-wrap"  style="width: 200px;">
16.         <div class="p-2 bg-primary">红茶</div>
17.         <div class="p-2 bg-success">绿茶</div>
18.         <div class="p-2 bg-danger">青茶</div>
19.         <div class="p-2 bg-primary">黄茶</div>
20.         <div class="p-2 bg-success">黑茶</div>
21.         <div class="p-2 bg-primary">白茶</div>
22.     </div>
23.     <!-- 反向包裹 -->
24.     <h5>wrap-reverse</h5>
25.     <div class="d-flex bg-warning text-white mb-4 flex-wrap-reverse" style=
    "width: 200px;">
26.         以下省略与本例中 16～21 行代码相同的代码
27.     </div>
28. </body>
29. </html>
```

运行上述代码，包裹布局类实现的显示效果如图 6.14 所示。

在例 6.12 中，设置容器的宽度为 200px。使用.flex-wrap 类时，容器内的项目向下换行，从左到右显示。使用.flex-wrap-reverse 类时，容器内的项目向上换行，从左到右显示。

图 6.14　包裹布局类实现的显示效果

6.8　排序布局类

在弹性布局中，容器中项目的默认显示顺序为从左到右、从上到下。当读者希望改变某个项目在容器内的显示顺序时，可使用排序布局类.order-*进行设置，其用法与网格系统列排序中的 order 类基本一致。

Bootstrap 4 中的.order-*类同样支持响应式网页设计，其语法格式如下。

```
.order-{sm|md|lg|xl}-{1|2|3|4|5|6|7|8|9|10|11|12}
```

需要注意，为项目添加.order-*类的前提是其父级弹性容器已经生成。

1．语法格式

排序布局类的语法格式如下。

```
<div class="d-flex bg-success mb-3">
  <div class="order-2 p-2 bg-info">子项目</div>
  <div class="p-2 bg-info">子项目</div>
<div class="p-2 bg-info">子项目</div>
</div>
```

2．演示说明

以古诗展示为主题设计页面，在页面中使用排序布局类改变项目的排列顺序，具体代码如例 6.13 所示。

【例 6.13】排序布局类。

```
1.  <!DOCTYPE html>
2.  <html lang="en">
3.  <head>
4.  <meta charset="UTF-8">
5.  <meta name="viewport" content="width=device-width,initial-scale=1,shrink-to-fit=no">
6.  <link rel="stylesheet" href="bootstrap-4.5.3-dist/css/bootstrap.css">
7.  <script src="jquery-3.5.1.slim.js"></script>
8.  <script src="bootstrap-4.5.3-dist/js/bootstrap.min.js"></script>
9.  <title>排序布局类</title>
10. </head>
11. <body class="container">
12.     <h3 >设置排列顺序</h3>
13.     <!-- 默认顺序 -->
14.     <div class="d-flex text-white">
15.         <div class=" p-2 bg-primary">古之立大事者，</div>
16.         <div class="p-2 bg-success">不惟有超世之才，</div>
17.         <div class=" p-2 bg-danger">亦必有坚韧不拔之志。</div>
18.         <div class=" p-2 bg-warning">——苏轼</div>
19.     </div>
20.     <!--排序布局类 -->
21.     <div class="d-flex  text-white mt-2">
22.         <div class="order-4 p-2 bg-primary">——苏轼</div>
23.         <div class="order-3 p-2 bg-success">亦必有坚韧不拔之志。</div>
24.         <div class="order-2 p-2 bg-danger">不惟有超世之才，</div>
25.         <div class="order-1 p-2 bg-warning">古之立大事者，</div>
26.     </div>
```

```
27.  </body>
28.  </html>
```

运行上述代码，排序布局类实现的显示效果如图 6.15 所示。

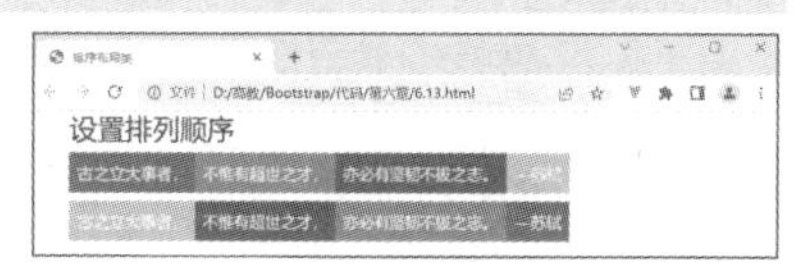

图 6.15　排序布局类实现的显示效果

6.9　实战：新时代的奋斗者宣传页面

本节将以新时代的奋斗者宣传为主题，使用 Bootstrap 4 的弹性布局实现一个简单的页面。

6.9.1　页面结构分析

本小节将制作新时代的奋斗者宣传页面，主要使用 Bootstrap 4 的内容排列布局类、单行项目对齐布局类、自动相等布局类、包裹布局类等弹性布局类以及网格布局等来实现页面布局效果。页面元素包括页面导航栏和主体区域，主体区域又包括页面侧边栏、页面内容、事迹介绍模块等。新时代的奋斗者宣传页面结构如图 6.16 所示。

图 6.16　新时代的奋斗者宣传页面结构

6.9.2　代码实现

1. 主体结构代码

新建一个 HTML 文件，使页面呈现出由 2 个行容器组成的网格布局结构。

首先，第 1 个行容器是一个导航栏，导航栏由<ul>标签构成，在<ul>标签中使用.d-flex 类创建一个弹性容器，并使用.justify-content-start、.align-items-around 类使容器内的项目在主轴上居中、在交叉轴上分散显示。

其次，第 2 个行容器由页面侧边栏、页面内容这 2 个列元素组成。

在第 1 个行容器中，在<aside>标签中使用.d-flex 类创建一个弹性容器；在<div>标签中使用.flex-column 类，使容器内的子项目垂直排列。

在第 2 个行容器中，在<ul>标签中使用.d-flex、.justify-content-around、.flex-wrap 类使容器内的项目换行显示；在<li>标签中使用.flex-fill 类使容器内的项目自动相等，使用.d-flex、.justify-content-around、.flex-column、.align-items-center 类使<li>标签成为弹性容器，且容器主轴变为 y 轴，容器内项目在主轴上分散排列、在交叉轴上居中显示。具体代码如例 6.14 所示。

【例 6.14】新时代的奋斗者宣传页面。

```
1.   <!DOCTYPE html>
2.   <html lang="en">
```

```
3.  <head>
4.      <meta charset="UTF-8">
5.      <meta name="viewport" content="width=device-width,initial-scale=1,hrink-to-fit=no">
6.      <link rel="stylesheet" href="bootstrap-4.5.3-dist/css/bootstrap.css">
7.      <script src="jquery-3.5.1.slim.js"></script>
8.      <script src="bootstrap-4.5.3-dist/js/bootstrap.min.js"></script>
9.      <title>新时代的奋斗者宣传页面</title>
10. </head>
11. <body class="container-fluid">
12.     <!-- 导航栏 -->
13.     <header class="pt-2 pb-2 font-weight-bold row">
14.         <ul class="d-flex justify-content-start align-items-around"
15.              style="list-style:none;width: 100%;">
16.             <!--项目自动相等 -->
17.             <li class="flex-fill">首页</li>
18.             <li class="flex-fill">要闻</li>
19.             以下省略"热点""广场""特色""直播""投稿"菜单的构建代码<li>
20.         </ul>
21.     </header>
22.     <!-- 主体区域 -->
23.     <main class="row">
24.         <!-- 侧边栏 -->
25.         <aside class="d-flex flex-column  col-1"
26.          style="width: 150px;height: 520px;">
27.             <div class="flex-fill">和衷共济</div>
28.             <div class="flex-fill">百年风华</div>
29.             <div class="flex-fill">近镜头</div>
30.             <div class="flex-fill active">今日主角</div>
31.             以下省略"中国十年""国宝有灵""天下黄河""故宫学堂"菜单的构建代码<li>
32.         </aside>
33.         <!-- 页面内容 -->
34.         <section class="col-11">
35.          <div class="text-center text-black"
36.           style="font-size: 2rem;">今日主角</div>
37.         <ul class="d-flex justify-content-around flex-wrap m-2">
38.               <li class="flex-fill d-flex justify-content-around flex-column
39.                 align-items-center mb-4">
40.                   <img src="./images/img1.jpg"  />
41.                   <span class="pt-2 pb-2">
42.                    这把为陌生人撑起的雨伞传递着温暖</span>
43.                   <img src="http://www.news.cn/comments/jrzj/index/images/1108/xq.png">
44.                 </li>
45.                 以下省略事迹介绍模块的构建代码<li>
46.             </ul>
47.         </section>
48.     </main>
49. </body>
50. </html>
```

在上述代码中，主体区域包含事迹介绍模块，事迹介绍模块中的<li>标签中的项目既是其父容器的项目，又是<img>、<span>等中的项目的父容器。

2. CSS 代码

实现新时代的奋斗者宣传页面，需要为页面元素添加 CSS 样式，具体代码如下。

```
1.  <style>
2.      * { padding: 0;margin: 0;}
```

```
3.      li{list-style: none;}
4.      header {
5.          background: -webkit-linear-gradient(#f7e0ad, rgb(241, 176, 54));
6.          background: -o-linear-gradient(#f7e0ad, rgb(241, 176, 54));
7.          background: -moz-linear-gradient(#f7e0ad, rgb(241, 176, 54));
8.          background: linear-gradient(#f7e0ad, rgb(241, 176, 54));
9.          border-bottom: 1px solid orange;}
10.     header ul li {/* 导航栏中单个菜单设置*/
11.         color: white;/*文字颜色*/
12.         padding-bottom: 10px;/*下方内边距为 10px*/
13.         text-align: center;/*文字水平居中*/
14.         box-sizing: border-box;
15.     }
16.     header ul li:hover {/* 单个菜单在鼠标指针悬浮时的样式*/
17.         color: orange;}/*文字颜色为橙色*/
18.     aside {/* 侧边栏背景颜色 */
19.         background-color: rgb(237, 237, 237);}
20.     aside div {/* 侧边栏元素 */
21.         text-align: center;}/* 侧边栏元素中的文字水平居中 */
22.     /* 侧边栏元素在鼠标指针悬浮时的效果 */
23.     aside div:hover,
24.     .active {
25.         background-color: white;
26.         font-weight: bold;}
27.     section{/* section 部分*/
28.         background: url(./images/bg02.jpg); }
29.     section ul li img:first-child{/* 事迹介绍图片大小 */
30.         width: 200px;
31.         height: 300px;}
32.     section ul li img:first-child{ /* 页面内容中的图片*/
33.         padding: 30px 0 0 30px;
34.         border-top: 2px solid orange;
35.         border-left: 2px solid orange;}
36. </style>
```

在上述 CSS 代码中，将导航栏的 background 属性值设为 linear-gradient 以实现渐变效果。

6.10　本章小结

本章主要介绍了 Bootstrap 4 的弹性布局，包括弹性容器创建类、排列方向类、对齐布局类、自动相等布局类、伸缩变换布局类、自动浮动布局类、包裹布局类以及排序布局类等内容。弹性布局使页面设计或组件的 UI 布局更具灵活性和便利性。

希望通过学习本章内容，读者能够熟练应用 Bootstrap 4 的弹性布局设计出更加美观、细致的页面，为后续深入学习 Bootstrap 4 的 CSS 组件做好铺垫。

6.11　习题

1．填空题

（1）Bootstrap 4 的 2 种通用弹性容器创建类包括_____以及_____。

（2）Bootstrap 4 弹性容器中子项目的排列方向包括_____以及_____。

（3）Bootstrap 4 中.justify-content-*类的可选方向值包括_____、_____、_____、_____以

及______。

2．选择题

（1）在 Bootstrap 4 中，可实现多行项目对齐布局的类是（　　）。

A．.justify-content-*　　B．.align-content-*

C．.align-items-*　　D．.d-flex

（2）在 Bootstrap 4 中，用于指定项目左对齐的类是（　　）。

A．.align-items-end　　B．.align-items-start

C．.align-items-baseline　　D．.align-items-stretch

（3）以下属于 Bootstrap 4 中的自动相等布局类的是（　　）。

A．.flex-fill　　B．.flex-order　　C．.flex-shrink　　D．.flex-grow

3．思考题

（1）简述 Bootstrap 4 的弹性布局类中剩余空间的含义。

（2）简述 Bootstrap 4 的弹性布局类中多行项目对齐布局类的.align-content-*类的可选方向值不同的实现效果。

4．编程题

结合本章所学知识，使用对齐布局类，设计一个红色背景的三色九宫格，具体实现效果如图 6.17 所示。

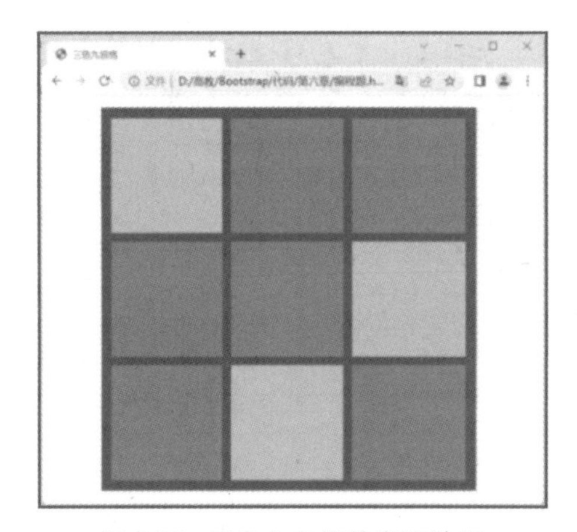

图 6.17　三色九宫格的实现效果

第7章 Bootstrap的CSS组件

本章学习目标

- 掌握 CSS 组件中徽章、警告框和图标组件的使用方法
- 掌握 CSS 组件中按钮、下拉菜单和导航组件的使用方法
- 掌握 CSS 组件中导航栏、进度条和分页组件的使用方法
- 掌握 CSS 组件中卡片、媒体对象和巨幕组件的使用方法

Bootstrap 的
CSS 组件

组件是抽象的概念，是对数据和方法的简单封装，是基于 HTML 基本元素而设计的可重复利用的对象。Bootstrap 4 有通过组合 HTML、CSS 以及 JavaScript 代码设计出的大量可重用的组件，包括徽章、警告框、图标、按钮、下拉菜单、导航栏、进度条、分页、卡片、媒体对象、巨幕等。合理调用各种组件是 Bootstrap 4 的"精髓"，使用这些组件可轻松地构建出美观的页面，提升用户的交互体验，大大提高工作效率。

本章重点介绍 Bootstrap 4 中 CSS 组件的使用方法，并为每一个组件配置实际案例来帮助读者学习和掌握其使用技巧。

7.1 徽章

徽章（Badge）是一种小型的、用于计数和打标签的组件，主要用于标识新发布的信息、热点新闻和突出新的或未读的 E-mail 等。徽章组件常用于标题、按钮和超链接中，徽章组件用于标题中时，可适配其直接父元素，即适配标题的大小。徽章的尺寸是基于单位 em 进行设计的，因此其具有良好的弹性及适配性。

徽章组件的结构非常简单，一个<span>标签中包含两个类：.badge 徽章创建类，用于创建徽章；.badge-*徽章颜色类，用于设计徽章颜色。徽章创建类必须与徽章颜色类联用。Bootstrap 4 有关于徽章组件的一系列工具类，包括徽章创建类、徽章颜色类以及徽章形状类。徽章颜色类的可取颜色值包括 primary、secondary、success、danger、warning、info、light、dark 等。.badge-pill 类可用于设置椭圆形徽章和胶囊徽章，能够使徽章看起来更加圆润，具备水平内边距。

1. 语法格式

徽章组件的语法格式如下。

```
<h1>标题<span class="badge badge-secondary">徽章内容</span></h1>
```

2. 演示说明

在页面中使用徽章创建类、徽章颜色类、徽章形状类，以便更好地对比不同颜色、形状的徽章组件的显示效果，具体代码如例 7.1 所示。

【例 7.1】徽章组件。

```
1.  <!DOCTYPE html>
2.  <html lang="en">
3.  <head>
4.  <meta charset="UTF-8">
5.  <meta name="viewport" content="width=device-width,initial-scale=1, shrink-to-fit=no">
6.  <link rel="stylesheet" href="bootstrap-4.5.3-dist/css/bootstrap.css">
7.  <script src="jquery-3.5.1.slim.js"></script>
8.  <script src="bootstrap-4.5.3-dist/js/bootstrap.min.js"></script>
9.  <title>徽章组件</title>
10. </head>
11. <body class="container">
12.     <!-- 在标题中使用徽章组件 -->
13. <h5 class="font-weight-bold">应用于标题:</h5>
14. <h3>标题<span class="badge badge-primary">primary</span></h3>
15. <h4>标题<span class="badge badge-secondary">secondary</span></h4>
16. <h6>标题<span class="badge badge-success">success</span></h6>
17.     <!-- 在按钮中使用徽章组件 -->
18. <h5 class="font-weight-bold mt-4">应用于按钮:</h5>
19. <button  class="bg-secondary"> 按钮
20.     <span class="badge badge-danger ">danger</span></button>
21. <button class="bg-secondary"> 按钮
22.     <span class="badge badge-warning">warning</span></button>
23. <button class="bg-secondary"> 按钮
24.     <span class="badge badge-info">info</span></button>
25. <br>
26.     <!-- 在超链接中使用徽章组件 -->
27. <h5 class="font-weight-bold mt-4">应用于超链接:</h5>
28. <a href="#" class="badge badge-info">超链接-info</a>
29. <a href="#" class="badge badge-light">超链接-light </a>
30. <a href="#" class="badge badge-dark text-white">超链接-dark </a>
31. <br>
32.     <!-- 椭圆形徽章 -->
33. <h5 class="font-weight-bold mt-4">椭圆形徽章:</h5>
34. <span class="badge badge-pill badge-primary">primary</span>
35. <span class="badge badge-pill badge-secondary">secondary</span>
36. <span class="badge badge-pill badge-success">success</span>
37. </body>
38. </html>
```

运行上述代码，徽章组件的显示效果如图 7.1 所示。

图 7.1　徽章组件的显示效果

7.2　警告框

在交互式网页设计中，读者应根据用户操作的上下文（操作结果）为用户的常见操作提供预定义的提示信息，如操作成功、操作失败、错误提示等。

7.2.1　默认警告框

在 Bootstrap 4 中，使用.alert 类的<div>标签可呈现默认的白色警告框。该警告框无具体意义，读者应将.alert-*警告框颜色类与.alert 类组合使用，创建出有意义的警告框组件。Bootstrap 4 中有关于警告框组件的颜色类，其可取颜色值与其他颜色类基本一致，包括 primary、secondary、success、danger、warning、info、light、dark 等。

1．语法格式

警告框组件的语法格式如下。

```
<div class="alert alert-primary">一个简单的警告框!</div>
```

2．演示说明

在页面中使用警告框颜色类设计警告框组件，具体代码如例 7.2 所示。

【例 7.2】警告框组件。

```
1.  <!DOCTYPE html>
2.  <html lang="en">
3.  <head>
4.  <meta charset="UTF-8">
5.  <meta name="viewport" content="width=device-width,initial-scale=1,shrink-to-fit=no">
6.  <link rel="stylesheet" href="bootstrap-4.5.3-dist/css/bootstrap.css">
7.  <script src="jquery-3.5.1.slim.js"></script>
8.  <script src="bootstrap-4.5.3-dist/js/bootstrap.min.js"></script>
9.  <title>警告框组件</title>
10. </head>
11. <body class="container">
12. <h3 class="text-center">定义警告框</h3>
13. <div class="alert alert-primary"><strong>主要的!</strong>重要的操作信息</div>
14. <div class="alert alert-secondary"><strong>次要的!</strong>不重要的操作信息</div>
15. <div class="alert alert-success"><strong>成功!</strong>操作成功提示信息</div>
16. <div class="alert alert-info"><strong>信息!</strong>需要注意的操作信息</div>
17. <div class="alert alert-warning"><strong>警告!</strong> 警告的操作信息</div>
18. <div class="alert alert-danger"><strong>错误!</strong> 危险的操作信息</div>
19. <div class="alert alert-dark"><strong>深灰色!</strong> 深灰色提示框</div>
20. <div class="alert alert-light"><strong>浅灰色!</strong>浅灰色提示框</div>
21. </body>
22. </html>
```

运行上述代码，警告框组件的显示效果如图 7.2 所示。

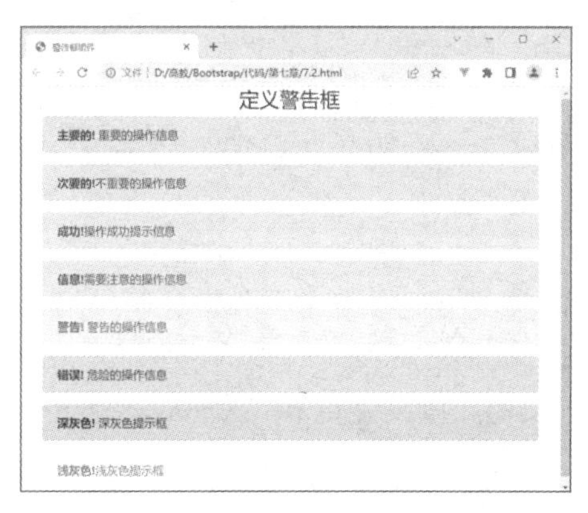

图 7.2 警告框组件的显示效果

7.2.2 警告框附加内容

警告框组件还可以包含其他 HTML 元素，如标题、段落、分隔符等。通常读者需要在警告框中加入超链接，使用户跳转到某个位置或新的页面。当警告框中包含<a>超链接时，读者需要为超链接添加.alert-link 工具类，使超链接与警告框在颜色上保持协调。

1. 语法格式

警告框附加内容的语法格式如下。

```
<div class="alert alert-success">
    <h4 class="alert-heading">标题</h4>
    <p>段落文字</p>
    <hr>
    <a href="#" class="alert-link">链接文字</a>
</div>
```

2. 演示说明

在警告框中嵌入标题、段落文字、分隔线、超链接等，为警告框组件添加附加内容，具体代码如例 7.3 所示。

【例 7.3】警告框附加内容。

```
1.  <!DOCTYPE html>
2.  <html lang="en">
3.  <head>
4.  <meta charset="UTF-8">
5.  <meta name="viewport" content="width=device-width,initial-scale=1,shrink-to-fit=no">
6.  <link rel="stylesheet" href="bootstrap-4.5.3-dist/css/bootstrap.css">
7.  <script src="jquery-3.5.1.slim.js"></script>
8.  <script src="bootstrap-4.5.3-dist/js/bootstrap.min.js"></script>
9.  <title>警告框附加内容</title>
10. </head>
11. <body class="container mt-3">
12.     <h2>警告框附加内容</h2>
13.     <div class="alert alert-success">
14.         <h3>冬夜读书示子聿</h3>
15.         <hr>
16.         <p>古人学问无遗力，少壮工夫老始成。</p>
17.         <p>纸上得来终觉浅，绝知此事要躬行。</p>
18.         <a href="#" class="alert-link">点击查看译文</a>
19.     </div>
20. </body>
21. </html>
```

运行上述代码，警告框附加内容的显示效果如图 7.3 所示。

7.2.3 警告框状态

将任意文本和一个可选的关闭按钮组合在一起，就能组成一个可关闭的警告框。实现警告框的关闭功能主要有 2 种方式，即使用 Bootstrap 4 内置的工具类关闭警告框和使用 JavaScript 脚本关闭警告框。

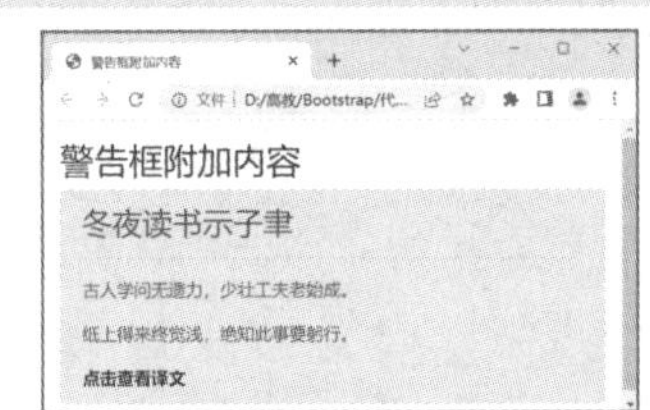

图 7.3 警告框附加内容的显示效果

1. Bootstrap 4 内置的工具类

为警告框添加一个 Bootstrap 4 的.alert-dismissible 内置类和一个关闭按钮，使警告框组件的右侧增加 1 个额外空间用来放置关闭按钮，即可实现警告框组件的关闭功能。

关闭按钮应基于<button>按钮或<a>超链接进行设计，需在关闭按钮中添加.close 类以及 data-dismiss 属性。

（1）语法格式

基于<button>实现可关闭警告框的语法格式如下。

```
<div class="alert alert-danger alert-dismissble">
  <button type="button" class="close" data-dismiss="alert">&times;</button>
失败警告 </div>
```

基于<a>实现可关闭警告框的语法格式如下。

```
<div class="alert alert-danger alert-dismissble">
  <a href="#" class="close" data-dismiss="alert">&times;</a>
失败警告 </div>
```

（2）演示说明

分别使用<button>按钮和<a>超链接设计可关闭警告框的按钮，具体代码如例 7.4 所示。

【例 7.4】通过 Bootstrap 4 内置的工具类实现可关闭警告框。

```
1.  <!DOCTYPE html>
2.  <html lang="en">
3.  <head>
4.  <meta charset="UTF-8">
5.  <meta name="viewport" content="width=device-width,initial-scale=1, shrink-to-fit=no">
6.  <link rel="stylesheet" href="bootstrap-4.5.3-dist/css/bootstrap.css">
7.  <script src="jquery-3.5.1.slim.js"></script>
8.  <script src="bootstrap-4.5.3-dist/js/bootstrap.min.js"></script>
9.  <title>通过 Bootstrap 4 内置的工具类实现可关闭警告框</title>
10. </head>
11. <body class="container mt-3">
12. <h3>通过 Bootstrap 4 内置的工具类实现可关闭警告框</h3>
13. <h5>基于<code>&lt;button&gt;</code>实现可关闭警告框</h5>
14. <div class="alert alert-success alert-dismissble">
15.     三更灯火五更鸡，正是男儿读书时。<br>
16.     黑发不知勤学早，白首方悔读书迟。
17.     <button type="button" class="close"data-dismiss="alert">&times;
18.     </button>
19. </div>
20. <h5 class="mt-3">基于<code>&lt;a&gt;</code>实现可关闭警告框</h5>
21. <div class="alert alert-success alert-dismissble">
22.     半亩方塘一鉴开，天光云影共徘徊。<br>
23.     问渠哪得清如许？为有源头活水来。
24.     <a href="#" class="close"data-dismiss="alert">&times;</a>
25. </div>
26. </body>
27. </html>
```

运行上述代码，可关闭警告框组件的显示效果如图 7.4 所示。

图 7.4　可关闭警告框组件的显示效果

在例 7.4 中，基于<button>按钮实现警告框组件的关闭功能时，必须设置<button>的 type 属性值为 button。基于<a>超链接实现关闭功能时，必须设置<a>的 href 属性值为井号（#）或 URL。

值得注意的是，在页面中单击警告框组件的关闭按钮后，该警告框组件即被删除，此处的删除不仅指页面上的元素消失，还指 DOM（Document Object Model，文档对象模型）节点上对应元素被删除。

如需在关闭警告框时展示淡入、淡出的动画效果，可在警告框组件上同时添加.fade 类和.show 类，其语法格式如下。

```
<div class="alert alert-danger alert-dismissble fade show">
  <button type="button" class="close" data-dismiss="alert">&times</button>
失败警告 </div>
```

2．通过 JavaScript 方法触发关闭行为

在 Bootstrap 4 中，警告框组件“暴露”了一些常用的 JavaScript 方法，如$().alert()、$().alert('close')、$().alert('dispose')等，读者可使用这些方法对警告框组件进行关闭、销毁等操作，具体说明如表 7.1 所示。

表 7.1　　警告框组件的 JavaScript 方法

方法	说明
$().alert()	用于使警告框能够监听具有 data-dismiss="alert"属性的子元素上的单击事件（如果使用的 data 属性 API 自动初始化组件，则不需要调用此方法）
$().alert('close')	用于关闭警告框并将其从 DOM 中删除
$().alert('dispose')	用于销毁某个元素的警告框

（1）语法格式

通过组件的 JavaScript 方法实现警告框关闭功能的语法格式如下。

```
$('.alert').alert('close')
```

（2）演示说明

以中秋节为主题设计页面内容，使用组件本身所“暴露”的 JavaScript 方法实现警告框的关闭功能。具体实现时可将例 7.4 的第 12～24 行代码替换为如下代码。

```
1.  <h3>通过 JavaScript 方法实现关闭功能</h3>
2.  <div class="alert alert-warning "id="myAlert">
3.          中秋节是我国的一个古老的传统节日，又叫作寄月节、月亮节、团圆节等。
4.          中秋节起源于上古时代，普及于汉代，定型于唐朝初年，在宋朝盛行。
5.          中秋节是秋季时令习俗的综合，可寄托思念之情，祈盼丰收、幸福。
6.  <button type="button" class="close" data-dismiss="alert">&times;</button>
7.  </div>
8.  <script>
9.      // 警告框组件“暴露”的方法$().alert('close')
10.     setTimeout(() => {
11.     $('#myAlert').alert('close');
12.         console.log("3s 后关闭名为 myAlert 的警告框");
13.         }, 3000);//3s 后关闭名为 myAlert 的警告框
14. </script>
```

运行上述代码，通过 JavaScript 方法实现的可关闭警告框的显示效果如图 7.5 所示。

未单击关闭按钮，3s 后警告框的显示效果如图 7.6 所示。

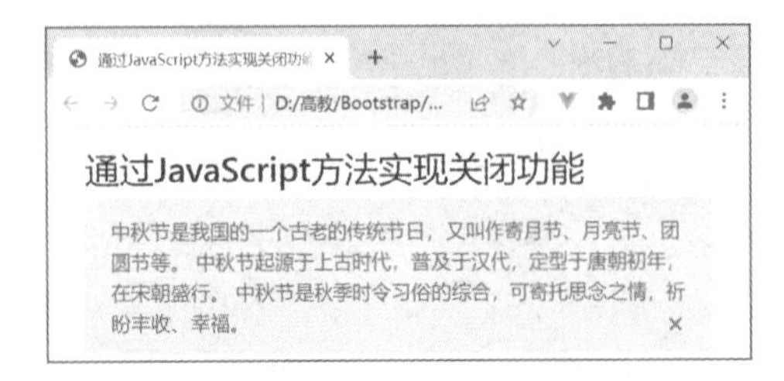

图 7.5　通过 JavaScript 方法实现的可关闭警告框的显示效果

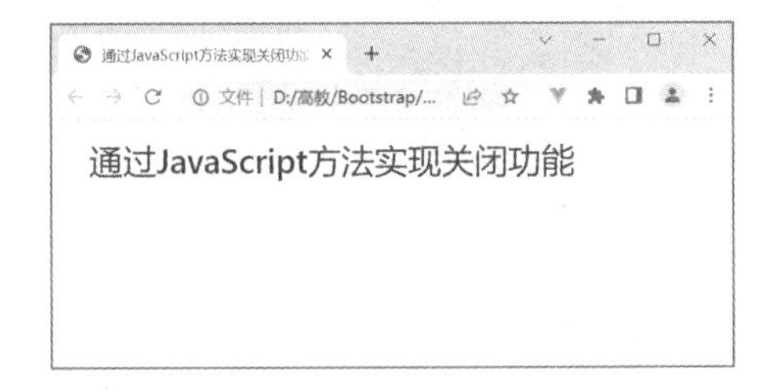

图 7.6　3s 后警告框的显示效果

在上述代码中，还可使用 JavaScript 延时器调用$().alert('close')方法，设置 3s 后自动关闭警告框。在本书第 7 章中，大多数操作性组件均可使用 data 属性或 JavaScript 方法这 2 种方式进行激活，使用 JavaScript 方法激活组件将在本书第 8 章详细介绍。

7.3 图标

Bootstrap 4 拥有一个包含 1600 多个免费、高质量图标的开源图标库，读者可通过多种方式使用这些图标。本节主要介绍 Bootstrap 4 的字体图标和旋转图标。

7.3.1 字体图标

1．安装

Bootstrap 4 图标库已被发布到了 npm 中，读者既可以使用 npm 安装字体图标，也可以使用 CDN 链接安装字体图标。

（1）使用 npm 安装，执行如下命令。

```
npm i bootstrap-icons
```

（2）使用公共的 CDN 链接安装。使用<link>标签将字体图标的样式表添加到网页的<head>标签内或使用 CSS 的@import 命令加载字体图标的样式表，具体语法格式如下。

```
<link rel="stylesheet" href="https://cdn.jsdelivr.net/npm/
bootstrap-icons@1.9.1/font/bootstrap-icons.css">
@import url("https://cdn.jsdelivr.net/npm/bootstrap-icons@1.9.1/
font/bootstrap-icons.css");
```

2．使用图标

使用字体图标时，在页面中引入对应图标字体文件，根据需要为 HTML 标签添加对应的 class 名称或进入图标详情页面复制字体图标的 HTML 源代码并将其粘贴至页面指定位置即可。

可在按钮、标题或 input 表单等元素中使用字体图标。以<button>按钮为例，在其中添加 cart 图标，进行字体图标的应用说明。

（1）新建一个 HTML 文件，以外链的方式在该文件中引入 Bootstrap 4 的相关资源文件，并通过 CDN 引入字体图标的样式表。

（2）进入 Bootstrap 4 的图标库页面，单击名为 cart 的图标。

（3）跳转至 cart 图标的详情页面，复制字体图标的 HTML 代码，代码如下。

```
<i class="bi bi-cart"></i>
```

（4）将字体图标的 HTML 代码粘贴至页面指定位置，具体代码如例 7.5 所示。

【例 7.5】字体图标。

```
1.  <!DOCTYPE html>
2.  <html lang="en">
3.  <head>
4.  <meta charset="UTF-8">
5.  <meta name="viewport" content="width=device-width,initial-scale=1, shrink-to-fit=no">
6.  <link rel="stylesheet" href="bootstrap-4.5.3-dist/css/bootstrap.css">
7.  <script src="jquery-3.5.1.slim.js"></script>
8.  <!--通过 CDN 引入字体图标的样式表 -->
9.  <script src="bootstrap-4.5.3-dist/js/bootstrap.min.js"></script>
10. <link rel="stylesheet" href="https://cdn.jsdelivr.net/npm/
11.   bootstrap-icons@1.9.1/font/bootstrap-icons.css">
12. <title>字体图标</title>
```

```
13. </head>
14. <body class="container">
15.     <h2>字体图标</h2>
16. <!--应用于空元素，粘贴字体图标的 HTML 代码-->
17. <button type="button" class="btn btn-primary">加入购物车
18.   <i class="bi bi-cart"></i></button>
19. <!-- 应用于非空元素 -->
20. <button type="button" class="btn btn-primary i bi-cart">加入购物车</button>
21. </body>
22. </html>
```

运行上述代码，字体图标的显示效果如图 7.7 所示。

需要注意，字体图标可视作文字，因此可设置字体图标的 font-size、color 等属性。

图 7.7　字体图标的显示效果

7.3.2　旋转图标

Bootstrap 4 的旋转图标（Spinners，也称旋转器）用于指示组件或页面的加载状态。该组件可使用 HTML 和 CSS 实现，无须使用任何 JavaScript 代码。旋转图标组件不属于 Bootstrap 4 图标库，使用旋转图标组件时无须引入图标库。

1．旋转图标的结构组成

出于增强可访问性的目的，为每个旋转图标都设置 role="status"属性并嵌套 1 个<span>标签，其语法格式如下。

```
<div class="旋转图标类型" role="status">
  <span class="sr-only">Loading...</span>
</div>
```

2．旋转图标类

旋转图标组件的外观、颜色可通过 Bootstrap 4 提供的旋转图标类进行设置，具体说明如表 7.2 所示。

表 7.2　旋转图标类

类	说明
.spinner-border	用于定义环状旋转图标，轻量级的加载指示器。可使用文本颜色工具类更改其外观
.spinner-grow	用于定义增长式旋转图标，该图标不是在旋转，而是反复地由小变大。可使用文本颜色工具类更改其外观

在页面中使用上述 2 种旋转图标类，并搭配文本颜色类实现多种颜色的环状旋转图标与增长式旋转图标，具体代码如例 7.6 所示。

【例 7.6】旋转图标。

```
1.  <!DOCTYPE html>
2.  <html lang="en">
3.  <head>
4.  <meta charset="UTF-8">
5.  <meta name="viewport" content="width=device-width,initial-scale=1, shrink-to-fit=no">
6.  <link rel="stylesheet" href="bootstrap-4.5.3-dist/css/bootstrap.css">
7.  <script src="jquery-3.5.1.slim.js"></script>
8.  <script src="bootstrap-4.5.3-dist/js/bootstrap.min.js"></script>
9.  <title>旋转图标</title>
10. </head>
```

```
11. <body class="container">
12. <h2>旋转图标</h2>
13. <h3>多色的环状旋转图标</h3>
14.   <div class="spinner-border text-primary" role="status">
15.     <span class="sr-only">Loading...</span>
16.   </div>
17.   <div class="spinner-border text-secondary" role="status">
18.     <span class="sr-only">Loading...</span>
19.   </div>
20.     以下省略绿色、红色、黄色、蓝色、灰白色、黑色的旋转图标构建代码<div>
21.   <h3>多色的增长式旋转图标</h3>
22.   <div class="spinner-grow text-primary" role="status">
23.     <span class="sr-only">Loading...</span>
24.   </div>
25.   <div class="spinner-grow text-secondary" role="status">
26.     <span class="sr-only">Loading...</span>
27.   </div>
28.   以下省略绿色、红色、黄色、蓝色、灰白色、黑色的增长式旋转图标构建代码<div>
29. </body>
30. </html>
```

运行上述代码，旋转图标的显示效果如图 7.8 所示。

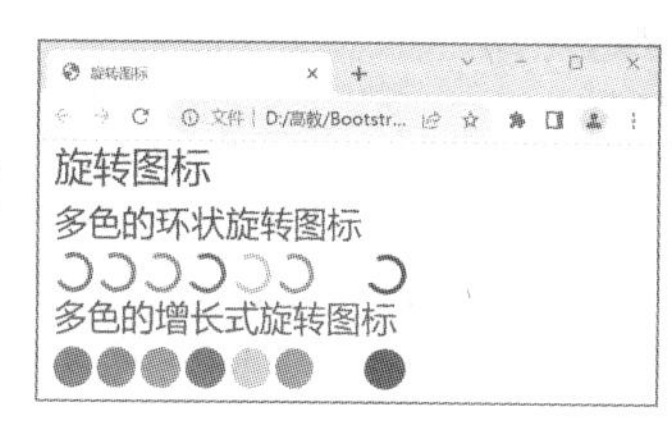

图 7.8 旋转图标的显示效果

3. 旋转图标的设置

Bootstrap 4 中的旋转图标使用 rem 单位来设置其尺寸，使用 display:inline-flex 设置其布局，因此读者可以轻松地调整图标的尺寸，使其快速对齐，具体说明如下。

（1）可使用类似.m-5 的外边距工具类为旋转图标添加外边距。

（2）可使用弹性布局类、浮动类和文本对齐类将旋转图标放置到需要的位置上，实现旋转图标快速对齐。

（3）可为旋转图标添加.spinner-border-sm 和.spinner-grow-sm 类实现小尺寸的旋转图标，以便在其他组件中使用旋转图标。

（4）在按钮中使用旋转图标用于指示当前正在进行的操作，还可将旋转图标中包含的 Loading 文字去掉，并将按钮中包含的文字作为提示信息。

7.4 按钮

按钮几乎是网页中不可或缺的组件，如网站首页中的“登录”“注册”按钮等，按钮组件广泛应用于表单、对话框、下拉菜单等元素中。

7.4.1 按钮组件

Bootstrap 4 内置的.btn 类可用于定义按钮组件，.btn 类不仅可以在<button>标签中使用，还可以在<a>、<input>等标签中使用，实现按钮效果。

1. 语法格式

按钮组件创建类的语法格式如下。

```
<button  class="btn">按钮</button>
```

2. 演示说明

以我国三大传统节日为主题，分别为<button>按钮、<a>超链接和<input>表单添加.btn 类，以展现.btn 类在不同元素上实现的按钮效果，具体代码如例 7.7 所示。

【例 7.7】按钮组件。

```
1.  <!DOCTYPE html>
2.  <html lang="en">
3.  <head>
4.  <meta charset="UTF-8">
5.  <meta name="viewport" content="width=device-width,initial-scale=1, shrink-to-fit=no">
6.  <link rel="stylesheet" href="bootstrap-4.5.3-dist/css/bootstrap.css">
7.  <script src="jquery-3.5.1.slim.js"></script>
8.  <script src="bootstrap-4.5.3-dist/js/bootstrap.min.js"></script>
9.  <title>按钮组件</title>
10. </head>
11. <body class="container">
12.     <h3 >使用 3 种方式定义按钮组件</h3>
13.     <!--使用<button>按钮定义按钮-->
14.     <button class="btn">春节</button>
15.     <!--使用<a>超链接定义按钮-->
16.     <a class="btn" href="#">端午节</a>
17.     <!--使用<input>表单定义按钮-->
18.     <input class="btn" type="button" value="中秋节"></body>
19. </html>
```

运行上述代码，按钮组件的显示效果如图 7.9 所示。

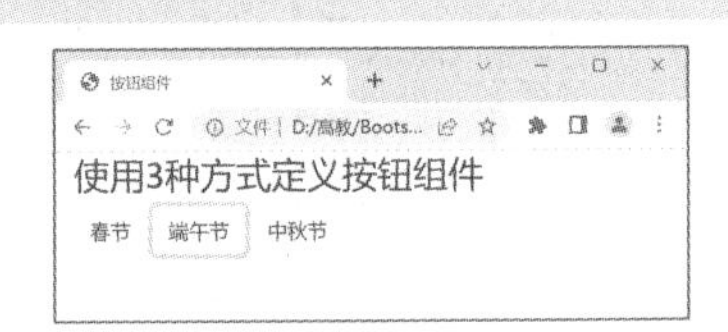

图 7.9 按钮组件的显示效果

在 Bootstrap 4 中，仅仅为元素添加.btn 类，元素不会显示任何按钮效果，只有在用户单击元素时，元素才会显示出淡蓝色的按钮边框。本小节主要介绍了按钮组件的默认效果，7.4.2 节将介绍如何实现按钮组件的个性化风格。

7.4.2 按钮风格设计

Bootstrap 4 内置了大量工具类，用于设置按钮风格，包括按钮背景颜色类、按钮边框颜色类、按钮尺寸类与按钮状态类等。

1. 按钮颜色类

Bootstrap 4 中有.btn-*类，即按钮背景颜色类，按钮的每种背景颜色都有自己的语义目的。Bootstrap 4 中还有.btn-outline-*类，即按钮边框颜色类。当读者需要使用按钮组件，但不希望按钮带有背景颜色时，可将按钮背景颜色类替换为按钮边框颜色类。.btn-*类与.btn-outline-*类的可取颜色值与其他颜色类基本一致，包括 primary、secondary、success、danger、warning、info、light、dark 等。

添加了.btn-outline-*类的按钮，其背景颜色默认为白色，当鼠标指针悬浮于按钮之上时，按钮的背景与边框保持同色。需要注意，所有添加.btn-outline-*类的按钮，其文本颜色与边框颜色保持一致。在鼠标指针悬浮状态下，添加.btn-outline-light 与.btn-outline-dark 类的按钮，其文本颜色与边框颜色互为反色。

（1）语法格式

按钮背景颜色类、按钮边框颜色类的语法格式如下。

```
<button type="button" class="btn btn-primary">按钮文字</button>
<button type="button" class="btn btn-outline-primary">按钮文字</button>
```

创建按钮组件时，需要为<button>标签添加 type="button"属性，且为按钮组件添加颜色类的前提是已使用.btn 类创建了按钮组件。

（2）演示说明

在页面中分别使用按钮背景颜色类与按钮边框颜色类，以展现按钮的多种风格，具体代码如例 7.8 所示。

【例 7.8】按钮背景颜色类与按钮边框颜色类。

```
1.  <!DOCTYPE html>
2.  <html lang="en">
3.  <head>
4.  <meta charset="UTF-8">
5.  <meta name="viewport" content="width=device-width,initial-scale=1, shrink-to-
    fit=no">
6.  <link rel="stylesheet" href="bootstrap-4.5.3-dist/css/bootstrap.css">
7.  <script src="jquery-3.5.1.slim.js"></script>
8.  <script src="bootstrap-4.5.3-dist/js/bootstrap.min.js"></script>
9.  <title>按钮背景颜色类与按钮边框颜色类</title>
10. </head>
11. <body class="container">
12.     <h4>按钮背景颜色类</h4>
13.     <button type="button" class="btn btn-primary">Primary</button>
14.     <button type="button" class="btn btn-secondary">Secondary</button>
15.     <button type="button" class="btn btn-success">Success</button>
16.     <button type="button" class="btn btn-danger">Danger</button>
17.     <button type="button" class="btn btn-warning">Warning</button>
18.     <button type="button" class="btn btn-info">Info</button>
19.     <button type="button" class="btn btn-light">Light</button>
20.     <button type="button" class="btn btn-dark">Dark</button>
21.     <button type="button" class="btn btn-link">Link</button>
22.     <h4>按钮边框颜色类</h4>
23.     <button type="button" class="btn btn-outline-primary">Primary</button>
24.     <button type="button" class="btn
25.      btn-outline-secondary">Secondary</button>
26.     <button type="button" class="btn btn-outline-success">Success</button>
27.     <button type="button" class="btn btn-outline-danger">Danger</button>
28.     <button type="button" class="btn btn-outline-warning">Warning</button>
29.     <button type="button" class="btn btn-outline-info">Info</button>
30.     <button type="button" class="btn btn-outline-light">Light</button>
31.     <button type="button" class="btn btn-outline-dark">Dark</button>
32. </body>
33. </html>
```

运行上述代码，按钮背景颜色类与按钮边框颜色类实现的显示效果如图 7.10 所示。

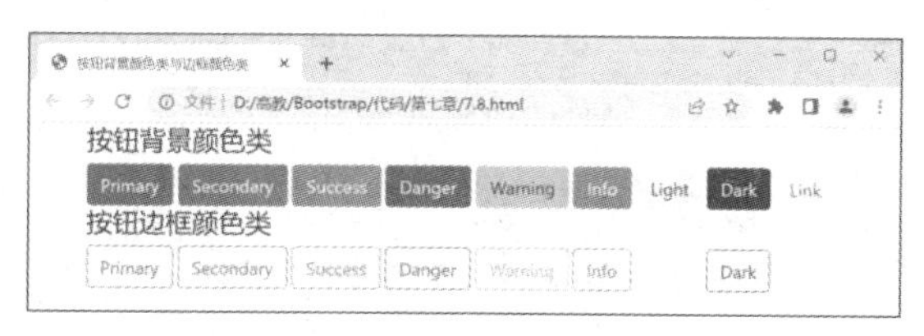

图 7.10　按钮背景颜色类与按钮边框颜色类实现的显示效果

2．按钮尺寸类与按钮状态类

为提升用户体验，读者可根据网页布局选择大或小的按钮。Bootstrap 4 内置了一些按钮尺寸类，包括.btn-lg、.btn-sm 和.btn-block 类，具体说明如表 7.3 所示。

表 7.3　　　　　　　　　　　　按钮尺寸类

类	说明
.btn-lg	用于定义大号按钮
.btn-sm	用于定义小号按钮
.btn-block	用于定义块级按钮，使按钮“跨越”父容器的整个宽度

在 Bootstrap 4 中按钮的状态效果主要分为两种：激活状态和禁用状态。.active 用于激活按钮，激活后按钮表现为被按下的效果，即背景和边框变暗。disabled 属性用于禁用按钮，禁用后按钮颜色变暗，不具有交互性，单击按钮无响应。

为按钮组件添加按钮尺寸类和按钮状态类的前提是已使用.btn 类创建了按钮组件。

（1）语法格式

按钮尺寸类、按钮状态类的语法格式如下。

```
<button type="button" class="btn btn-info btn-lg">大号按钮</button>
<button type="button" class="btn btn-info active">激活按钮</button>
<button type="button" class="btn btn-info" disabled>禁用按钮</button>
```

（2）演示说明

在页面中分别使用按钮尺寸类和按钮状态类，对比不同尺寸、不同状态的按钮组件的显示效果，具体代码如例 7.9 所示。

【例 7.9】按钮尺寸类与按钮状态类。

```
1.  <!DOCTYPE html>
2.  <html lang="en">
3.  <head>
4.  <meta charset="UTF-8">
5.  <meta name="viewport" content="width=device-width,initial-scale=1, shrink-to-
    fit=no">
6.  <link rel="stylesheet" href="bootstrap-4.5.3-dist/css/bootstrap.css">
7.  <script src="jquery-3.5.1.slim.js"></script>
8.  <script src="bootstrap-4.5.3-dist/js/bootstrap.min.js"></script>
9.  <title>按钮尺寸类与按钮状态类</title>
10. </head>
11. <body class="container">
12.     <!-- 按钮尺寸 -->
13.     <h4>3 种按钮尺寸</h4>
14.     <button type="button" class="btn btn-primary btn-lg">大号按钮</button>
15.     <button type="button" class="btn btn-primary btn-sm">大号按钮</button>
16.     <button type="button" class="btn btn-primary btn-block mt-3">块级按钮</button>
17.     <!-- 按钮状态 -->
18.     <h4>2 种按钮状态</h4>
19.     <button type="button" class="btn btn-primary active">激活按钮</button>
20.     <button type="button" class="btn btn-primary" disabled>禁用按钮</button>
21.     <h4><code>&lt;a&gt;标签实现按钮状态</code></h4>
22.     <a href="#" class="btn btn-primary active">激活按钮</a>
23.     <a href="#" class="btn btn-primary disabled">禁用按钮</a>
24. </body>
25. </html>
```

运行上述代码，按钮尺寸类与按钮状态类实现的显示效果如图 7.11 所示。

在例 7.9 中，使用<a>超链接设置的按钮，其禁用状态与其他元素存在差异。<a>超链接不支持 disabled 属性，因此在<a>超链接中必须使用.disabled 类使其表现为禁用状态。

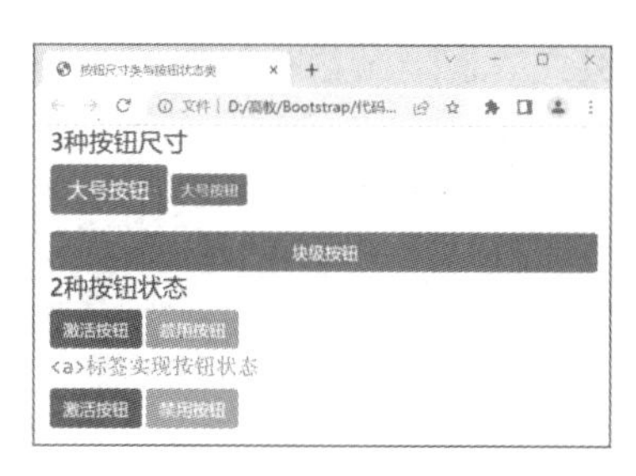

图 7.11　按钮尺寸类与按钮状态类实现的显示效果

7.4.3　基础按钮组

按钮组指的是通过群组的方式将一系列按钮组合起来，放置于同一行中，以产生类似于单选按钮组或复选框组的效果。Bootstrap 4 内置的.btn-group 按钮组创建类可用于定义基础按钮组（使用.btn-group 类的父容器所包含的一系列<button>、<a>标签即可生成按钮组）。

1. 语法格式

按钮组创建类的语法格式如下。

```
<div class="btn-group">
  <button type="button" class="btn btn-secondary">按钮 1</button>
  <button type="button" class="btn btn-secondary">按钮 2</button>
</div>
```

2. 演示说明

在页面中为 1 个 div 块元素添加.btn-group 类，创建 1 个按钮组容器。在容器中放置 3 个<button>按钮，创建 1 个基础按钮组，具体代码如例 7.10 所示。

【例 7.10】基础按钮组。

```
1.  <!DOCTYPE html>
2.  <html lang="en">
3.  <head>
4.  <meta charset="UTF-8">
5.  <meta name="viewport" content="width=device-width,initial-scale=1, shrink-to-fit=no">
6.  <link rel="stylesheet" href="bootstrap-4.5.3-dist/css/bootstrap.css">
7.  <script src="jquery-3.5.1.slim.js"></script>
8.  <script src="bootstrap-4.5.3-dist/js/bootstrap.min.js"></script>
9.  <title>基础按钮组</title>
10. </head>
11. <body class="container mt-3 text-center">
12.     <h3 class="text-center">基础按钮组</h3>
13.     <div class="btn-group ">
14.         <button type="button" class="btn btn-success">按钮 1</button>
15.         <button type="button" class="btn btn-info">按钮 2</button>
16.         <button type="button" class="btn btn-warning">按钮 3</button>
17. </div>
18. </body>
19. </html>
```

运行上述代码，基础按钮组的显示效果如图 7.12 所示。

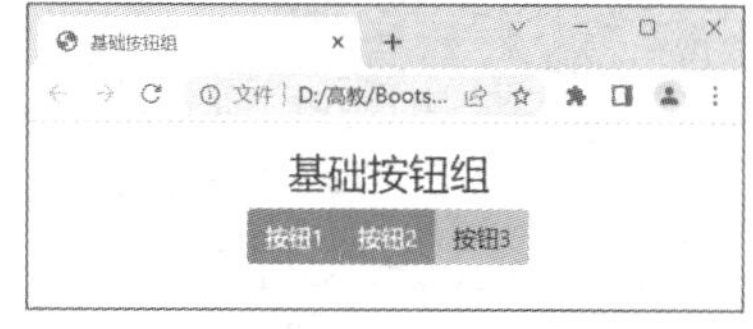

图 7.12　基础按钮组的显示效果

7.4.4　按钮组的布局与样式

Bootstrap 4 的按钮组主要包括基础按钮组、工具栏按钮组、嵌套按钮组、垂直布局按钮组等。基础按钮组可通过.btn-group 类实现，具体应用见本书 7.4.3 小节。本小节主要介绍工具栏按钮组、嵌套按钮组、按钮组辅助类和按钮组应用。

1. 工具栏按钮组

工具栏按钮组是指将多个通过.btn-group 类创建的基础按钮组放置到 1 个通过.btn-toolbar

类创建的工具栏按钮组容器中，形成类似工具栏的样式，从而获得功能更复杂的组件。读者可根据需要使用边距工具类来分隔按钮组。

工具栏按钮组的语法格式如下。

```
<div class="btn-toolbar">
  <div class="btn-group mr-2">
    <button type="button" class="btn btn-secondary">1</button>
    <button type="button" class="btn btn-secondary">2</button>
  </div>
  <div class="btn-group mr-2">
    <button type="button" class="btn btn-secondary">3</button>
    <button type="button" class="btn btn-secondary">4</button>
  </div>
</div>
```

2．嵌套按钮组

将一个下拉菜单组件放在一个按钮组中，可实现按钮组与下拉菜单组件的嵌套效果。

需要注意，在 Bootstrap 4 中实现下拉菜单的动态效果需要引入 popper.js 文件。

3．按钮组辅助类

Bootstrap 4 有一系列关于按钮组的辅助类，用于控制按钮组的布局方式、尺寸等。通过按钮组辅助类可快速实现垂直布局按钮组等，具体说明如表 7.4 所示。

表 7.4　　按钮组辅助类

类	说明
.btn-group-vertical	用于使一组按钮垂直堆叠，实现垂直布局按钮组
.btn-group-lg	用于设置按钮组内所有按钮为大号按钮
.btn-group-sm	用于设置按钮组内所有按钮为小号按钮

按钮组辅助类的语法格式如下。

```
<div class="btn-group-vertical">
  <button type="button" class="btn">按钮</button>
  ...
</div>
<div class="btn-group btn-group-lg">
  <button type="button" class="btn">按钮</button>
  ...
</div>
```

需要注意，使用.btn-group-vertical 类时，无须添加.btn-group 类。使用.btn-group-{lg|sm}类时，需先使用.btn-group 类生成按钮组容器。

4．按钮组应用

（1）应用工具栏按钮组

为<div>元素添加.btn-toolbar 类创建工具栏按钮组容器，并基于工具栏按钮组实现 1 个分页器，具体代码如例 7.11 所示。

【例 7.11】工具栏按钮组。

```
1.   <!DOCTYPE html>
2.   <html lang="en">
3.   <head>
4.   <meta charset="UTF-8">
5.   <meta name="viewport" content="width=device-width,initial-scale=1,shrink-to-fit=no">
```

```
6.  <link rel="stylesheet" href="bootstrap-4.5.3-dist/css/bootstrap.css">
7.  <script src="jquery-3.5.1.slim.js"></script>
8.  <script src="bootstrap-4.5.3-dist/js/bootstrap.min.js"></script>
9.  <title>工具栏按钮组</title>
10. </head>
11. <body class="container mt-3 ">
12. <h3 >工具栏按钮组——分页效果</h3>
13. <div class="btn-toolbar">
14.    <div class="btn-group mr-2">
15.       <button type="button" class="btn btn-danger">back</button>
16.    </div>
17.    <div class="btn-group mr-2">
18.       <button type="button" class="btn btn-primary">1</button>
19.       <button type="button" class="btn btn-primary">2</button>
20.       <button type="button" class="btn btn-primary">3</button>
21.       <button type="button" class="btn btn-primary">4</button>
22.    </div>
23.    <div class="btn-group">
24.       <button type="button" class="btn btn-danger">next</button>
25.    </div>
26. </div>
27. </body>
28. </html>
```

运行上述代码，工具栏按钮组的显示效果如图 7.13 所示。

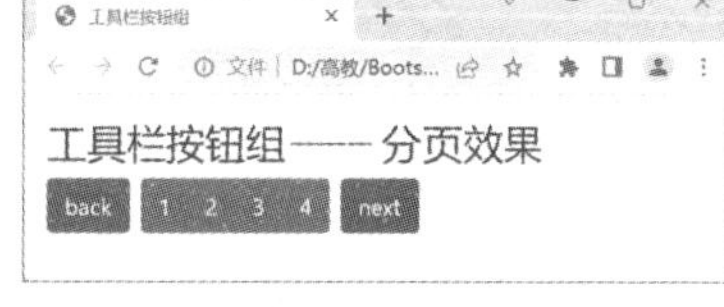

图 7.13　工具栏按钮组的显示效果

（2）应用嵌套按钮组

以我国四大名锦为主题设计 1 个嵌套按钮组，具体代码如例 7.12 所示。

【例 7.12】嵌套按钮组。

```
1.  <!DOCTYPE html>
2.  <html lang="en">
3.  <head>
4.  <meta charset="UTF-8">
5.  <meta name="viewport" content="width=device-width,initial-scale=1,shrink-to-fit=no">
6.  <link rel="stylesheet" href="bootstrap-4.5.3-dist/css/bootstrap.css">
7.  <script src="jquery-3.5.1.slim.js"></script>
8.  <!-- 引入popper.js文件，实现下拉菜单的弹出效果 -->
9.  <script src="popper.js"></script>
10. <script src="bootstrap-4.5.3-dist/js/bootstrap.min.js"></script>
11. <title>嵌套按钮组</title>
12. </head>
13. <body class="container">
14. <h3>嵌套按钮组</h3>
15. <div class="btn-group">
16.    <button type="button" class="btn btn-success">四大国粹</button>
17.    <button type="button" class="btn btn-success">四大名绣</button>
18.    <button type="button" class="btn btn-success">四大名著</button>
19.    <div class="btn-group">
20.       <button type="button" class="btn btn-success dropdown-toggle"data-toggle=
    "dropdown">
21.          四大名锦
22.       </button>
23.       <!-- 下拉菜单 -->
```

```
24.         <div class="dropdown-menu">
25.             <a class="dropdown-item" href="#">蜀锦</a>
26.             <a class="dropdown-item" href="#">云锦</a>
27.             <a class="dropdown-item" href="#">宋锦</a>
28.             <a class="dropdown-item" href="#">壮锦</a>
29.         </div>
30.     </div>
31. </div>
32. </body>
33. </html>
```

下拉菜单组件在此处仅作案例演示，具体内容将在本书的 7.5 节中详细介绍。运行上述代码，嵌套按钮组的显示效果如图 7.14 所示。

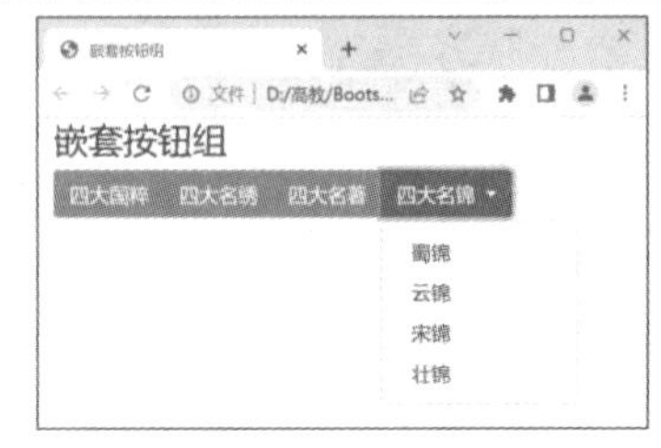

图 7.14 嵌套按钮组的显示效果

（3）应用按钮组辅助类

以我国三大丘陵为主题设计页面，在页面中分别使用.btn-group 类和上述 3 种按钮组辅助类，代码如例 7.13 所示。

【例 7.13】按钮组辅助类。

```
1.  <!DOCTYPE html>
2.  <html lang="en">
3.  <head>
4.  <meta charset="UTF-8">
5.  <meta name="viewport" content="width=device-width,initial-scale=1,shrink-to-fit=no">
6.  <link rel="stylesheet" href="bootstrap-4.5.3-dist/css/bootstrap.css">
7.  <script src="jquery-3.5.1.slim.js"></script>
8.  <script src="popper.js"></script>
9.  <script src="bootstrap-4.5.3-dist/js/bootstrap.min.js"></script>
10. <title>按钮组辅助类</title>
11. </head>
12. <body class="container mt-3">
13. <h3>按钮组大小</h3>
14. <!-- 大号按钮组 -->
15. <div class="btn-group btn-group-lg mr-2">
16.     <button type="button" class="btn btn-primary">山东丘陵</button>
17.     <button type="button" class="btn btn-primary">辽东丘陵</button>
18.     <button type="button" class="btn btn-primary">东南丘陵</button>
19. </div><hr/>
20. <!-- 普通按钮组 -->
21. <div class="btn-group mr-2">
22.     <button type="button" class="btn btn-warning">山东丘陵</button>
23.     <button type="button" class="btn btn-warning">辽东丘陵</button>
24.     <button type="button" class="btn btn-warning">东南丘陵</button>
25. </div><hr/>
26. <!-- 小号按钮组 -->
27. <div class="btn-group btn-group-sm">
28.     <button type="button" class="btn btn-info">山东丘陵</button>
29. <button type="button" class="btn btn-info">辽东丘陵</button>
30.     <button type="button" class="btn btn-info">东南丘陵</button>
31. </div>
32. <h3 class="mt-3">垂直布局按钮组</h3>
33. <div class="btn-group-vertical">
34.     <button type="button" class="btn btn-primary">山东丘陵</button>
```

```
35.     <button type="button" class="btn btn-primary">辽东丘陵</button>
36.     <!--添加下拉菜单-->
37.     <div class="dropright">
38.         <button type="button" class="btn btn-info dropdown-toggle" data-toggle=
    "dropdown">
39.             东南丘陵
40.         </button>
41.         <div class="dropdown-menu">
42.             <a class="dropdown-item" href="#">江淮丘陵</a>
43.             <a class="dropdown-item" href="#">浙闽丘陵</a>
44.             <a class="dropdown-item" href="#">两广丘陵</a>
45.         </div>
46.     </div>
47. </div>
48. </body>
49. </html>
```

运行上述代码，按钮组辅助类实现的显示效果如图 7.15 所示。

图 7.15　按钮组辅助类实现的显示效果

7.5　下拉菜单

网页交互的时候经常会用到下拉菜单组件，下拉菜单可节省网页排版空间，使网页布局更加简洁、有序。Bootstrap 4 提供了用于显示链接列表的、可切换的、有上下文的菜单，可满足在各种交互状态下的菜单展示的需要。

7.5.1　下拉菜单的基本结构

Bootstrap 4 的下拉菜单组件具有固定结构，包括通过.dropdown 类实现的下拉菜单容器、通过<a>或<button>实现的触发按钮以及通过.dropdown-menu 类实现的下拉菜单内容容器，且下拉菜单内容容器中应包含 1 个或多个由<a>或<button>构建的 dropdown-item 菜单项。

1. 语法格式

下拉菜单的语法格式如下。

```
<div class="dropdown">
  <button>触发按钮</button>
  <div class="dropdown-menu">
    <a class="dropdown-item" href="#">选项</a>
    <button type="button" class="dropdown-item">选项</button>
  </div>
</div>
```

需要注意，当下拉菜单组件未被包含在下拉菜单容器中时，可使用声明为 position:relative 的元素作为下拉菜单容器。

```
<div style="position:relative;">
  <button>触发按钮</button>
  <div class="dropdown-menu">...</div>
</div>
```

使用下拉菜单组件时，应在上述语法格式的基础上，为触发按钮或超链接添加.dropdown-toggle 类，生成一个三角形的指示图标。需要添加 data-toggle="dropdown"属性激活下拉菜单的交互行为，具体语法如下。

```
<div class="dropdown">
  <button type="button" class="btn btn-secondary dropdown-toggle"
    data-toggle="dropdown">触发按钮</button>
  <div class="dropdown-menu">
    <a class="dropdown-item" href="#">选项</a>
    <button type="button" class="dropdown-item">选项</button>
  </div>
</div>
```

2. 演示说明

下拉菜单组件依赖于 popper.js 文件实现，popper.js 文件提供动态定位和浏览器窗口大小监测功能，因此在使用下拉菜单组件时应确保已引入 popper.js 文件，并将其放在 bootstrap.js 文件之前。

根据下拉菜单的语法格式在页面中实现一个简单的下拉菜单，具体代码如例 7.14 所示。

【例 7.14】下拉菜单。

```
1.  <!DOCTYPE html>
2.  <html lang="en">
3.  <head>
4.  <meta charset="UTF-8">
5.  <meta name="viewport" content="width=device-width,initial-scale=1, shrink-to-fit=no">
6.  <link rel="stylesheet" href="bootstrap-4.5.3-dist/css/bootstrap.css">
7.  <script src="jquery-3.5.1.slim.js"></script>
8.  <!-- 为下拉菜单组件引入 popper.js 文件 -->
9.  <script src="popper.js"></script>
10. <script src="bootstrap-4.5.3-dist/js/bootstrap.min.js"></script>
11. <title>下拉菜单</title>
12. </head>
13. <body class="container m-3">
14.     <div class="dropdown">
15.         <button class="btn btn-secondary dropdown-toggle"
16.         type="button"data-toggle="dropdown">
17.           触发按钮
18.         </button>
19.         <div class="dropdown-menu">
20.           <a class="dropdown-item" href="#">选项 1</a>
21.           <a class="dropdown-item" href="#">选项 2</a>
22.           <a class="dropdown-item" href="#">选项 3</a>
23.        </div>
24.      </div>
25. </body>
26. </html>
```

运行上述代码，下拉菜单的显示效果如图 7.16 所示。

图 7.16 下拉菜单的显示效果

7.5.2 下拉菜单辅助类

Bootstrap 4 有一系列关于下拉菜单的辅助工具类，用于快速设置菜单样式、菜单展开方向、菜单分隔线、菜单状态以及菜单对齐方向，如.dropdown-toggle-split、.dropleft、.dropright 类等，具体说明如表 7.5 所示。

表 7.5　　下拉菜单辅助类

类	说明
.dropdown-toggle-split	用于触发按钮。下拉菜单容器应用.btn-group 类，通过 1 个基本触发按钮和 1 个空白触发按钮实现分裂式按钮下拉菜单
.dropleft	用于下拉菜单容器，替换.dropdown 类，使选项激活后向左展开
.dropright	用于下拉菜单容器，替换.dropdown 类，使选项激活后向右展开
.dropup	用于下拉菜单容器，替换.dropdown 类，使选项激活后向上展开
.dropdown-menu-right	用于下拉菜单内容容器，使下拉菜单内容容器靠右对齐
.dropdown-divider	用于与选项同级的、下拉菜单内容容器的子元素。通过添加 dropdown-divider 类的容器构造分隔线，对菜单内容进行分隔
.active	用于选项，使当前选项处于激活状态，即选项表现为被按下的效果，使其背景变暗或显色
.disabled	用于选项，使当前选项处于禁用状态，即选项文字颜色变浅，不具有交互性，单击选项无响应、不会变色

1．语法格式

下拉菜单辅助类的语法格式如下。

```
<div class="dropup btn-group">
        <button type="button" class="btn btn-primary">触发按钮</button>
        <button class="btn dropdown-toggle-split dropdown-toggle"
            type="button"data-toggle="dropdown"></button>
        <div class="dropdown-menu dropdown-menu-right">
            <a class="dropdown-item active" href="#">选项</a>
            <div class="dropdown-divider"></div>
        </div>
</div>
```

2．演示说明

以戏曲四大声腔为主题设计下拉菜单，在页面中依次使用 Bootstrap 4 中的下拉菜单辅助类，以展现多种下拉菜单样式，具体代码如例 7.15 所示。

【例 7.15】下拉菜单辅助类。

```
1.  <!DOCTYPE html>
2.  <html lang="en">
3.  <head>
4.  <meta charset="UTF-8">
5.  <meta name="viewport" content="width=device-width,initial-scale=1,shrink-to-fit=no">
6.  <link rel="stylesheet" href="bootstrap-4.5.3-dist/css/bootstrap.css">
7.  <script src="jquery-3.5.1.slim.js"></script>
8.  <!-- 为下拉菜单组件引入 popper.js 文件 -->
9.  <script src="popper.js"></script>
10. <script src="bootstrap-4.5.3-dist/js/bootstrap.min.js"></script>
11. <title>下拉菜单辅助类</title>
12. </head>
13. <body class="container mt-3">
14.     <h3>下拉菜单辅助类</h3>
15.     <!-- 下拉菜单中的选项向右展开 -->
16.     <div class="dropright btn-group ">
17.         <button type="button" class="btn btn-primary">戏曲四大声腔</button>
18.         <!-- 分裂式按钮下拉菜单 -->
```

```
19.         <button class="btn btn-primary dropdown-toggle-split dropdown-toggle"type=
    "button" data-toggle="dropdown">
20.         </button>
21.         <!-- 设置下拉菜单内容容器靠右侧对齐 -->
22.         <div class="dropdown-menu dropdown-menu-right">
23.            <!-- 激活此选项 -->
24.          <a class="dropdown-item" href="#">昆腔</a>
25.          <a class="dropdown-item" href="#">高腔</a>
26.          <!--选项分隔线 -->
27.          <div class="dropdown-divider"></div>
28.          <a class="dropdown-item active" href="#">梆子腔</a>
29.          <a class="dropdown-item disabled" href="#">皮黄腔</a>
30.         </div>
31.     </div>、
32. </body>
33. </html>
```

运行上述代码，下拉菜单辅助类实现的显示效果如图 7.17 所示。

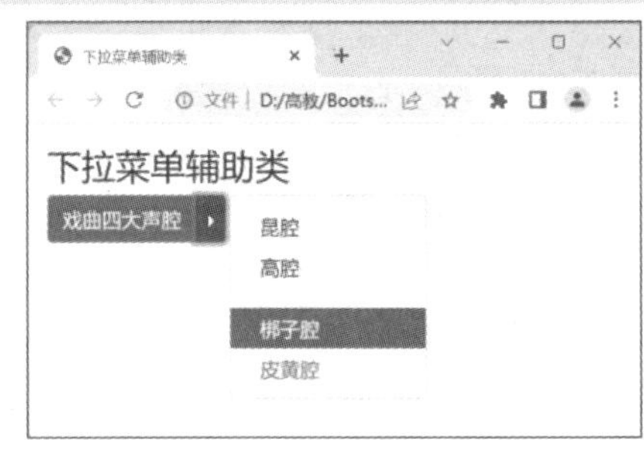

图 7.17　下拉菜单辅助类实现的显示效果

7.5.3　下拉菜单的使用

在下拉菜单中不仅可以借助辅助类来设置下拉菜单的对齐方向和弹出方向，还可以使用 data-offset="x,y"属性来设置菜单内容容器的偏移量，为触发按钮添加 data-reference="parent"属性，使菜单内容容器相对于触发按钮的父级容器进行定位。

在下拉菜单中，菜单内容容器不仅可以包含菜单项，还可以包含菜单项标题、文本、表单等。

1. 语法格式

设置下拉菜单偏移量的语法格式如下。

```
<div class="dropdown">
  <button data-offset="100,50">触发按钮</button>
  <div class="dropdown-menu">
    <h3>菜单标题</h3>
    <button type="button" class="dropdown-item">选项</button>
    <p>菜单文本<p>
  </div>
</div>
```

2. 演示说明

在页面中设置菜单内容容器向下偏移，具体代码如例 7.16 所示。

【例 7.16】设置下拉菜单偏移量。

```
1.  <!DOCTYPE html>
2.  <html lang="en">
3.  <head>
4.  <meta charset="UTF-8">
5.  <meta name="viewport" content="width=device-width,initial-scale=1, shrink-to-fit=no">
6.  <link rel="stylesheet" href="bootstrap-4.5.3-dist/css/bootstrap.css">
7.  <script src="jquery-3.5.1.slim.js"></script>
8.  <script src="popper.js"></script>
9.  <script src="bootstrap-4.5.3-dist/js/bootstrap.min.js"></script>
```

```
10. <title>下拉菜单偏移量设置</title>
11. </head>
12. <body class="container mt-3">
13. <h3>下拉菜单偏移量设置</h3>
14. <div class="dropdown">
15.     <!-- 菜单弹出内容垂直向下偏移 20px -->
16.     <button class="btn btn-secondary dropdown-toggle" type="button"
17.       data-toggle="dropdown"data-offset="0,20">
18.       《己亥杂诗》</button>
19.       <!-- 标题 -->
20.     <div class="dropdown-menu" style="max-width: 300px;">
21.         <h6 class="dropdown-header" type="button">龚自珍</h6>
22.         <button class="dropdown-item" type="button">浩荡离愁白日斜，吟鞭东指即天涯。</button>
23.         <button class="dropdown-item" type="button">落红不是无情物，化作春泥更护花。</button>
24.         <hr>
25.         <!-- 文本 -->
26.         <p class="mx-3">浩浩荡荡的离别愁绪向着日落西斜的远处延伸，离开北京，马鞭向东一挥，感觉就
    是人在天涯一般。
27.             我辞官归乡，犹如从枝头上掉下来的落花，但它却不是无情之物，化成了春天的泥土，还能起着培育下
    一代的作用。</p>
28.         <hr>
29.         <!-- 表单 -->
30.         <form action="" class="mx-3">
31.             <input type="text" placeholder="主题">
32.             <textarea class="mt-2" type="textarea" cols="22" rows="4" placeholder=
    "谈谈你对这首诗的理解"></textarea>
33.         </form>
34.     </div>
35.   </div>
36. </body>
37. </html>
```

运行上述代码，以《己亥杂诗》为主题的下拉菜单的显示效果如图 7.18 所示。

图 7.18 《己亥杂诗》下拉菜单的显示效果

7.6 导航

导航是成熟网站的必备功能。设计美观的导航组件，需要耗费大量精力。Bootstrap 4 的导航组件风格多样、应用便捷，可极大地降低开发的时间成本。

本节重点介绍 Bootstrap 4 的导航组件，在 Bootstrap 4 中所有导航组件均通过.nav 类实现，针对不同类型的导航组件再增加相应的辅助类即可。

7.6.1 导航组件的基本结构

在 Bootstrap 4 中所有导航组件都具有相同的结构，它们基于<ul>、<li>以及<a>标签实现。为<ul>添加.nav 类构造导航容器，为<li>添加.nav-item 类构造导航项，并为导航项中的<a>超链接添加.nav-link 类。

1. 语法格式

导航组件的语法格式如下。

```
<ul class="nav">
  <li class="nav-item">
    <a class="nav-link active" href="#">链接</a>
  </li>
  ...
</ul>
```

在 Bootstrap 4 中，.nav 类不仅可用于<ul>标签，还可用于其他元素，如<nav>、<div>等。当为<nav>标签添加.nav 类时，导航项与导航超链接的作用相同，因此在<nav>标签中可省略.nav-item 类。

```
<nav class="nav">
  <a class="nav-link active" href="#">Active</a>
  ...
</nav>
```

2. 演示说明

根据导航的语法格式在页面中实现一个基础导航组件，具体代码如例 7.17 所示。

【例 7.17】基础导航组件。

```
1.  <!DOCTYPE html>
2.  <html lang="en">
3.  <head>
4.  <meta charset="UTF-8">
5.  <meta name="viewport" content="width=device-width,initial-scale=1,shrink-to-fit=no">
6.  <link rel="stylesheet" href="bootstrap-4.5.3-dist/css/bootstrap.css">
7.  <script src="jquery-3.5.1.slim.js"></script>
8.  <!-- 引入 popper.js 文件 -->
9.  <script src="popper.js"></script>
10. <script src="bootstrap-4.5.3-dist/js/bootstrap.min.js"></script>
11. <title>基础导航组件</title>
12. </head>
13. <body class="container">
14. <h3>基础导航组件</h3>
15. <ul class="nav">
16.     <li class="nav-item">
17.       <!-- 激活 -->
18.       <a class="nav-link active" href="#">Active</a>
19.   </li>
20.   以下省略“Link1”“Link2”菜单的构建代码<li>
21.   <li class="nav-item">
22.     <!-- 禁用 -->
23.     <a class="nav-link disabled">Disabled</a>
24.   </li>
25. </ul>
26. </body>
27. </html>
```

运行上述代码，基础导航组件的显示效果如图 7.19 所示。

图 7.19　基础导航组件的显示效果

7.6.2　导航辅助类

Bootstrap 4 有一系列关于导航的辅助工具类，用于快速设置导航布局、导航风格以及导航项的填充与对齐等，具体说明如表 7.6 所示。

表 7.6 导航辅助类

类	说明
.justify-content-center	用于导航容器，导航默认左对齐，设置导航水平居中。nav 组件是采用 Flexbox 布局构建的，导航布局可借助 Flexbox 布局的工具类实现
.justify-content-end	用于导航容器，设置导航右对齐
.flex-column	用于导航容器，设置导航垂直对齐，可定义响应式.flex-{sm|md|lg|xl}-column
.nav-tabs	用于导航容器，实现标签页导航
.nav-pills	用于导航容器，实现胶囊式导航
.nav-fill	用于导航容器，使含有.nav-item 类的导航项按比例分配导航项的所有水平空间
.active	用于导航项或导航超链接，使当前导航项或导航超链接处于激活状态
.disabled	用于导航项或导航超链接，使当前导航项或导航超链接处于禁用状态

1．语法格式

导航辅助类的语法格式如下。

```
<ul class="nav justifiy-content-center nav-pills nav-fill">
    <li class="nav-item">
      <a class="nav-link active" href="#">Active</a>
    </li>
</ul>
```

2．演示说明

以四大名著为主题设计页面导航，在页面中使用 Bootstrap 4 中的上述导航辅助类，以展现多种导航样式，具体代码如例 7.18 所示。

【例 7.18】导航辅助类。

```
1.  <!DOCTYPE html>
2.  <html lang="en">
3.  <head>
4.  <meta charset="UTF-8">
5.  <meta name="viewport" content="width=device-width,initial-scale=1,shrink-to-fit=no">
6.  <link rel="stylesheet" href="bootstrap-4.5.3-dist/css/bootstrap.css">
7.  <script src="jquery-3.5.1.slim.js"></script>
8.  <script src="popper.js"></script>
9.  <script src="bootstrap-4.5.3-dist/js/bootstrap.min.js"></script>
10. <title>导航辅助类</title>
11. </head>
12. <body class="container mt-3">
13. <h5>水平居中的标签页导航</h5>
14. <!-- 水平居中、标签页导航、导航项填充 -->
15. <ul class="nav justifiy-content-center nav-tabs nav-fill mt-2">
16.     <li class="nav-item">
17.       <a class="nav-link active" href="#">《红楼梦》</a>
18.     </li>
19.     以下省略《西游记》《三国演义》导航项的构建代码<li>
20.     <li class="nav-item">
21.       <a class="nav-link disabled">《水浒传》</a>
22.     </li>
23.   </ul>
24.   <h5 class="mt-3">垂直对齐的胶囊式导航</h5>
```

```
25.    <!-- 垂直对齐、胶囊式导航、导航项填充 -->
26.    <ul class="nav flex-column  nav-pills nav-fill mt-2">
27.      <li class="nav-item">
28.        <a class="nav-link active" href="#">《红楼梦》</a>
29.      </li>
30.      以下省略《西游记》《三国演义》导航项的构建代码<li>
31.      <li class="nav-item">
32.        <a class="nav-link disabled">《水浒传》</a>
33.      </li>
34.    </ul>
35.  </body>
36.  </html>
```

运行上述代码，导航辅助类实现的显示效果如图 7.20 所示。

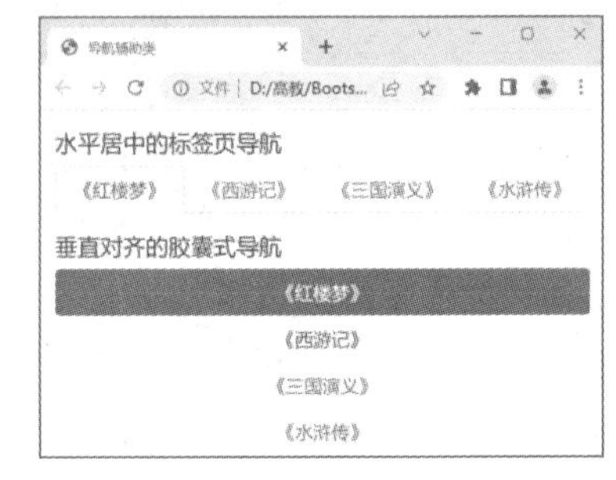

图 7.20　导航辅助类实现的显示效果

7.6.3　导航选项卡

导航选项卡类似于桌面系统中的 Tab 项，切换 Tab 项可切换对应内容框中的内容。在 Bootstrap 4 中，导航选项卡一般在标签页或胶囊式导航组件的基础上实现。

实现导航选项卡，需要为每个导航超链接添加 data-toggle="tabs"或 data-toggle="pills"属性，以便激活导航组件。在导航组件语法格式的基础上，使用.tab-content 类构造内容包含框，使用.tab-pane 类在内容包含框中插入与导航超链接所对应的子内容框，且每个子内容框都具有唯一的 ID。在导航项中，每个导航超链接的锚链接值与子内容框 ID 一一对应。

以四大发明为主题设计标签页选项卡，具体代码如例 7.19 所示。

【例 7.19】标签页选项卡。

```
1.   <!DOCTYPE html>
2.   <html lang="en">
3.   <head>
4.   <meta charset="UTF-8">
5.   <meta name="viewport" content="width=device-width,initial-scale=1,shrink-to-fit=no">
6.   <link rel="stylesheet" href="bootstrap-4.5.3-dist/css/bootstrap.css">
7.   <script src="jquery-3.5.1.slim.js"></script>
8.   <script src="popper.js"></script>
9.   <script src="bootstrap-4.5.3-dist/js/bootstrap.min.js"></script>
10.  <title>标签页选项卡</title>
11.  </head>
12.  <body class="container mt-3">
13.      <h3>标签页选项卡</h3>
14.      <ul class="nav nav-tabs">
15.          <li class="nav-item">
16.              <!-- 锚链接 -->
17.              <a class="nav-link active" data-toggle="tab"href="#faith">造纸术</a>
18.          </li>
19.          <li class="nav-item">
20.              <a class="nav-link" data-toggle="tab"href="#pinion">印刷术</a>
21.          </li>
22.          <li class="nav-item">
23.              <a class="nav-link" data-toggle="tab"href="#facilities">指南针</a>
24.          </li>
```

```
25.         <li class="nav-item">
26.             <a class="nav-link" data-toggle="tab"href="#skill">火药</a>
27.         </li>
28.     </ul>
29.     <!-- 内容包含框 -->
30.     <div class="tab-content">
31.         <!-- 子内容框 -->
32.         <div class="tab-pane active"id="faith">
33.             西汉时期（公元前 206 年）中国已经有了麻质纤维纸，东汉元兴元年（公元 105 年）蔡伦改进了造纸术。
34.         </div>
35.         <div class="tab-pane"id="pinion">
36.             印刷术是中国古代劳动人民的发明之一。雕版印刷术发明于唐朝，并在唐朝中后期普遍使用。
37.         </div>
38.         <div class="tab-pane"id="facilities">
39.             指南针是中国古代劳动人民在长期的实践中认识磁石磁性的结果。
40.         </div>
41.         <div class="tab-pane"id="skill">
42.             火药是中国四大发明之一，是在适当的外界能量作用下，自身能进行迅速而有规律的燃烧，同时
    生成大量高温燃气的物质。
43.         </div>
44.     </div>
45. </body>
46. </html>
```

运行上述代码，标签页选项卡实现的显示效果如图 7.21 所示。

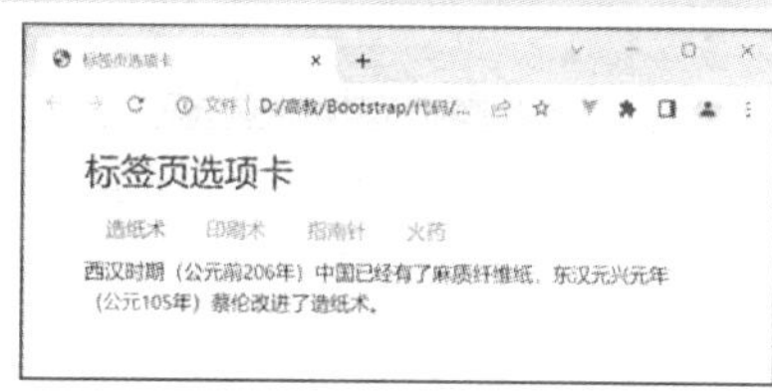

图 7.21 标签页选项卡实现的显示结果

7.6.4 面包屑导航

面包屑导航（Breadcrumb）用于指示当前页面在导航层级中的位置，可通过 CSS 样式在各导航条目之间自动添加分隔符。

Bootstrap 4 的面包屑导航组件具有固定结构，该组件基于<nav>、<ol>>以及<li>标签实现。创建面包屑导航，需要为<nav>应用.breadcrumb 类，为<ol>应用.breadcrumb 类，为<li>应用.breadcrumb-item 类。

面包屑导航的语法格式如下。

```
<nav aria-label="breadcrumb">
  <ol class="breadcrumb">
    <li class="breadcrumb-item"><a href="#">首页</a></li>
  </ol>
</nav>
```

读者可使用 CSS 自定义面包屑导航的分隔符，使 CSS 的分隔符覆盖 Bootstrap 4 中的分隔符。在::before 伪元素的 content 属性中添加自定义的分隔符，具体代码如下。

```
1.  <style>
2.      /* 分隔符设计 */
3.      .breadcrumb-item + .breadcrumb-item::before {
4.      display: inline-block;
5.      padding-right: 0.4rem;
6.      color: #898f94;
7.      content: ">";
8.  }
9.  </style>
```

7.7 导航栏

导航栏是将商标、导航以及其他元素简单放置到简洁导航页头的容器组合，是网页的“大脑”，利用导航栏可便捷地访问到所需的内容。

7.7.1 导航栏的运行特点

1. 导航栏与响应式

导航栏是实现应用程序或网站导航的响应式基础组件。Bootstrap 4 中导航栏在移动设备的可视化区域中以折叠方式呈现，当可视化区域的宽度增加并“跨越”响应断点时，导航栏以水平布局形式呈现。

2. 导航栏与流式布局

导航栏中的默认内容遵循流式布局，可使用 container 容器来限制其水平宽度。

3. 导航栏与边距类

可使用 Bootstrap 4 提供的边距类和弹性布局类来控制导航栏元素的间距和对齐方式。

7.7.2 导航栏辅助类

在 Bootstrap 4 中，所有导航栏组件均使用.navbar 类来实现，可使用.navbar-expand{-sm|-md|-lg|-xl}类实现导航栏的响应式布局。若要设计不同类型的导航栏，仅需增加相应的样式即可。

在 Bootstrap 4 中，导航栏组件是由许多子组件构成的，Bootstrap 4 有许多辅助类服务于导航栏容器和导航栏子组件，具体说明如表 7.7 所示。

表 7.7　导航栏辅助类

类	说明
.navbar	用于定义一个可包含众多子组件的导航栏容器
.navbar-expand{-sm|-md|-lg|-xl}	用于导航栏容器，实现导航栏容器的响应式布局。当屏幕宽度低于响应断点时，隐藏部分导航内容。可通过激活折叠组件显示导航栏的隐藏部分
.navbar-brand	用于导航栏子项目，为导航栏设置 logo 或项目名称
.navbar-nav	用于实现轻便的导航菜单，实现对下拉菜单的支持
.navbar-toggler	用于折叠导航按钮，可实现折叠插件和导航切换行为
.form-inline	用于控制操作表单
.navbar-text	用于实现文本字符串的垂直对齐，并对其水平间距进行优化
.collapse 与 .navbar-collapse	用于根据父容器的断点进行分组和隐藏导航栏内容。在响应式导航栏中，需要折叠的导航栏内容必须包裹在添加了.collapse 类与.navbar-collapse 类的<div>标签中
.fixed-{top|bottom}	用于实现导航栏的固定定位，将导航栏固定到顶部或底部
.navbar-{light|dark}	用于设计导航栏主题颜色，深色或浅色背景，可以突显文字

1. 语法格式

导航栏组件的语法格式如下。

```
<nav class="navbar navbar-light">
```

```
    <a href="#" class="navbar-brand">导航 logo 或项目名称--子项目</a>
    ...
</nav>
```

2. 演示说明

在页面中依次使用.navbar、navbar-light、.fixed-bottom、navbar-text 类实现一个简单的导航栏组件，以展现导航栏组件内容与样式的多样性，具体代码如例 7.20 所示。

【例 7.20】导航栏组件。

```
1.  <!DOCTYPE html>
2.  <html lang="en">
3.  <head>
4.  <meta charset="UTF-8">
5.  <meta name="viewport" content="width=device-width,initial-scale=1,shrink-to-fit=no">
6.  <link rel="stylesheet" href="bootstrap-4.5.3-dist/css/bootstrap.css">
7.  <script src="jquery-3.5.1.slim.js"></script>
8.  <script src="bootstrap-4.5.3-dist/js/bootstrap.min.js"></script>
9.  <title>导航栏组件</title>
10. </head>
11. <body class="container">
12. <h5>导航栏</h5>
13. <nav class="navbar navbar-light fixed-bottom border bg-light justify-content-between ">
14.     <a href="#" class="navbar-brand">
15.         <!-- 导航栏 logo -->
16.         <img src="images/img1.png" alt="" width="30">
17.     </a>
18.     <a href="#" class="navbar-brand">唐诗</a>
19.     <a href="#" class="navbar-brand">宋词</a>
20.     <span class="navbar-text">——不同的心境，不同的诗词，不同的感受</span>
21.         <form class="form-inline">
22.             <input class="form-control mr-sm-2" type="search" placeholder="搜索热门
    诗词">
23.             <button class="btn btn-outline-success my-2 my-sm-0" type="submit">搜索
    </button>
24.         </form>
25. </nav>
26. </body>
27. </html>
```

运行上述代码，导航栏组件的显示效果如图 7.22 所示。

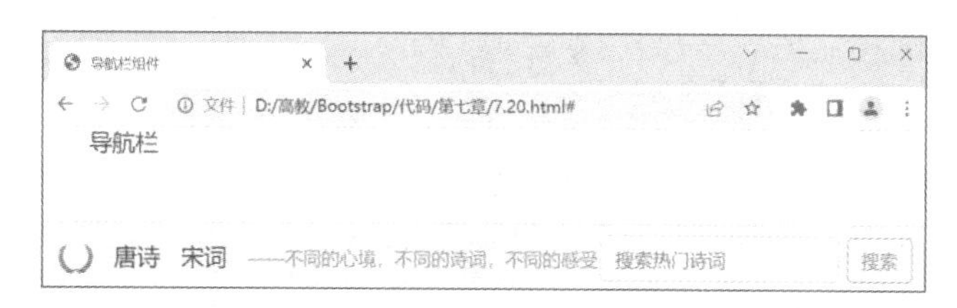

图 7.22 导航栏组件的显示效果

3. 响应式导航栏

响应式导航栏在大屏幕中内容水平铺开，在小屏幕中内容垂直堆叠。为实现导航栏的响应式特性，需要折叠的导航栏必须包含在带有.collapse、.navbar-collapse 类的<div>标签中。

折叠起来的导航栏实际上是带有.navbar-toggler 类及两个 data-属性的按钮。为该按钮添加.navbar-toggler 类、data-toggle="collapse"属性和 data-target="#collapse"属性可实现响应式切

换。其中 data-toggle="collapse"属性用于切换指定内容的显示与隐藏状态，data-target= "#collapse"属性用于指示需要切换的内容和元素。

在响应式导航栏中，不仅可在.nav-link 导航项或.nav-item 导航链接中添加.active 和.disabled 类实现导航项的激活与禁用，还可在导航栏中添加下拉菜单。

通过以下案例练习响应式导航栏的使用，导航栏以景点介绍为主题进行设计，并在导航栏中嵌套下拉菜单，实现内容多样化。该导航栏在中型设备上水平显示，在小型设备上垂直折叠显示，具体代码如例 7.21 所示。

【例 7.21】响应式导航栏。

```
1.  <!DOCTYPE html>
2.  <html lang="en">
3.  <head>
4.  <meta charset="UTF-8">
5.  <meta name="viewport" content="width=device-width,initial-scale=1,shrink-to-fit=no">
6.  <link rel="stylesheet" href="bootstrap-4.5.3-dist/css/bootstrap.css">
7.  <script src="jquery-3.5.1.slim.js"></script>
8.  <script src="bootstrap-4.5.3-dist/js/bootstrap.min.js"></script>
9.  <title>响应式导航栏</title>
10. </head>
11. <body class="container">
12.     <!-- 响应式设计 -->
13.     <nav class="navbar navbar-expand-md fixed-top navbar-dark bg-info">
14.         <a class="navbar-brand" href="#">景点介绍</a>
15.         <!-- 折叠内容的控制按钮 -->
16.         <button class="navbar-toggler" type="button"data-toggle="collapse"
    data-target="#collapse">
17.             <!-- 实现折叠按钮的“汉堡”图标 -->
18.              <span class="navbar-toggler-icon"></span>
19.         </button>
20.         <!-- 折叠元素 ID 与 data-target="#collapse"目标元素 ID 一致 -->
21.         <div class="collapse navbar-collapse"id="collapse">
22.             <ul class="navbar-nav">
23.                 <li class="nav-item active">
24.                     <a class="nav-link " href="#">名山</a>
25.                 </li>
26.                 <!-- 下拉菜单 -->
27.                 <li class="nav-item dropdown">
28.                     <a class="nav-link dropdown-toggle" href="#"
29.  id="navbarDropdownMenuLink" data-toggle="dropdown">大川</a>
30.                     <div class="dropdown-menu">
31.                         <a class="dropdown-item" href="#">珠江</a>
32.                         以下省略“长江”“黄河”“雅鲁藏布江”“塔里木河”选项的构建代码<a>
33.                     </div>
34.                 </li>
35.                 以下省略“古城”“古镇”“古迹”导航项的构建代码<li>
36.             </ul>
37.         </div>
38.     </nav>
39. </body>
40. </html>
```

运行上述代码，单击下拉菜单，响应式导航栏在中型设备上保持水平布局，显示效果如图 7.23 所示；在小型设备上保持垂直布局，显示效果如图 7.24 所示。

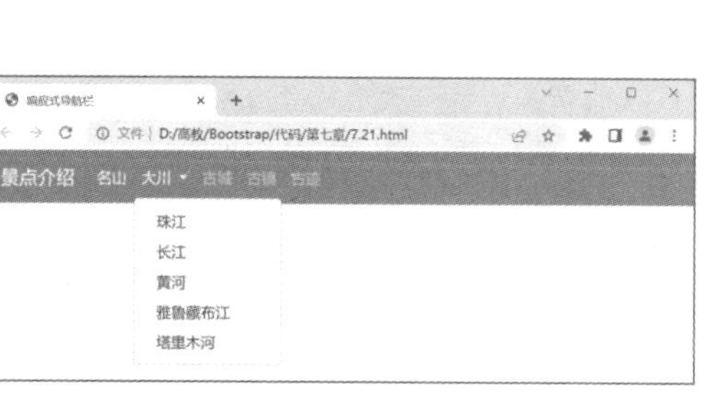

图 7.23　水平布局

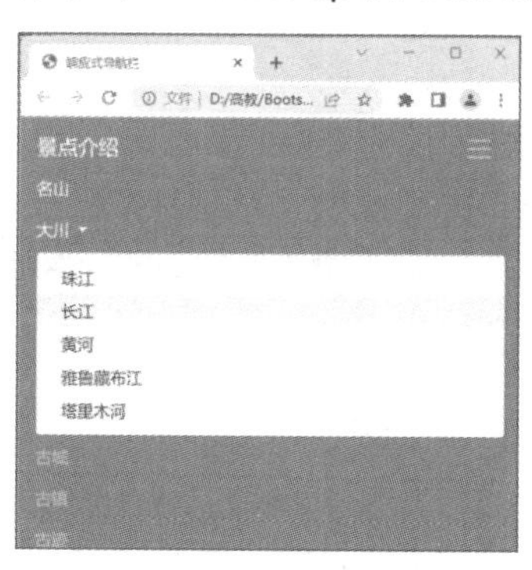

图 7.24　垂直布局

7.8　进度条

进度条（Progress）组件主要用于展示加载、跳转等动作正在执行的状态，是网页设计中比较常用的组件。Bootstrap 4 有简单、美观、色彩丰富的进度条，进度条具备条纹和动画效果。在 Bootstrap 4 中，进度条组件一般由两个嵌套的 HTML 元素构成，外层元素使用.progress 类创建进度槽，内层元素使用.progress-bar 类创建进度条。

1．语法格式

进度条组件的语法格式如下。

```
<div class="progress">
   <div class="progress-bar"></div>
</div>
```

2．进度条辅助类

设计进度条样式可借助 Bootstrap 4 的内置工具类，如.bg-*背景类、.w-*尺寸类等。除此之外，还可借助 Bootstrap 4 的进度条辅助类进行设计，包括.progress-bar-striped、.progress-bar-animated 类等，具体说明如表 7.8 所示。

表 7.8　进度条辅助类

类	说明
.progress	用于设置进度条结构的外层元素，实现进度槽
.progress-bar	用于设置进度条结构的内层元素，实现进度条
.progress-bar-striped	用于进度槽上，使用 CSS 渐变为进度条背景颜色加上条纹效果
.progress-bar-animated	用于进度槽上，使进度条实现从左到右的动画效果。此效果需要与条纹效果组合实现
.w-{*}	用于.progress-bar 容器上，作用与 width 属性一致，可设置进度条进度
.bg-{*}	用于.progress-bar 容器上，可为进度条设计不同的背景色

3．演示说明

在页面中分别使用上述进度条辅助类，实现多种进度条样式，具体代码如例 7.22 所示。

【例 7.22】进度条。

```
1.   <!DOCTYPE html>
2.   <html lang="en">
```

```
3.  <head>
4.  <meta charset="UTF-8">
5.  <meta name="viewport" content="width=device-width,initial-scale=1,shrink-to-fit=no">
6.  <link rel="stylesheet" href="bootstrap-4.5.3-dist/css/bootstrap.css">
7.  <script src="jquery-3.5.1.slim.js"></script>
8.  <script src="bootstrap-4.5.3-dist/js/bootstrap.min.js"></script>
9.  <title>进度条</title>
10. </head>
11. <body class="container mt-3">
12.     <h5 class="text-center">进度条设计</h5>
13.     <h6 class="mt-2">静态条纹进度条</h6>
14.     <div class="progress">
15.         <div class="progress-bar  bg-success progress-bar-striped"
16.         style="width: 25%;">25</div>
17.     </div>
18.     <h6 class="mt-2">动态条纹进度条</h6>
19.     <div class="progress">
20.         <div class="progress-bar bg-danger progress-bar-striped
21.         progress-bar-animatedw-50">50</div>
22.     </div>
23.     <h6 class="mt-2">多进度条</h6>
24.     <div class="progress">
25.         <div class="progress-bar bg-primary progress-bar-striped
26.          progress-bar-animated "style="width: 25%;">25</div>
27.         <div class="progress-bar bg-warning progress-bar-striped
28.          progress-bar-animated"style="width: 40%;">40</div>
29.         <div class="progress-bar bg-danger progress-bar-striped
30.          progress-bar-animated "style="width: 35%;">35</div>
31.     </div>
32.     <h6 class="mt-2">进度条高度设置</h6>
33.     <div class="progress"style="height: 50px;">
34.         <div class="progress-bar bg-info progress-bar-striped
35.          progress-bar-animated w-50">50</div>
36.     </div>
37.
38. </body>
39. </html>
```

在上述代码中，若想实现1个进度槽内包含多个进度条，则需要在进度槽内嵌套多个进度条，并通过style="height:进度%;"属性设计进度条进度。要实现进度条组件的高度设置，可为进度槽添加style="height:高度 px;"属性。

运行上述代码，进度条的显示效果如图7.25所示。

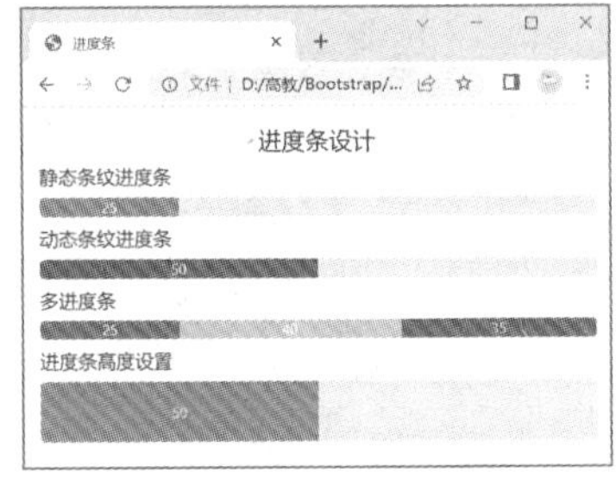

图 7.25　进度条的显示效果

7.9　分页

在网页的开发过程中，当单个页面中需要渲染的数据过多时，一般会使用分页组件对数据进行分页处理。

在 Bootstrap 4 中，分页组件一般由 3 个嵌套的 HTML 元素构成。HTML 元素一般指<ul>、<li>以及<a>，也可使用其他元素来实现分页组件。在分页组件中，外层元素<ul>使用.pagination类创建分页容器，内层元素<li>使用.page-item类创建分页项，当分页项中包含<a>超链接时，需要为<a>超链接添加.page-link类。

1. 语法格式

分页组件的语法格式如下。

```
<ul class="pagination">
    <li class="page-item"><a class="page-link" href="#">上一页</a></li>
    <li class="page-item"><a class="page-link" href="#">1</a></li>
    ...
    <li class="page-item"><a class="page-link" href="#">下一页</a></li>
</ul>
```

2. 分页辅助类

Bootstrap 4有一系列分页辅助类，用于设计多种风格、尺寸的分页组件，包括.pagination-lg、.pagination-sm类等，具体说明如表7.9所示。

表7.9 分页辅助类

类	说明
.pagination	用于分页结构的外层元素，实现分页容器
.page-item	用于分页结构的内层元素，实现分页项
.page-link	用于分页超链接上，实现分页项中包含跳转超链接
.pagination-{lg|sm}	用于.pagination分页容器，可设计大号或小号的分页样式
.active	用于.page-item分页项上，使当前类所在的分页项高亮
.disabled	用于.page-item分页项上，禁用当前类所在的分页项

3. 演示说明

在页面中分别使用上述分页辅助类，以实现多种样式的分页组件。分别使用«、»图标来设计“上一页”“下一页”，具体代码如例7.23所示。

【例7.23】分页组件。

```
1.  <!DOCTYPE html>
2.  <html lang="en">
3.  <head>
4.  <meta charset="UTF-8">
5.  <meta name="viewport" content="width=device-width,initial-scale=1,shrink-to-fit=no">
6.  <link rel="stylesheet" href="bootstrap-4.5.3-dist/css/bootstrap.css">
7.  <script src="jquery-3.5.1.slim.js"></script>
8.  <script src="bootstrap-4.5.3-dist/js/bootstrap.min.js"></script>
9.  <title>分页组件</title>
10. </head>
11. <body class="container">
12. <h3 class="text-center">分页组件</h3>
13. <ul class="pagination pagination-lg justify-content-center">
14.     <li class="page-item"><a class="page-link" href="#">&laquo;</a></li>
15.     <li class="page-item active"><a class="page-link" href="#">1</a></li>
16.     <li class="page-item"><a class="page-link" href="#">2</a></li>
17.     <li class="page-item"><a class="page-link" href="#">3</a></li>
18.     <li class="page-item disabled"><a class="page-link" href="#">4</a></li>
19.     <li class="page-item"><a class="page-link" href="#">&raquo;</a></li>
20.  </ul>
21. </body>
22. </html>
```

在上述代码中，使用.justify-content-center 类设置分页组件居中对齐。在默认情况下，分页组件保持左对齐，可使用 Flexbox 布局的对齐布局类.justify-content-center 或.justify-content-end 设置分页组件居中对齐或右对齐。

运行上述代码，分页组件的显示效果如图7.26所示。

图 7.26　分页组件的显示效果

7.10　卡片

Bootstrap 4 中的卡片（Card）组件是灵活的、可扩展的内容容器，它包括卡片的页眉和页脚、各种各样的卡片内容、上下文背景颜色以及强大的显示选项。Bootstrap 4 的卡片组件可替代 Bootstrap 3 的面板、缩略图等组件。

7.10.1　卡片内容类

卡片组件支持多种多样的内容，包括标题、主体、文本、超链接、页眉、页脚、图片、列表群组等。Bootstrap 4 内置了丰富的卡片内容类，可用于实现上述卡片内容，如.card、.card-title、.card-body、.card-text 等，具体说明如表 7.10 所示。

表 7.10　卡片内容类

类	说明
.card	用于构建卡片组件容器
.card-title	用于构建卡片标题
.card-subtitle	用于构建卡片小标题
.card-body	用于构建卡片主体
.card-text	用于构建卡片文本
.card-link	用于构建卡片超链接
.card-img-{top|bottom}	用于构建图片在卡片的顶端或底端
.card-img-overlay	用于将图片转换为卡片的背景，可叠加卡片文本在背景图片上
.card-header	用于构建卡片的页眉
.card-footer	用于构建卡片的页脚
.list-group	用于构建列表群组

1．语法格式

卡片组件的语法格式如下。

```
<div class="card">
<div class="card-header">页眉</div>
  <img src="..." class="card-img-top">
  <div class="card-body">
    <h5 class="card-title">卡片标题</h5>
    <p class="card-text">卡片文本</p>
    <a href="#" class="card-link">卡片超链接</a>
  </div>
<div class="card-footer">页脚</div>
</div>
```

2. 演示说明

在页面中使用上述卡片内容类实现一个以 Bootstrap 网站实例为主题的卡片组件，具体代码如例 7.24 所示。

【例 7.24】卡片内容类。

```
1.  <!DOCTYPE html>
2.  <html lang="en">
3.  <head>
4.  <meta charset="UTF-8">
5.  <meta name="viewport" content="width=device-width,initial-scale=1,shrink-to-fit=no">
6.  <link rel="stylesheet" href="bootstrap-4.5.3-dist/css/bootstrap.css">
7.  <script src="jquery-3.5.1.slim.js"></script>
8.  <script src="bootstrap-4.5.3-dist/js/bootstrap.min.js"></script>
9.  <title>卡片内容类</title>
10. </head>
11. <body class="container ">
12.     <h3>卡片内容类</h3>
13.     <div class="card float-left m-5" style="width: 16rem;">
14.         <img src="images/bootstrap.png" class="card-img-top" alt="...">
15.         <div class="card-body text-center">
16.           <h3 class="card-title text-primary ">优站精选</h3>
17.           <a href="#" class="card-link text-dark">Bootstrap 网站精选实例</a>
18.           <p class="card-text">Bootstrap 优站精选频道收集了众多基于 Bootstrap 构建、设计精美的、
    有创意的网站。</p>
19.         </div>
20.     </div>
21.     <div class="card float-left" style="width: 16rem;">
22.         <img src="images/bootstrap.png" class="card-img-top" alt="...">
23.         <div class="card-header text-center ">页眉</div>
24.         <div class="card-body text-center">
25.           <ul class="list-grouplist-group-flush">
26.             <li class="list-group-item">compodoc</li>
27.             以下省略“visualstudio”“helphero” “crazycall”列表项的构建代码<li>
28.           </ul>
29.         </div>
30.         <div class="card-footer">页脚</div>
31.     </div>
32. </body>
33. </html>
```

运行上述代码，卡片内容类实现的显示效果如图 7.27 所示。

图 7.27　卡片内容类实现的显示效果

7.10.2 卡片的使用

在实际开发中，读者可设置卡片的宽度、卡片的文本对齐方式、卡片的背景颜色和背景图片与边框颜色，以及卡片页眉和页脚的背景颜色和边框颜色，还可实现卡片组件与导航组件组合使用。下面介绍卡片组件的使用技巧。

1．设置卡片的宽度

卡片组件在默认情况下是 100%显示的，可使用网格系统、尺寸类或 CSS 样式来设置卡片组件的宽度，具体代码如下。

```
<!—使用网格系统设置宽度 -->
<div class="row">
    <div class="col-6"><div class="card">卡片组件——文本内容省略</div></div>
    <div class="col-6"><div class="card">卡片组件——文本内容省略</div></div>
</div>
<!—使用尺寸类设置宽度 -->
<diV class="card w-50">卡片组件-文本内容省略</diV>
<!—使用 CSS 样式设置宽度 -->
<div class="card"style="width:10rem ;">卡片组件-文本内容省略</div>
```

2．设置卡片的文本对齐方式

卡片组件支持设置卡片文本的对齐方式，包括页眉、标题、主体等的对齐方式，采用如.text-center 的文本对齐类即可实现，具体代码如下。

```
<div class="card">
    <p class="card-text text-center">卡片文本</p>
    <div class="card-body text-right">卡片主体的对齐方式</div>
</div>
```

3．设置卡片的背景颜色

设置卡片的背景颜色可使用 Bootstrap 4 的.bg-*背景颜色类实现，具体代码如下。

```
<div class="card bg-secondary">卡片文本内容省略</div>
```

4．设置卡片的背景图片

设置卡片的背景图片，需要为<img>图片添加.card-img 类，并设置包含.card-img-overlay 类的容器，该容器用于输入文本内容，具体代码如下。

```
<div class="card">
<img src="..." class="card-img">
    <div class="card-img-overlay">
    <h3 class="card-title">标题</h3>
    <p class="card-text">文本</p>
    </div>
</div>
```

5．设置卡片的边框颜色

设置卡片的边框颜色可使用 Bootstrap 4 的.border-*边框类实现，具体代码如下。

```
<div class="card border-primary">卡片文本内容省略</div>
```

6．设置卡片的页眉与页脚边框颜色

通过在卡片容器上添加.bg-*类与.border-*类，可对卡片容器的背景颜色和边框颜色进行整体设置。当读者需要单独设置卡片的页眉与页脚边框颜色时，可通过在.card-header 页眉或.card-footer 页脚上添加.border-*类来实现。当读者需要删除卡片的页眉与页脚背景颜色时，可使用.bg-transparent 类来实现，具体代码如下。

```
<div class="card">
```

```
    <div class="card-header bg-transparent border-success">页眉</div>
    <div class="card-body text-success"></div>
    <div class="card-footer bg-transparent border-success">页脚</div>
</div>
```

7．在卡片中添加导航

在卡片组件中使用.card-header-tabs 类配合导航组件可实现卡片组件的导航功能。为<ul>添加.card-header-tabs 类，可在卡片组件中实现默认的标签页选项卡。具体代码如下。

```
1.  <div class="card">
2.      <div class="card-header">
3.          <ul class="nav nav-tabs card-header-tabs">
4.              <li class="nav-item">
5.                <a class="nav-link" id="home-tab" data-toggle="tab"
6.                href="#nav1">导航项 1</a>
7.              </li>
8.              以下省略剩余导航项构建代码<li>
9.          </ul>
10.     </div>
11.     <div class="card-body tab-content">
12.         <div class="tab-pane active" id="nav1">
13.             <div class="card-body">导航项对应的子内容框</div>
14.         </div>
15.         以下省略导航项对应的子内容框构建代码<div>
16.     </div>
17. </div>
```

将<ul>中的.nav-tabs、.nav-header-tabs 类改为.nav-pills、.card-header-pills 即可实现胶囊式导航选项卡。

7.10.3　卡片布局类

Bootstrap 4 不仅包含可设置卡片内容样式的卡片内容类，还包含一系列可设置卡片排版布局的卡片布局类，如.card-group、.card-deck、.card-columns 等，具体说明如表 7.11 所示。

表 7.11　　卡片布局类

类	说明
.card-group	卡片组类，可将多个卡片组合成一个群组，使它们呈现为具有相同宽度和高度的列，且群组内的每个卡片紧靠在一起
.card-deck	用于实现一组互不相连的、宽度与高度相等的卡片，即卡片阵列
.card-columns	用于将卡片包裹在.card-columns 类中，将卡片布局设计成瀑布流布局。在该类下的卡片是使用 CSS 属性构建的，而非弹性布局类，以便于实现浮动对齐。卡片从上到下、从左到右进行排列

1．语法格式

卡片布局类的语法格式如下。

```
<div class="card-group">
    <div class="card">卡片 1</div>
    <div class="card">卡片 2</div>
</div>
<div class="card-deck">
```

```
    <div class="card">卡片 1</div>
    <div class="card">卡片 2</div>
</div>
<div class="card-columns">
    <div class="card >卡片 1</div>
    <div class="card">卡片 2</div>
</div>
```

2. 演示说明

以.card-deck 类为例，示范卡片布局类的使用，实现 1 个以 Bootstrap 相关优质项目推荐为主题的卡片阵列，具体代码如例 7.25 所示。

【例 7.25】卡片布局类。

```
1.  <!DOCTYPE html>
2.  <html lang="en">
3.  <head>
4.  <meta charset="UTF-8">
5.  <meta name="viewport" content="width=device-width,initial-scale=1,shrink-to-fit=no">
6.  <link rel="stylesheet" href="bootstrap-4.5.3-dist/css/bootstrap.css">
7.  <script src="jquery-3.5.1.slim.js"></script>
8.  <script src="bootstrap-4.5.3-dist/js/bootstrap.min.js"></script>
9.  <title>卡片布局类</title>
10. </head>
11. <body class="container">
12. <h3 class="text-center mt-3">卡片布局类—— Bootstrap 相关优质项目推荐</h3>
13. <div class="card-deck mt-3">
14.     <div class="card">
15.         <img src="images/bootstrap.png" class="card-img-top" alt="...">
16.         <div class="card-body text-center">
17.           <h3 class="card-title text-primary ">优站精选</h3>
18.           <a href="#" class="card-link text-dark">Bootstrap 网站精选实例</a>
19.           <p class="card-text">Bootstrap 优站精选频道收集了众多基于 Bootstrap
20.           构建、设计精美的、有创意的网站。</p>
21.         </div>
22.     </div>
23.     以下省略“React”“webpack”“TypeScript”卡片的构建代码<div>
24. </div>
25. <div class="card-deck mt-4">
26.     <div class="card">
27.         <img src="images/nextjs.png" class="card-img-top" alt="...">
28.         <div class="card-body text-center">
29.           <h3 class="card-title text-primary ">Next.js</h3>
30.           <a href="#" class="card-link text-dark">中文文档</a>
31.           <p class="card-text">Next.js 是一个轻量级的 React 服务端渲染应用框架。</p>
32.         </div>
33.     </div>
34.      以下省略“Babel”“npm”“Yarn”卡片的构建代码<div>
35. </div>
36. </body>
37. </html>
```

运行上述代码，卡片布局类实现的显示效果如图 7.28 所示。

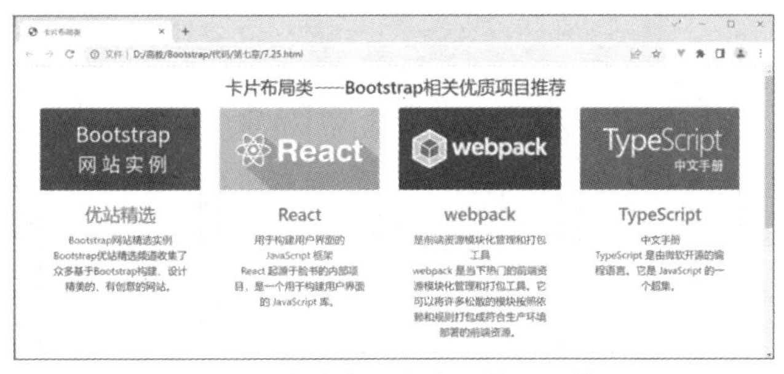

图 7.28　卡片布局类实现的显示效果

7.11　媒体对象

Bootstrap 4 中的媒体对象（Media Object）是抽象的、具有特殊版式的区块样式，可以使用较少的代码实现媒体对象与文字的混排效果。图片居左、文本居右是媒体对象的常见布局。

7.11.1　媒体对象的基本结构

媒体对象一般是成组出现的，而一组媒体对象常常由 3 部分组成，包括媒体对象的容器、媒体对象的对象（如<img>图片）和媒体对象的主体。

.media 类可用于创建媒体对象的容器，该容器可用于容纳媒体对象的所有内容。媒体对象中的“对象”常指的是<img>图片。.media-body 类可用于创建媒体对象的主体，主体用于存放媒体对象中的主体内容，主体内容可以是图片的侧边内容，也可以是其他任何元素。

1. 语法格式

媒体对象的语法格式如下。

```
<div class="media">
 <img src="..." class="mr-3">
 <div class="media-body">媒体对象主体</div>
</div>
```

在媒体对象中，读者可选择是否使用 Bootstrap 4 的边距类来控制其元素之间的间距。

2. 演示说明

以云南洱海为主题设计 1 个媒体对象组件，具体代码如例 7.26 所示。

【例 7.26】媒体对象。

```
1.  <!DOCTYPE html>
2.  <html lang="en">
3.  <head>
4.  <meta charset="UTF-8">
5.  <meta name="viewport" content="width=device-width,initial-scale=1, shrink-to-fit=no">
6.  <link rel="stylesheet" href="bootstrap-4.5.3-dist/css/bootstrap.css">
7.  <script src="jquery-3.5.1.slim.js"></script>
8.  <script src="bootstrap-4.5.3-dist/js/bootstrap.min.js"></script>
9.  <title>媒体对象</title>
10. </head>
11. <body class="container">
12. <h3 class="text-center">媒体对象</h3>
13. <div class="media">
```

```
14.     <img src="images/media1.jpg" class="mr-4 w-25">
15.     <div class="media-body">
16.        <h3 class="mt-3">云南洱海</h3>
17.        <div>别名:昆明池、洱河、叶榆泽</div>
18.        <div>地理位置: 云南大理白族自治州</div>
19.        <div>成因:沉降侵蚀，高原构造断陷</div>
20.        <div>水系:澜沧江水系</div>
21.
22.        <div class="mt-3">
23.           <a href="#">社会经济</a>
24.           <a href="#">开发利用</a>
25.        </div>
26.        <div>洱海具有供水、农灌、发电、调节气候、渔业、航运、旅游七大主要功能，洱海西面有点苍山横列
   如屏，东面有玉案山环绕衬托，环境优美</div>
27.     </div>
28. </div>
29. </body>
30. </html>
```

运行上述代码，媒体对象的显示效果如图 7.29 所示。

图 7.29　媒体对象的显示效果

7.11.2　媒体对象的使用

在实际开发中，读者可实现媒体对象的嵌套与媒体列表，设计媒体对象中图片的对齐方式与媒体对象中内容的排列顺序。下面将介绍媒体对象组件的使用技巧。

1. 实现媒体对象的嵌套

媒体对象可实现无限嵌套，但读者在设计页面时，应减少网页中的嵌套层级，提升页面的美观度。实现媒体对象的嵌套只需在媒体组件主体中再嵌套媒体对象容器即可，具体代码如下。

```
<div class="media">
      <img src="..." class="mr-3">
      <div class="media-body">
         <div class="media">
            <img src="..." class="mr-3">
            <div class="media-body">媒体对象主体</div>
         </div>
      </div>
</div>
```

2. 实现媒体对象列表

媒体对象与<ul>、<li>或<ol>、<li>结合可实现媒体对象列表。实现媒体对象列表只需为<ul>或<ol>添加.list-unstyled 类清除浏览器默认的列表样式，然后为<li>添加.media 类即可。与媒体对象的语法格式类似，可根据实际需求使用边距类对媒体对象的内容进行微调，具体代码如下。

```
<ul class="list-unstyled">
   <li class="media my-3">
      <img src="...">
      <div class="media-body">媒体对象主体</div>
   </li>
   ...
</ul>
```

3. 设计媒体对象中图片的对齐方式

媒体对象中包含的<img>图片具有多种对齐方式，可使用弹性布局中的.align-self-*类使其实现顶部、居中和底部对齐，具体代码如下。

```
<div class="media">
      <img src="..." class="align-self-{start|center|end}">
      <div class="media-body">媒体对象主体</div>
</div>
```

4. 设计媒体对象中内容的排列顺序

媒体对象中，默认图片居左、文本居右。读者可通过更换 HTML 元素的顺序来实现媒体对象中内容顺序的更改，也可通过弹性布局的.order-*排序布局类来实现媒体对象中内容顺序的更改，具体代码如下。

```
<div class="media">
      <img src="..." class="align-self-{start|center|end}">
      <div class="media-body">媒体对象主体</div>
</div>
```

7.12 巨幕

巨幕（也称超大屏幕）是轻量、灵活、可扩展的组件，它能延伸到整个视口，主要用于展示网站上的重点内容。

巨幕组件由 1 个通过.jumbotron 类创建的包含框以及其内部包含的元素组成，巨幕组件内包含的元素可以是标题、说明性文本、按钮等。

当读者需要使巨幕组件的宽度与浏览器宽度保持一致且取消其圆角效果时，只需要为.jumbotro 包含框添加.jumbotron-fluid 类即可，并将巨幕组件放在.container 或.container-fluid 容器的外面，然后在巨幕组件内部添加 1 个.container 或.container-fluid 容器。

1. 语法格式

巨幕组件的语法格式如下。

```
<div class="jumbotron">
   <h1>标题<h1>
</div>
```

2. 演示说明

以地方特产为主题，在页面中设计 1 个由巨幕组件构成的广告牌，具体代码如例 7.27 所示。

【例 7.27】巨幕组件。

```
1.  <!DOCTYPE html>
2.  <html lang="en">
3.  <head>
4.  <meta charset="UTF-8">
5.  <meta name="viewport" content="width=device-width,initial-scale=1,shrink-to-fit=no">
6.  <link rel="stylesheet" href="bootstrap-4.5.3-dist/css/bootstrap.css">
7.  <script src="jquery-3.5.1.slim.js"></script>
8.  <script src="bootstrap-4.5.3-dist/js/bootstrap.min.js"></script>
9.  <title>巨幕组件</title>
10. </head>
11. <body>
12. <h3 class="text-center">巨幕组件的全屏效果</h3>
13. <div class="jumbotron jumbotron-fluid text-center mt-3">
14.     <div class="container">
15.     <h1>地方特产</h1>
16.     <p class="lead">生态优质的安全高效食品</p>
17.     <p class="lead">独特品质、风格或技艺的产品</p>
18.         <hr class="my-3">
19.         <p class="lead">上海特产、山东特产、四川特产</p>
20.         <a class="btn btn-info btn-lg" href="#">更多咨询...</a>
21.     </div>
22. </div>
23. </body>
24. </html>
```

运行上述代码，巨幕组件的全屏显示效果如图 7.30 所示。

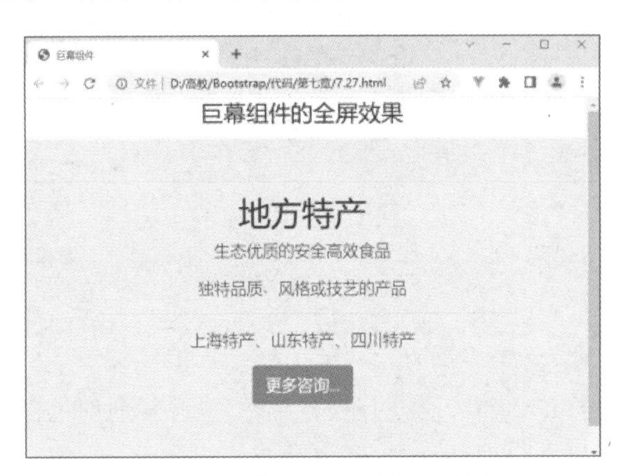

图 7.30　巨幕组件的全屏显示效果

7.13　实战：传统美食介绍页面

“民以食为天”是人们在几千年里对食物的追求的鲜明表现。本节将以传统美食为主题，使用 Bootstrap 4 的 CSS 组件实现一个传统美食介绍页面，介绍传统美食的由来与做法。

7.13.1　页面结构分析

本案例将制作一个简单的传统美食介绍页面，主要使用 Bootstrap 4 的响应式导航栏组件、下拉菜单组件、巨幕组件、卡片组件、胶囊式选项卡组件以及网格布局来实现页面布局效果。

页面元素包括头部导航栏区域、巨幕区域，菜谱区域、特色推荐区域以及尾部的网站信息，传统美食介绍页面结构如图 7.31 所示。

图 7.31　传统美食介绍页面结构

7.13.2　代码实现

1. 主体结构代码

新建一个 HTML 文件，以外链的方式引入 Bootstrap 4 相关资源，如 popper.js、图标库等。页面由 5 个主要的子元素块构成，包括<header>标签、类名为 jumbotron 的<div>块元素、类名为 recipe 的<div>块元素、类名为 container 的<div>块元素以及<footer>标签。

首先，在<header>标签内，实现 1 个具有下拉菜单的响应式导航栏组件，使其在中型设备中显示所有导航项，在小型设备中隐藏所有导航项，并使用“汉堡”按钮控制所有导航项显示与隐藏状态的切换。

其次，在类名为 jumbotron 的<div>块元素中，使用.jumbotron-fluid 类创建 1 个巨幕组件的包含框，并在其中嵌套 1 个.container-fluid 容器。

再次，在类名为 recipe 的<div>块元素中，设计一个 1 行 3 列的网格布局。使该网格布局中的每个列元素在中型设备中占 3 列，在小型设备中占 12 列，即全屏显示，并在每个列元素中使用.card 类创建 1 个卡片组件。

从次，在类名为 container 的<div>块元素中，设计一个 2 行 1 列的网格布局。在该网格布局的第 1 个行容器中，使用.nav-tabs 类创建导航选项卡。在第 2 个行容器中，使用.nav-content 类创建导航选项卡的内容包含框。

最后，在<footer>标签中设计网站信息，具体代码如例 7.28 所示。

【例 7.28】传统美食介绍页面。

```
1.   <!DOCTYPE html>
2.   <html lang="en">
3.   <head>
```

```
4.  <meta charset="UTF-8">
5.  <meta name="viewport" content="width=device-width,initial-scale=1, shrink-to-fit=no">
6.  <link rel="stylesheet" href="bootstrap-4.5.3-dist/css/bootstrap.css">
7.  <script src="jquery-3.5.1.slim.js"></script>
8.  <script src="popper.js"></script>
9.  <script src="bootstrap-4.5.3-dist/js/bootstrap.min.js"></script>
10. <link rel="stylesheet" href="project.css">
11. <link rel="stylesheet" href="https://cdn.jsdelivr.net/npm/
12. bootstrap-icons@1.9.1/font/bootstrap-icons.css">
13. <title>传统美食介绍页面</title>
14. </head>
15. <body>
16. <!-- 头部导航栏 -->
17. <header class="container-fluid">
18. <nav class="navbar navbar-default navbar-expand-md">
19.   <div class="navbar-header">
20.     <a href="#" class="navbar-brand"><img src="images/logo.png" alt=""></a>
21.     <button type="button" class="navbar-toggler collapsed text-secondary" data-toggle=
   "collapse"data-target="#navbar-collapse">
22.         <i class="bi bi-list "></i></button>
23.   </div>
24.   <div class="collapse navbar-collapse" id="navbar-collapse">
25.     <ul class="navbar-nav">
26.         <li class="nav-item active "><a class="nav-link px-5 " href="#">首页</a></li>
27.         <li class="nav-item dropdown">
28.             <a class="nav-link dropdown-toggle px-5" href="#" id="navbar Dropdown
   MenuLink"data-toggle="dropdown">川菜</a>
29.             <div class="dropdown-menu">
30.                <a class="dropdown-item" href="#">水煮系列</a>
31.                   以下省略川菜中“干煸系列”“清炖系列”“辣炒系列”“糕点系列”二级菜单的构建代码<a>
32.             </div>
33.         </li>
34.         以下省略“湘菜”“粤菜”“鲁菜”导航项的构建代码<li>
35.     </ul>
36.   </div>
37. </nav>
38. </header>
39. <div class="jumbotron jumbotron-fluid text-center font-weight-bold text-white">
40.     <div class="container-fluid">
41.     <div class="produce mx-auto">
42.         <h1 class="pt-3">中国八大菜系</h1>
43.         <p class="lead">鲁菜、川菜、粤菜、苏菜、闽菜、浙菜、湘菜、徽菜</p>
44.         <p class="lead">中国十大传统美食</p>
45.         <hr class="my-3">
46.         <p class="lead">兰州拉面、北京烤鸭、上海糯米团……</p>
47.     </div>
48.     </div>
49. </div>
50. <div class="recipe">
51.   <div class="container">
52.       <div class="row">
53.           <div class="col-md-4 ">
54.             <h3>麻辣小龙虾</h3>
```

```
55.             <div class="card">
56.                 <img src="images/crawfish.jpg" class="card-img-top" alt="...">
57.                 <div class="card-body text-center">
58.                   <h3 class="card-title text-danger">简称麻小</h3>
59.                   <a href="#" class="card-link text-dark">主要材料有小龙虾、红椒等，辅料有辣椒、花椒、大蒜、八角等。</a>
60.                   <p class="card-text font-weight-bold">详细菜谱</p>
61.                 </div>
62.             </div>
63.           </div>
64.           以下省略"酸菜鱼""麻婆豆腐"菜品卡片的构建代码<div>
65.     </div>
66.   </div>
67. </div>
68. <div class="container">
69.   <h3 class="text-center">特色推荐</h3>
70.   <div class="choose">
71.       <div class="row">
72.           <div class="col-md-12">
73.              <ul class="nav nav-pills">
74.                   <li class="nav-item"><a class="nav-link active" href="#dishes" data-toggle="pill">菜品</a></li>
75.                   <li class="nav-item"><a class="nav-link"  href="#drink" data-toggle="pill">饮品</a></li>
76.                   <li class="nav-item"><a class="nav-link" href="#staple" data-toggle="pill">主食</a></li>
77.              </ul>
78.           </div>
79.       </div>
80.       <div class="row">
81.           <div class="col-md-12">
82.               <div class="tab-content">
83.                   <div class="tab-pane active" id="dishes">
84.                       <div class="row">
85.                           <div class="col-md-2 col-sm-4 col-xs-6">
86.                               <img src="images/chinese-food1.jpg" class="img-responsive"/>
87.                               <p>茼蒿爆肚</p>
88.                               </div>
89.                               此处省略"粉蒸肉""椒盐大虾""狮子头""啤酒鸭""烧烤"等菜品的构建代码<div>
90.                           </div>
91.                       </div>
92.                       <div class="tab-pane" id="drink">
93.                           <div class="row">
94.                           <div class="product-item col-md-2 col-sm-4 col-xs-6">
95.                               <img src="images/drink1.jpg" /><p>果茶</p>
96.                           </div>
97.                           <div class="product-item col-md-2 col-sm-4 col-xs-6">
98.                               <img src="images/drink2.jpg" /><p>绿茶</p>
99.                           </div>
100.                      </div>
101.                      </div>
102.                      <div class="tab-pane" id="staple">
103.                          <div class="row">
```

```
104.                            <div class="product-item col-md-2 col-sm-4 col-xs-6">
105.                              <img src="images/mainfood1.jpg" /><p>小面</p>
106.                            </div>
107.                            <div class="product-item col-md-2 col-sm-4 col-xs-6">
108.                              <img src="images/mainfood2.jpg" /><p>饺子</p>
109.                            </div>
110.                        </div>
111.                    </div>
112.                </div>
113.            </div>
114.        </div>
115.    </div>
116.  </div>
117.  <footer class="footer">
118.      <div class="container">
119.      <div class="footer-center">
120.          <p >Copyrigths@ 2016 BootStrap 响应式餐饮网站 | 版权所有<a  href="#"></a></p>
121.      </div>
122.  </div>
123.</footer>
124.</body>
125.</html>
```

2. CSS 代码

新建一个名为 project.css 的 CSS 文件，在该文件中加入 CSS 代码，具体代码如下。

```
1.  /*设置 body 元素字体为 Microso YaHei*/
2.  body,button,input,select,h3,h6{font-family: Microsoft YaHei;}
3.  .container-fluid {/* 取消 container-fluid 容器的默认边距 */
4.      padding-right:0;
5.      padding-left:0;
6.      margin-right:auto;
7.      margin-left:auto}
8.  .navbar-brand{padding: 0 0;}
9.  .navbar-header button {margin-left: 7rem;}
10. .navbar-header button i{font-size: 2rem;}
11.   .navbar-brand>img{/*设置图片 logo 的大小和位置*/
12.     height: auto;
13.     margin-right: 5px;
14.     margin-top: 5px;
15.     width: 250px;}
16.   .navbar-default .navbar-nav>li a{ /*设置导航栏中菜单 a 超链接的样式*/
17.     top:10px;
18.     padding:0.5em 3em;
19.     text-decoration: none;
20.     font-weight: 600;
21.     font-size: 1.2em;
22.     color:#919191;}
23.   .navbar-default{  /*设置整个导航栏的内边距、背景色和阴影*/
24.     padding: 1.5em 0;
25.     background-color:#f2f0f1 ;
26.     box-shadow:12px -5px 39px -12px;}
27.  /*设置导航栏中菜单在鼠标指针悬停和获取焦点时的状态*/
28.  .navbar-default .navbar-nav>li>a:hover,
29.  .navbar-default .navbar-nav>li>a:focus,
```

```
30.  .navbar-default .navbar-nav>li>.dropdown-menu a:hover,
31.  .navbar-default .navbar-nav>li>.dropdown-menu a:focus
32.  {
33.      background: #D96B66;
34.      color:white;
35.      border-radius: 3px;
36.      -webkit-border-radius:3px;}
37. /*媒体查询：当视口宽度小于970px时，导航菜单字体变小，避免了换行的问题*/
38. @media (max-width:970px){
39.     .navbar-default .navbar-nav>li a{font-size: 1.1em;}
40. }
41.  .jumbotron{ /* 巨幕区域 */
42.     padding: 0;
43.     margin: 0;}
44. .jumbotron .container-fluid{
45.     background-image: url(images/jm.jpg);
46.     background-position: 40%;
47.     background-size: cover;
48.     -webkit-background-size:cover;
49.     min-height: 400px;
50.     padding-top: 4rem;}
51. .jumbotron .container-fluid .produce{
52.     width: 50%;
53.     background-color: rgba(202,186,178,0.7);
54.     border-radius: 10px;
55.     padding-bottom: 1rem;}
56. .recipe{/* 菜谱区域 */
57.     padding-top: 3em ;
58.     padding-bottom: 1em ;
59.     margin: 0 0;}
60. .recipe h3{/* 菜品名称 */
61.     margin-top: -20px;
62.     color:#1A1A1A;
63.     font-size: 1.5em;
64.     font-weight: 600;
65.     margin: 0 0 1em;
66.     padding: 0 0 0.5em;}
67. .recipe p{/* 详细菜谱 */
68.     color:#5fa022;
69.     font-size: 1em;
70.     font-weight: 400;
71.     line-height: 1.8em;
72.     margin: 1em 0;}
73. /* 特色推荐区域 */
74. .nav-pills>li>a{/*设置选项卡中内容的字体颜色*/
75.     color:#8e908d;}
76. .choose{border:1px solid silver;}
77. .tab-content{/*设置选项卡内容位置*/
78.     margin: 5px;
79.     text-align: center;}/*居中*/
80.  .footer p,.footer li a{/*footer部分*/
81.     color: #fff;
82.     font-size: 1em;
```

```
83.     line-height: 1.8em;
84.     vertical-align: middle;
85.     margin: 0.4em 0;}
86. .footer p a{
87.     color: #fff;
88.     text-decoration: none;}
89. .footer{
90.     height: 2rem;
91.     background-color: #D96B66;
92.     line-height: 3rem;}
93. .footer-center{
94.     margin: 0 auto;
95.     text-align: center;}
```

在上述的 CSS 代码中，为导航菜单设置了鼠标指针悬停和获取焦点时的状态，并使用媒体查询设置了导航菜单字体的动态变化，当视口宽度小于 970px 时，导航菜单字体变小，避免了菜单的换行问题。

7.14 本章小结

本章介绍了 Bootstrap 4 的重点——CSS 组件，包括徽章、警告框、图标、按钮、下拉菜单、导航栏、进度条、分页、卡片、媒体对象和巨幕组件等。CSS 组件使读者在设计页面结构时更加高效、便捷，无须耗费大量时间设计基础组件，可提升读者的工作效率。希望通过学习本章内容，读者能够熟练使用 Bootstrap 4 的 CSS 组件，以更加高效地设计出网页结构，为后续深入学习 Bootstrap 4 的 JavaScript 插件做好铺垫。

7.15 习题

1. 填空题

（1）Bootstrap 4 的徽章组件的.badge-primary 类的作用是________。

（2）Bootstrap 4 的 CSS 组件中警告框组件的创建类是________。

（3）可实现 Bootstrap 4 中的字体图标组件的字体大小及颜色设置的属性包括_________、_________。

2. 选择题

（1）在 Bootstrap 4 中，可使.btn 类在标签中使用并实现按钮组件效果的是（　　）。

A．<header>　B．<nav>　C．<a>　D．<em>

（2）在 Bootstrap 4 的 CSS 组件中，按钮组件的边框类是（　　）。

A．.btn-outline-*　B．.btn-*　C．.button　D．.btn

（3）以下是 Bootstrap 4 中下拉菜单组件选项的创建类的是（　　）。

A．.dropdown-menu　B．.dropdown

C．.btn-item　D．.dropdown-item

3. 思考题

（1）简述 Bootstrap 4 的导航组件的语法格式。

（2）简述 Bootstrap 4 中导航栏的运行特点。

4．编程题

结合本章所学知识，使用进度条组件以及旋转图标设计一个动态的进度条，结合 CSS3 动画以及 jQuery 使进度条的进度与加载器内容保持同步。当鼠标指针悬浮于进度条上时，进度条暂停增长，具体实现效果如图 7.32 所示。

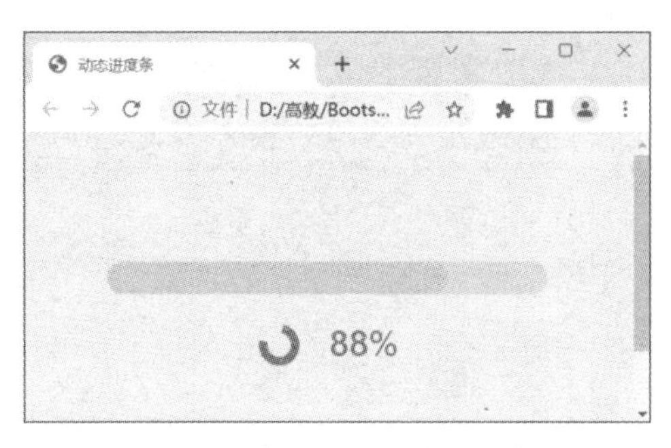

图 7.32 动态进度条的实现效果

第8章 Bootstrap的JavaScript插件

Bootstrap 的 JavaScript 插件

本章学习目标

- 理解 JavaScript 插件的相关概念
- 掌握 JavaScript 插件中模态框、下拉菜单、滚动监听等插件的使用方法
- 掌握 JavaScript 插件中工具提示、弹出框等插件的使用方法
- 掌握 JavaScript 插件中警告框、按钮、折叠和轮播等插件的使用方法

插件（Plug-in，也称 Add-in）是根据遵守一定规范的应用程序接口编写出来的程序。从广义上来说，插件就是“插入”其他系统里的程序，主要用于增强原有系统的功能。本书前7章大部分讲解的是静态的工具类及组件，本章将结合 JavaScript 插件讲解如何实现页面的动态效果。本章将重点介绍模态框、下拉菜单、滚动监听、工具提示、折叠和轮播等插件，并搭配案例帮助读者学习和掌握其使用技巧。

8.1 插件概述

8.1.1 插件工具

Bootstrap 4 内置了一系列插件，下面介绍一些前端开发过程中常用的插件。如模态框、下拉菜单、滚动监听、工具提示、弹出框、警告框、按钮、折叠和轮播等，这些插件均可在 Bootstrap 4 的源码中找到。在使用 Bootstrap 4 插件时应注意不同插件之间的依赖关系，如下拉菜单、弹出框和工具提示（Tooltip）插件均依赖于 popper.js。

8.1.2 插件引入与调用

1. 引入插件

引入 Bootstrap 4 的插件时，可以单独引入 Bootstrap 4 提供的单个.JS 文件，也可以引入 bootstrap.js 或 bootstrap.min.js，从而实现插件的全部引入。在引入插件时需要注意，多数插件之间存在依赖关系，如所有插件都依赖于 util.js 文件，必须在引入其他插件之前引入 util.js 文件。bootstrap.js 和 bootstrap.min.js 文件中包含 util.js 文件，切勿重复引用。

2. 调用插件

Bootstrap 4 插件有两种调用方式：data 属性调用和 JavaScript 脚本调用。

（1）data 属性调用

读者可以在页面中的目标元素上通过 data 属性调用插件，无须编写 JavaScript 脚本，在开发过程中优先推荐这种调用方式。

例如激活模态框时，需要定义 data-toggle="modal"激活模态框插件。data-toggle 属性是 Bootstrap 4 中激活插件的专用属性，其值应与对应插件的字符串相匹配。

大部分的 Bootstrap 4 插件还需要指定 data-target 属性进行配合使用，上述模态框插件也不例外。data-target 属性常用来指定控制对象，模态框使用 data-target="模态框 ID"绑定对应 ID 的模态框，告知 Bootstrap 4 插件显示指定的页面元素，具体代码如下。

```
<button type="button"class="btn" data-toggle="modal"
data-target="#myModal">打开模态框</button>
<div id="myModal" class="modal"></div>
```

一般情况下，读者可使用 data 属性调用插件，但也可根据实际情况禁用 Bootstrap 4 插件的 data 属性。可使用 data-api 来取消页面上所有事件或特定插件的绑定，具体代码如下所示。

```
$document.off('.data-api')
$document.off('.alert.data-api')
```

（2）JavaScript 脚本调用

Bootstrap 4 中的插件也可以使用 JavaScript 脚本来调用，具体代码如下。

```
<script>
$(function(){$(".btn").dropdown();})//调用下拉菜单
</script>
```

8.1.3 插件事件

Bootstrap 4 中的大部分插件都具备自定义事件，这些自定义事件由两种动词形式，即不定式与过去式组成。下面将对这些形式进行详细介绍。

（1）不定式：例如 hide，表示其在隐藏动作开始时触发。

（2）过去式：例如 hidden，表示其在隐藏动作完成时触发。

所有的不定式事件均具备 preventDefault()方法，通过该方法可在操作开始前停止相关事件的执行，也可通过该方法借助事件处理程序返回 false 实现调用，具体代码如下。

```
$function('#myModal').on('show.bs.modal',function(e){
      if(!data) return e.preventDefault()//停止显示模态框
   })
```

8.2 模态框

模态框是覆盖在父窗体上的子窗体，用于显示单独的内容，可在不离开父窗体的前提下实现页面互动。读者可使用子窗体收集信息、实现交互，还可自定义其内容。

8.2.1 模态框的基本结构

在使用模态框插件前需要引入 jquery.js、util.js 和 modal.js 文件，或一次性引入 jquery.js、bootstrap.js 或压缩版的 bootstrap.min.js 文件。

模态框有其固定的结构，在最外层使用.modal 类定义弹出模态框的外框，并在该外框中嵌套两层<div>标签，即类名为 modal-dialog 的模态框对话层和类名为 modal-content 的模态框内容。

.modal-content 模态框内容主要由 3 部分构成，包括.modal-header 头部、.modal-body 正文、.modal-footer 页脚。

（1）头部：使用.modal-title 为模态框添加标题，通过 data-dismiss="modal"属性为模态框添加关闭按钮。

（2）正文：可在正文中嵌入诸如视频、图像等任何内容。

（3）页脚：该区域默认右对齐，可放置保存、关闭等操作按钮。其中，关闭按钮需要使用 data-dismiss="modal"属性实现。

模态框的语法格式如下。

```
<div class="modal" id="ModalTest">
  <div class="modal-dialog">
    <div class="modal-content">
      <div class="modal-header">
        <h5 class="modal-title">标题</h5>
        <button type="button" class="close" data-dismiss="modal">
<span >&times;</span></button>
      </div>
      <div class="modal-body"></div>
      <div class="modal-footer"></div>
    </div>
  </div>
</div>
```

读者需要为特定对象（如按钮）绑定触发行为，并使用特定对象触发模态框的显示功能。在特定对象中添加 data-target="#ModalTest"属性来绑定目标模态框，并使用 data-toggle="modal"属性告知 Bootstrap 4 此处调用的是模态框，即激活模态框插件。

```
<button type="button" class="btn btn-info" data-toggle="modal"data-target=
"#ModalTest"> 按钮——用于打开模态框</button>
```

8.2.2 模态框辅助类

Bootstrap 4 为模态框设计了一些辅助类，可用于控制模态框的布局与样式，模态框辅助类具体介绍如表 8.1 所示。

表 8.1 模态框辅助类

类	说明
.modal-dialog-centered	用于.modal-dialog 模态框对话层，使模态框垂直居中显示
.modal-{sm|lg|xl}	用于.modal-dialog 模态框对话层，设置模态框大小，使模态框在断点处自动响应，避免滚动条出现
.container-fluid	用于在.modal-body 模态框正文中嵌套类名为 container-fluid 的容器，该容器可被视为常规网格系统

除上述模态框辅助类外，在设计模态框时还可在正文中放置工具提示和弹出框。当弹出框关闭时同步关闭工具提示。

8.2.3 模态框的事件与方法

1．模态框调用

正如 8.1 节所介绍的那样，模态框插件可使用 data 属性或 JavaScript 脚本来调用，在实际开发中推荐使用data属性调用模态框插件。

（1）data属性调用

在特定对象（一般是按钮或超链接）上设置添加data-toggle="modal"、data-target="模态框ID"或href="模态框ID"即可，具体代码如下。

```
<button type="button" class="btn btn-info" data-toggle="modal" data-target=
"#ModalTest">按钮-用于打开模态框</button>
<a href="#ModalTest" data-toggle="modal" class="btn"></a>
```

（2）JavaScript脚本调用

使用modal()方法即可调用模态框。为特定对象（如按钮）绑定事件，当单击该特定对象时为模态框插件调用modal()构造函数，具体代码如下。

```
$function(".btn").click(function(){
    $('#ModalTest').modal();
})
```

读者可为modal()构造函数传递1个配置参数，具体参数如表8.2所示。

表8.2　modal()的配置参数

参数	默认值	说明
backdrop	true	参数类型为boolean。用于控制是否显示背景遮罩层，默认显示。同时用于设置单击模态框其他区域时是否关闭模态框，默认关闭
keyboard	true	参数类型为boolean。用于控制是否允许按ESC键关闭模态框，默认允许
focus	true	用于设置初始化时将焦点放在模态框上
show	true	用于设置初始化时是否显示模态框，默认显示模态框

2．模态框事件

Bootstrap 4有模态框插件的一些常用事件，具体介绍如下。

（1）show.bs.modal：调用显示模态框的实例方法时，将立即触发此事件。

（2）shown.bs.modal：当模态框显示完毕后，将立即触发此事件。

（3）hide.bs.modal：调用隐藏模态框的实例方法时，将立即触发此事件。

（4）hidden.bs.modal：当模态框隐藏完毕后，将立即触发此事件。

3．模态框应用演示

结合模态框的语法格式，分别使用data属性和JavaScript脚本调用模态框，展示模态框的显示与隐藏状态。

（1）使用data属性调用模态框，具体代码如例8.1所示。

【例8.1】模态框。

```
1.  <!DOCTYPE html>
2.  <html lang="en">
3.  <head>
4.  <meta charset="UTF-8">
5.  <meta name="viewport" content="width=device-width,initial-scale=1,shrink-to-fit=no">
6.  <link rel="stylesheet" href="bootstrap-4.5.3-dist/css/bootstrap.css">
7.  <script src="jquery-3.5.1.slim.js"></script>
8.  <script src="bootstrap-4.5.3-dist/js/bootstrap.min.js"></script>
9.  <title>模态框</title>
10. </head>
11. <body class="container">
12. <!--data属性调用模态框-推荐使用  -->
```

```
13. <!-- 按钮激活模态框 -->
14. <button type="button" class="btn btn-primary"data-toggle="modal" data-target="
    #testModal">data 打开模态框</button>
15. <!-- JavaScript 调用模态框的激活按钮 -->
16. <button type="button" class="btn btn-primary" id="javaBtn">
17.   JavaScript 打开模态框
18. </button>
19.   <!-- 模态框 -->
20.   <div class="modal fade" id="testModal">
21.     <div class="modal-dialogmodal-dialog-centered">
22.       <div class="modal-content">
23.         <div class="modal-header">
24.           <h5 class="modal-title" id="exampleModalLabel">Modal title</h5>
25.           <button type="button" class="close"data-dismiss="modal">
26.             <span>&times;</span>
27.           </button>
28.         </div>
29.         <div class="modal-body"><p>模态框正文</p></div>
30.         <div class="modal-footer">
31.           <button type="button" class="btn btn-secondary"data-dismiss="modal">
    关闭</button>
32.           <button type="button" class="btn btn-primary">保存</button>
33.         </div>
34.       </div>
35.     </div>
36.   </div>
37. </body>
38. </html>
```

（2）使用 JavaScript 脚本调用模态框并控制模态框的显示与隐藏，其可通过在例 8.1 的第 37 行代码后添加如下代码实现。

```
1.  <!-- 单击“JavaScript 打开模态框”按钮 使用 JavaScript 脚本调用模态框-->
2.  <script>
3.  $("#javaBtn").click(function(){
4.      $("#testModal").modal({
5.          backdrop: true,
6.          keyboard: true,
7.          focus:true,
8.          show:true
9.      })
10.     alert("JavaScript 调用")
11. })
12. // 使用 JavaScript 脚本控制模态框的显示与隐藏
13. $(function(){
14.   $('#testModal').on("show.bs.modal",function(){alert("是否要显示模态框")})
15.   $('#testModal').on("hide.bs.modal",function(){alert("是否要隐藏模态框")})
16. })
17. </script>
```

运行上述代码，模态框的显示效果如图 8.1 所示。

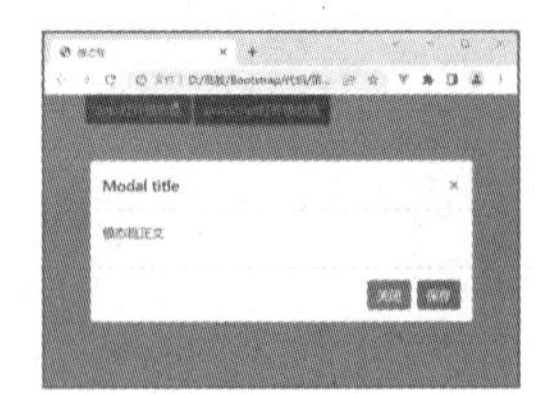

图 8.1　模态框的显示效果

8.3　下拉菜单

在 Bootstrap 4 中，dropdown.js 可用于实现下拉菜单的交互行为，在使用下拉菜单插件前应引入 jquery.js、util.js、dropdown.js

以及 popper.js。也可一次性引入 jquery.js、popper.js 以及 bootstrap.js 或压缩版的 bootstrap.min.js，并将 popper.js 置于 bootstrap.js 之前。

1. 下拉菜单调用

与模态框相同，下拉菜单同样支持使用 data 属性及 JavaScript 脚本进行调用，在实际开发中推荐使用 data 属性调用。

（1）使用 data 属性调用：在超链接或按钮上组合使用.dropdown-toggle 类与 data-toggle="dropdown"，即可调用下拉菜单。本书第 7 章已对下拉菜单的 data 属性调用方法进行了详细的介绍，此处不赘述。

（2）使用 JavaScript 脚本调用：使用 dropdown()构造函数即可直接调用下拉菜单。代码如下。

```
$(function(){$(".btn").dropdown();})
```

2. 下拉菜单设置

Bootstrap 4 支持使用 data 属性传递配置参数，参数名称追加至“data-”之后，如 data-offset=""。配置参数的详细介绍如表 8.3 所示。

表 8.3　data-的配置参数

参数	类型	默认值	说明
offset	number|string|function	0	下拉菜单相对于其目标的偏移量
flip	boolean	true	允许下拉菜单在引用元素重叠的情况下翻转
boundary	string|element	scrollParent	下拉菜单的溢出约束边界
display	string	dynamic	默认情况下，使用 Popper 进行动态定位。应禁用此功能

3. 下拉菜单事件

Bootstrap 4 有下拉菜单插件的一些常用事件，具体介绍如下。

（1）show.bs.dropdown：调用显示下拉菜单的实例方法时，将立即触发此事件。

（2）shown.bs.dropdown：当下拉菜单显示完毕后，将立即触发此事件。

（3）hide.bs.dropdown：调用隐藏下拉菜单的实例方法时，将立即触发此事件。

（4）hidden.bs.dropdown：当下拉菜单隐藏完毕后，将立即触发此事件。

4. 下拉菜单演示

本书 7.5 节中已实现下拉菜单的 data 属性调用，此处不再对其进行演示。结合下拉菜单的语法格式，使用 JavaScript 脚本方法调用下拉菜单，观察下拉菜单的事件调用顺序，具体代码如例 8.2 所示。

【例 8.2】下拉菜单插件。

```
1.  <!DOCTYPE html>
2.  <html lang="en">
3.  <head>
4.  <meta charset="UTF-8">
5.  <meta name="viewport" content="width=device-width,initial-scale=1,shrink-to-fit=no">
6.  <link rel="stylesheet" href="bootstrap-4.5.3-dist/css/bootstrap.css">
7.  <script src="jquery-3.5.1.slim.js"></script>
8.  <script src="popper.js"></script>
9.  <script src="bootstrap-4.5.3-dist/js/bootstrap.min.js"></script>
10. <title>下拉菜单插件</title>
11. </head>
```

```
12. <body class="container">
13.     <div class="dropdown" id="dropdown">
14.         <button class="btn btn-primary dropdown-toggle"data-toggle="dropdown"
    type="button">下拉菜单</button>
15.         <div class="dropdown-menu">
16.             <a class="dropdown-item" href="#">读书不觉已春深</a>
17.             <a class="dropdown-item" href="#">一寸光阴一寸金</a>
18.             <a class="dropdown-item" href="#">不是道人来引笑</a>
19.             <a class="dropdown-item" href="#">周情孔思正追寻</a>
20.         </div>
21.     </div>
22.     </body>
23. $(function(){
24.     $("#dropdown").on("show.bs.dropdown",function(){
25.         console.log("开始显示下拉菜单")})
26.     $("#dropdown").on("shown.bs.dropdown",function(){
27.         //改变.dropdown 的下层子元素[data-toggle='dropdown']的 html
28.         $(this).children("[data-toggle='dropdown']").html("下拉菜单显示完成")
29.     })
30.     $("#dropdown").on("hide.bs.dropdown",function(){
31.         console.log("开始隐藏下拉菜单")})
32.     $("#dropdown").on("hidden.bs.dropdown",function(){
33.         $(this).children("[data-toggle='dropdown']").html("下拉菜单隐藏完成")
34.     })})
35. </body>
36. </html>
```

运行上述代码，激活下拉菜单的事件调用顺序及显示效果如图 8.2 所示；隐藏下拉菜单的事件调用顺序及显示效果如图 8.3 所示。

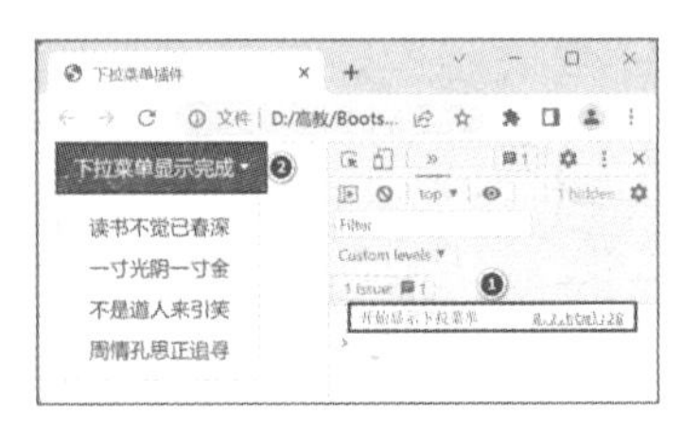

图 8.2　激活下拉菜单

图 8.3　隐藏下拉菜单

8.4　滚动监听

滚动监听插件，即自动更新导航插件，可根据滚动条的位置自动更新对应的导航目标。其基本的实现是随着滚动条的滚动，基于滚动条的当前位置向导航栏添加.active 类。

1．滚动监听应用规则

（1）在 Bootstrap 4 中可使用滚动监听插件监听滚动行为，在使用滚动监听插件前应先引入 jquery.js、util.js、scrollspy.js 文件，并将 scrollspy.js 置于 bootstrap.js 之前。也可一次性引入 jquery.js、bootstrap.js 或压缩版的 bootstrap.min.js。

（2）滚动监听插件必须与 Bootstrap 4 的导航组件或列表组组件结合使用。

（3）使需要监控的元素通过 position:relative 进行相对定位，监控元素通常为<body>。

（4）对除<body>以外的元素进行监听时，应确保监控元素具备 height 与 overflow-y:scroll

属性。

（5）在滚动监听中，锚点是必须的，锚点必须与相关元素的 ID 保持一致。

2．滚动监听调用

与下拉菜单类似，滚动监听同样支持使用 data 属性及 JavaScript 脚本进行调用，开发中推荐使用 data 属性调用。

（1）使用 data 属性调用：在页面中为被监听的元素添加 data-spy="scroll"属性，添加 data-target="目标对象 ID"属性，使其与同 ID 的导航组件建立超链接。

例如，为<body>添加上述属性实现监听浏览器窗口的滚动，具体代码如下。

```
//导航组件或列表组件
<nav id="导航结构的 ID">或<div id="导航结构的 ID">
//被监听的元素
<body data-spy="scroll" data-target="目标导航结构的 ID">
```

需要注意，在设计滚动监听时必须为导航栏中的超链接指定响应的目标 ID，使其具备锚点效果。例如，使<a href="#home"></a>与 DOM 节点<div id="home">home</div>一一对应，即为导航栏设计好锚点。

（2）使用 JavaScript 脚本调用：为被监听的元素绑定 scrollspy()方法。例如为<body>标签绑定滚动监听。

```
$(function(){$("body").scrollspy();})
```

滚动监听支持使用 data 属性或 JavaScript 脚本方法传递配置参数。

对于 data 属性，参数名称应追加至“data-”之后，如 data-offset=""。对于 JavaScript 脚本，滚动监听插件的 scrollspy()方法支持构造参数 offset，可使用该参数设置滚动条偏移量。该参数值为正，则滚动条向上偏移，反之，向下偏移。

```
$(function(){$("body").scrollspy({offset:200});})
```

3．滚动监听事件

Bootstrap 4 有滚动监听插件的 1 个事件 active.bs.scrollspy。每当滚动监听激活新项目时，都会在滚动元素上触发此事件。

下面结合滚动监听插件与嵌套导航栏实现嵌套导航栏中的滚动监听，并利用 active.bs.scrollspy 事件跟踪当前导航项，当新导航项被激活时，随机改变<body>的背景颜色，具体代码如例 8.3 所示。

【例 8.3】滚动监听插件的事件调用。

```
1.  <!DOCTYPE html>
2.  <html>
3.  <head>
4.      <meta charset="UTF-8">
5.      <title>滚动监听插件的事件调用</title>
6.      <meta name="viewport" content="width=device-width,initial-scale=1,shrink-to-fit=no">
7.      <link rel="stylesheet" href="bootstrap-4.5.3-dist/css/bootstrap.min.css">
8.      <script src="jquery-3.5.1.slim.js"></script>
9.      <script src="popper.js"></script>
10.     <script src="bootstrap-4.5.3-dist/js/bootstrap.min.js"></script>
11. <style>
12. .Scrollspy{
13.     width: 500px;       /*定义宽度*/
14.     height: 400px;      /*定义高度*/
15.     overflow: scroll;    /*定义当内容溢出元素框时，浏览器显示滚动条以便查看其余的内容*/
16. }
```

```
17. </style>
18. </head>
19. <body class="container">
20. <nav id="navbar" class="navbar navbar-light bg-light">
21.     <ul class="nav nav-pills">
22.         <li class="nav-item"><a class="nav-link"href="#list1">首页</a></li>
23.         <li class="nav-item"><a class="nav-link"href="#list2">名川</a></li>
24.         <li class="nav-item dropdown">
25.             <a class="nav-link dropdown-toggle" data-toggle="dropdown" href="#">
    奇景</a>
26.             <div class="dropdown-menu">
27.                 <a class="dropdown-item"href="#menu1">奇树</a>
28.                 <a class="dropdown-item"href="#menu2">梯田</a>
29.             </div>
30.         </li>
31.     </ul>
32. </nav>
33. <div data-spy="scroll" data-target="#navbar"data-offset="80" class="Scrollspy">
34.     <h4 id="list1">首页</h4>
35.     <p><img src="images/img1.jpg" alt="" class="img-fluid"></p>
36.     <h4 id="list2">名川</h4>
37.     <p><img src="images/img2.jpg" alt="" class="img-fluid"></p>
38.     <h4 id="menu1">奇树</h4>
39.     <p><img src="images/img3.jpg" alt="" class="img-fluid"></p>
40.     <h4 id="menu2">梯田</h4>
41.     <p><img src="images/img4.jpg" alt="" class="img-fluid"></p>
42. </div>
43. </body>
44. <script>
45.     $(function(){
46.         $("body").on("activate.bs.scrollspy",function(e){
47.             $("body").css("background",function(){return "#"+ ("00000"+ ((Math.random()
    * 16777215 + 0.5) >> 0).toString(16)).slice(-6)})
48.         })
49.     })
50. </script>
51. </html>
```

运行上述代码，滚动页面激活对应导航项，每激活一个导航项时，随机改变<body>的背景颜色，滚动监听插件的显示效果如图 8.4 所示。

图 8.4　滚动监听插件的显示效果

8.5　工具提示

工具提示插件需要 tooltip.js 的支持，工具提示插件依赖于 popper.js。因此在使用工具提示插件前应引入 jquery.js、util.js、popper.js 和 tooltip.js 文件。读者也可一次性引入 jquery.js、popper.js、bootstrap.js 或压缩版的 bootstrap.min.js，并将 popper.js 置于 bootstrap.js 或 bootstrap.min.js 之前。

1．定义工具提示

工具提示效果依赖于其他元素进行展示，如超链接、按钮等。为元素添加 data-toggle="tooltip"属性实现工具提示效果，提示的内容可使用 title 属性进行设置，提示的

方向可使用 data-placement="left|right|top|bottom"属性进行设置，具体代码如下。

```
<button type="button" class="btn btn-info" data-toggle="tooltip" data-placement=
"left" title="工具提示信息">向左</button>
```

与其他插件不同的是，工具提示插件并不支持使用 data 属性调用插件，仅支持 JavaScript 脚本调用。调用 tooltip()构造函数即可实现上述<button>按钮的工具提示效果，具体代码如下。

```
$(function (){
$('[data-toggle="tooltip"]').tooltip();//使用 data-toggle 属性触发工具提示
$('.btn').tooltip();//使用依赖元素的 ID 或类触发工具提示
})
```

需要注意，处于禁用状态的元素是不具备交互功能的，因此不能为其添加工具提示效果。读者可在禁用元素的外层嵌套一个包裹容器，在该容器上触发工具提示。

2. 工具提示的参数传递

Bootstrap 4 支持使用 data 属性或 JavaScript 脚本传递参数，对于 data 属性，需将参数名称追加至“data-”之后，如 data-trigger="click"。对于 JavaScript 脚本，需将参数置于 tooltip()构造函数中。使用 JavaScript 脚本传递参数，具体代码如下。

```
$('.btn').tooltip(options);
```

在上述代码中，options 是一个参数对象，其中可包含多个配置参数，具体配置参数介绍如表 8.4 所示。

表 8.4 tooltip()的配置参数

参数	类型	默认值	说明
animation	boolean	true	用于设置是否允许将 CSS 淡入淡出过渡应用于工具提示
container	string|element|false	false	用于将工具提示追加到特定元素上，如<body>
delay	number|object	0	用于设置工具提示的显示和隐藏的延迟时间（单位为 ms），不适用于手动触发类型
html	boolean	false	默认情况下，使用 popper 进行动态定位，可禁用此功能
placement	string|function	top	用于设计工具提示的弹出方向，可取值包括 auto、left、right、top 或 bottom。当参数值为 auto 时，将动态地重新定位工具提示
selector	string|false	false	用于设计选择器字符串，工具提示将针对选择器匹配的目标元素进行显示
title	string|element|function	无	若 title 属性不存在，则显示默认的空标题值
trigger	string	hover focus	用于设计工具提示的触发方式，包括单击（click）、悬浮（hover）、获取焦点（focus）和手动（manual）。可指定多种触发方式，多种触发方式之间通过空格进行分隔
offset	number|string|function	0	用于设置工具提示内容相对于其目标的偏移量

3. 工具提示的实用方法

Bootstrap 4 提供工具提示插件的一些实用方法，具体介绍如下。

（1）$().tooltip(show)：显示目标元素的工具提示。

（2）$().tooltip(hide)：隐藏目标元素的工具提示。

（3）$().tooltip(toggle)：显示或隐藏，即切换目标元素的工具提示。

（4）$().tooltip(dispose)：隐藏并销毁目标元素的工具提示。

（5）$().tooltip(enable)：赋予目标元素工具提示的显示功能，默认启用。

（6）$().tooltip(disable)：删除目标元素工具提示的显示功能，仅当启用时才显示提示。

（7）$().tooltip(toggleEnaled)：赋予目标元素切换其显示或隐藏工具提示的功能。

（8）$().tooltip(update)：更新目标元素的工具提示位置。

4．工具提示常用事件

Bootstrap 4 提供工具提示插件的 5 个事件，具体介绍如下。

（1）show.bs.tooltip：调用显示工具提示的实例方法 show()时，将立即触发此事件。

（2）shown.bs.tooltip：当工具提示对用户可见时，将立即触发此事件。

（3）hide.bs.tooltip：调用隐藏工具提示的实例方法 hide()时，将立即触发此事件。

（4）hidden.bs.tooltip：当工具提示对用户不可见时，将立即触发此事件。

（5）inserted.bs.tooltip：该事件在 show.bs.tooltip 事件结束后被触发。

5．工具提示演示

结合工具提示的语法格式，使用 JavaScript 脚本激活工具提示并为其调用上述方法与事件，具体代码如例 8.4 所示。

【例 8.4】工具提示。

```
1.  <!DOCTYPE html>
2.  <html lang="en">
3.  <head>
4.  <meta charset="UTF-8">
5.  <meta name="viewport" content="width=device-width,initial-scale=1, shrink-to-fit=no">
6.  <link rel="stylesheet" href="bootstrap-4.5.3-dist/css/bootstrap.css">
7.  <script src="jquery-3.5.1.slim.js"></script>
8.  <script src="popper.js"></script>
9.  <script src="bootstrap-4.5.3-dist/js/bootstrap.min.js"></script>
10. <title>工具提示</title>
11. </head>
12. <body class="container">
    <h3 class="text-center">工具提示</h3>
13. <button type="button" class="btn btn-info mr-5"data-toggle="tooltip"
    data-placement="left"title="工具提示信息">向左</button>
14. <button type="button" class="btn btn-info mr-5"data-toggle="tooltip"
    data-placement="right"data-trigger="click"title="工具提示信息">向右</button><br>
15. <button type="button" class="btn btn-info mt-5 mr-5"data-toggle="tooltip"
    data-placement="top"title="工具提示信息">向上</button>
16. <button type="button" class="btn btn-info mt-5 mr-5"data-toggle="tooltip"
    data-placement="bottom"title="工具提示信息">向下</button>
17. <button type="button" class="btn btn-lg btn-danger ml-5"data-toggle="tooltip">
    事件按钮</button>
18. </body>
19. <script>
20. $(function () {//JavaScript 激活工具提示
21. //tooltip 的单独设置应置于统一设置之前：通过参数传递设置.btn-danger 的工具提示
22. $('.btn-danger').tooltip({
23.     html:true,//支持 HTML 字符串
24.     title:"<h1>hello<h1>",  //提示内容
25.     placement:"right",//显示位置
26.     trigger:"click"});//单击时触发
27. $('[data-toggle="tooltip"]').tooltip();//使用 data-toggle 属性激活工具提示插件
28. $('[data-placement="top"]').tooltip('show');//使"向上"按钮自动显示工具提示效果
29. //调用工具提示的常用事件
30. $('.btn-danger').on('show.bs.tooltip',function(){console.log('show.bs.tooltip')})
```

```
31. $('.btn-danger').on('shown.bs.tooltip',function(){console.log('shown.bs.tooltip')})
32. $('.btn-danger').on('hide.bs.tooltip',function(){console.log('hide.bs.tooltip')})
33. $('.btn-danger').on('hidden.bs.tooltip',function(){console.log('hidden.bs.tooltip')})
34. $('.btn-danger').on('inserted.bs.tooltip',function(){console.log('inserted.bs.
    tooltip')})})
35. </script>
36. </html>
```

运行上述代码，单击“事件按钮”，其事件调用顺序及显示效果如图 8.5 所示；再次单击“事件按钮”，工具提示隐藏，其事件调用顺序及显示效果如图 8.6 所示。

图 8.5　显示工具提示

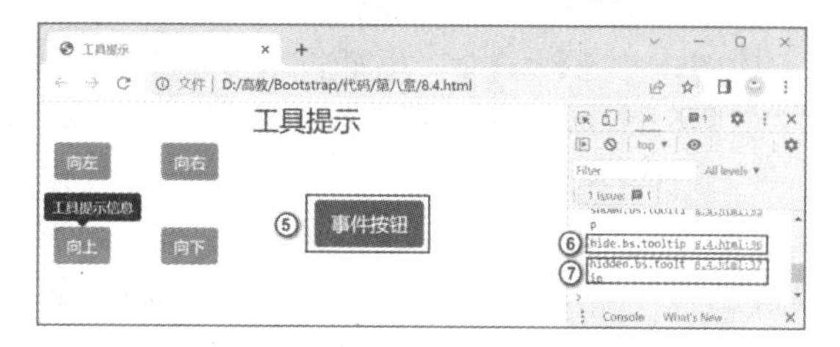

图 8.6　隐藏工具提示

8.6　弹出框

弹出框插件需要 popover.js 的支持，弹出框插件依赖于 popper.js。因此在使用弹出框插件前应引入 jquery.js、util.js、popper.js 和 popover.js 文件。读者也可一次性引入 jquery.js、popper.js、bootstrap.js 或压缩版的 bootstrap.min.js，并将 popper.js 置于 bootstrap.js 或 bootstrap.min.js 之前。

弹出框插件与工具提示插件在调用方式、方向控制、参数传递、事件和方法等方面非常相似，在调用弹出框时可参考工具提示的调用方法。

1. 定义弹出框

弹出框效果依赖于其他元素进行展示，如超链接、按钮等。为元素添加 data-toggel="popover"属性实现弹出框效果，使用 title 属性定义弹窗标题、使用 data-content 属性定义弹窗内容。弹出框的弹出方向使用 data-placement="left|right|top|bottom"属性进行设置，具体代码如下。

```
<button type="button" class="btn btn-info" data-toggle="popover" data-placement=
"left" title="弹出框标题" data-content="弹出框内容">按钮</button>
```

与工具提示插件一样，弹出框插件同样仅支持使用 JavaScript 脚本进行调用。调用 popover()构造函数即可实现上述<button>按钮的弹出框效果，具体代码如下。

```
$(function (){
$('[data-toggle="popover"]').popover();//使用 data-toggle 属性触发弹出框
$('.btn').popover();//使用依赖元素的 id 或类触发弹出框
})
```

在弹出框插件中读者同样可在禁用元素的外层嵌套一个包裹容器，并在该容器上触发弹出效果。

2. 弹出框的参数传递

在弹出框插件中可使用 data 属性或 JavaScript 脚本传递参数。对于 data 属性，需将参数名称追加至“data-”之后，如 data-content="弹出框内容"。对于 JavaScript 脚本，需将参数置于 popover()构造函数中。使用 JavaScript 脚本传递参数，具体代码如下。

```
$('.btn').popover(options);
```

在上述代码中，options 是一个参数对象，其中可包含多个配置参数。弹出框插件的配置参数与工具提示插件的配置参数基本一致，仅增加了一个 content 参数，其他配置参数可参考表 8.4。

content 参数的类型为 string/element/function，其默认值为空，当 data-content 属性不存在时，则使用默认值。如果给定一个函数，则该函数将被调用，并将其 this 引用设为 popover 所附加的元素。

3. 弹出框的实用方法

Bootstrap 4 提供弹出框插件的一些实用方法，具体介绍如下。

（1）$().popover('show')：显示目标元素的弹出框。

（2）$().popover(hide)：隐藏目标元素的弹出框。

（3）$().popover(toggle)：显示或隐藏，即切换目标元素的弹出框。

（4）$().popover(dispose)：隐藏并销毁目标元素的弹出框。

（5）$().popover(enable)：赋予目标元素弹出框显示功能，默认启用。

（6）$().popover(disable)：删除目标元素弹出框显示功能，仅当启用时才显示弹出框。

（7）$().popover(toggleEnaled)：赋予目标元素切换其显示或隐藏弹出框的功能。

（8）$().popover(update)：更新目标元素的弹出框位置。

4. 弹出框的常用事件

Bootstrap 4 提供弹出框插件的 5 个事件，具体介绍如下。

（1）show.bs.popover：调用显示弹出框的实例方法 show()时，将立即触发此事件。

（2）shown.bs.popover：当弹出框对用户可见时，将立即触发此事件。

（3）hide.bs.popover：调用隐藏弹出框的实例方法 hide()时，将立即触发此事件。

（4）hidden.bs.popover：当弹出框对用户不可见时，将立即触发此事件。

（5）inserted.bs.popover：该事件在 show.bs.popover 事件结束后被触发。

5. 弹出框演示

结合弹出框的语法格式，使用 JavaScript 脚本激活按钮的弹出框并为其调用上述方法与事件，具体代码如例 8.5 所示。

【例 8.5】弹出框。

```
1.  <!DOCTYPE html>
2.  <html lang="en">
3.  <head>
4.  <meta charset="UTF-8">
5.  <meta name="viewport" content="width=device-width,initial-scale=1, shrink-to-fit=no">
6.  <link rel="stylesheet" href="bootstrap-4.5.3-dist/css/bootstrap.css">
7.  <script src="jquery-3.5.1.slim.js"></script>
8.  <script src="popper.js"></script>
9.  <script src="bootstrap-4.5.3-dist/js/bootstrap.min.js"></script>
10. <title>弹出框</title>
11. </head>
12. <body class="container">
13. <h3 class="text-center">弹出框</h3>
14. <button type="button" class="btn btn-info float-right mt-2"data-toggle="popover
    "data-placement="left"title="弹出框标题"data-content="鼠标指针悬浮触发-向左弹出">
    向左弹出</button>
15. <button type="button" class="btn btn-info float-left"data-toggle="popover
```

```
"data-placement="right"data-trigger="click" title="弹出框内容"data-content="鼠标
单击触发-向右弹出">向右弹出</button><br><br>
16. <button type="button" class="btn btn-dark mt-5"data-toggle="popover">事件按钮</button>
17. </body>
18. <script>
19. //JavaScript 激活弹出框
20. $(function () {
21. //popover 的单独设置应置于统一设置之前
22. //通过参数传递设置弹出框
23. $('.btn-dark').popover({
24.     html:true,//支持 HTML 字符串
25.     title:"<h1>hello<h1>",  //提示内容
26.     placement:"right",//显示位置
27.     trigger:"click",//单击时触发
28. });
29. $('[data-toggle="popover"]').popover();//使用 data-toggle 属性为所有元素激活弹出框插件
30. $('[data-placement="left"]').popover('show');//初始化使“向左”的按钮的加载完成时立即
显示弹出框
31. //调用弹出框的常用事件
32. $('.btn-dark').on('show.bs.popover',function(){console.log('show.bs.popover')})
33. $('.btn-dark').on('shown.bs.popover',function(){console.log('shown.bs.popover')})
34. $('.btn-dark').on('hide.bs.popover',function(){console.log('hide.bs.popover')})
35. $('.btn-dark').on('hidden.bs.popover',function(){console.log('hidden.bs.popover')})
36. $('.btn-dark').on('inserted.bs.popover',function(){console.log('inserted.bs.
popover')})
37. })
38. </script>
39. </body>
40. </html>
```

运行上述代码，单击“事件按钮”，显示弹出框，其事件调用顺序及显示效果如图 8.7 所示；再次单击“事件按钮”，隐藏弹出框，其事件调用顺序及隐藏效果如图 8.8 所示。

图 8.7 显示弹出框

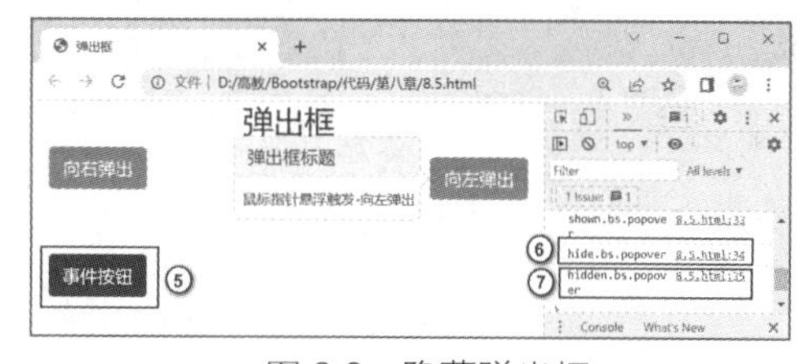

图 8.8 隐藏弹出框

8.7 警告框

在 Bootstrap 4 中可使用 alert.js 实现警告框的交互，在使用警告框插件前应引入 jquery.js、util.js、alert.js 文件。也可一次性引入 jquery.js 以及 bootstrap.js 或压缩版的 bootstrap.min.js。

警告框插件的语法格式、使用 data 属性调用警告框插件、使用 JavaScript 脚本调用警告框插件及警告框插件的常用方法在本书 7.2 节中已进行详细的介绍，本节仅对警告框的常用事件进行讲解。

1. 警告框的常用事件

Bootstrap 4 提供警告框插件的一些常用事件，具体介绍如下。

（1）colse.bs.alert：当 colse()实例方法被调用后，将立即触发此事件。

（2）colsed.bs.alert：当警告框被关闭后，将立即触发此事件。

2．警告框演示

结合 7.2 节中对警告框的介绍，根据警告框的语法格式并使用 JavaScript 脚本调用警告框，观察警告框的事件调用顺序，具体代码如例 8.6 所示。

【例 8.6】警告框事件。

```
1.  <!DOCTYPE html>
2.  <html lang="en">
3.  <head>
4.  <meta charset="UTF-8">
5.  <meta name="viewport" content="width=device-width,initial-scale=1,shrink-to-fit=no">
6.  <link rel="stylesheet" href="bootstrap-4.5.3-dist/css/bootstrap.css">
7.  <script src="jquery-3.5.1.slim.js"></script>
8.  <script src="bootstrap-4.5.3-dist/js/bootstrap.min.js"></script>
9.  <title>警告框事件</title>
10. </head>
11. <body class="container">
12. <h3 class="text-center">警告框事件</h3>
13. <div class="alert alert-warning fade show">
14.    <strong>警告提示! </strong> 程序中出现一个语法问题。
15.    <button type="button" class="close"><span>&times;</span></button>
16. </div>
17. </body>
18. <script>
19.    $(function(){
20.        $(".close").click(function(){
21.            $(".alert").alert("close")})//警告框的方法
22.        $(".alert").on("close.bs.alert",function(){
23.        console.log("close.bs.alert-即将关闭警告框")})
24.        $(".alert").on("closed.bs.alert",function(){
25.            console.log("close.bs.alert-警告框已经关闭")})
26.    })
27.    </script>
28. </html>
```

运行上述代码，单击关闭按钮，触发关闭事件，其事件调用顺序及显示效果如图 8.9 所示。

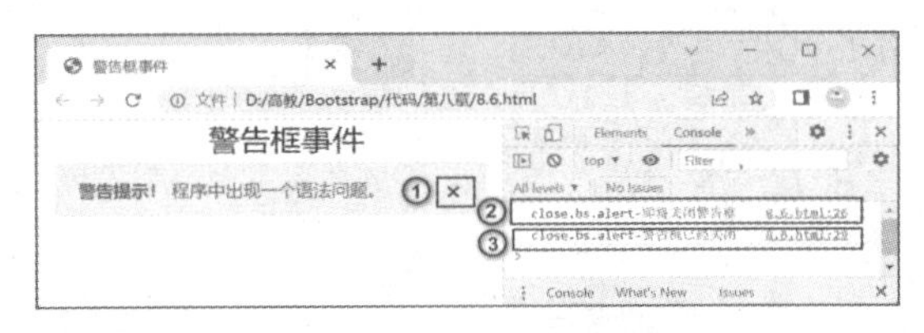

图 8.9　警告框事件

8.8　按钮

在 Bootstrap 4 中可通过 button.js 实现按钮的交互，在使用按钮插件前应引入 jquery.js、button.js 文件。也可一次性引入 jquery.js 以及 bootstrap.js 或压缩版的 bootstrap.min.js。

1．调用按钮

按钮插件同样支持使用 data 属性和 JavaScript 脚本进行调用，开发中推荐使用 data 属性进行调用。

（1）使用 data 属性调用：在按钮组件的语法格式之中，为按钮添加 data-toggle="button" 属性即可。例如，为<button>添加上述属性进行激活，具体代码如下。

```
<button type="button" class="btn btn-primary" data-toggle="button">激活按钮</button>
```

（2）使用 JavaScript 脚本调用：直接调用 button()方法即可，具体代码如下。

```
$function(".btn").button()
```

2．按钮的常用方法

（1）$().button('toggle')：切换按钮状态，设置按钮被激活时的状态与外观。

（2）$().button('dispose')：销毁按钮。

3．模拟按钮组

Bootstrap 4 的按钮样式可作用于其他元素，如<label>上，从而模拟实现单选按钮组与复选框组效果。在按钮组的基础之上，可将 data-toggle="button"属性添加到.btn-group 类中的元素上，以便实现样式切换效果。

（1）模拟按钮式复选框组，基于按钮组的语法格式创建一个按钮式复选框组，并使用 JavaScript 脚本激活按钮，具体代码如例 8.7 所示。

【例 8.7】按钮式复选框组。

```
1.  <!DOCTYPE html>
2.  <html lang="en">
3.  <head>
4.  <meta charset="UTF-8">
5.  <meta name="viewport" content="width=device-width,initial-scale=1, shrink-to-fit=no">
6.  <link rel="stylesheet" href="bootstrap-4.5.3-dist/css/bootstrap.css">
7.  <script src="jquery-3.5.1.slim.js"></script>
8.  <script src="bootstrap-4.5.3-dist/js/bootstrap.min.js"></script>
9.  <title>按钮式复选框组</title>
10. </head>
11. <body class="container">
12.     <h3>按钮式复选框组</h3>
13.     <div class="btn-group">
14.         <!-- active 默认激活项 -->
15.         <label class="btn btn-info active">
16.             <input type="checkbox"checked >按钮 1
17.         </label>
18.         <label class="btn btn-info">
19.             <input type="checkbox">按钮 2
20.         </label>
21.         <label class="btn btn-info">
22.             <input type="checkbox">按钮 3
23.         </label>
24.     </div>
25. </body>
26. <script>
27.     $(".btn").button()
28. </script>
29. </html>
```

运行上述代码，按钮式复选框组的显示效果如图 8.10 所示。

图 8.10　按钮式复选框组的显示效果

同时，Bootstrap 4 提供.btn-group-group 类用来实现类似于按钮组的效果，.btn-group-group 类需与 data-toggle= "buttons"属性搭配使用，以便实现按钮的激活。

（2）模拟单选式按钮组，具体代码如例 8.8 所示。

【例 8.8】单选式按钮组。

```
1.  <!DOCTYPE html>
2.  <html lang="en">
3.  <head>
4.  <meta charset="UTF-8">
5.  <meta name="viewport" content="width=device-width,initial-scale=1,shrink-to-fit=no">
6.  <link rel="stylesheet" href="bootstrap-4.5.3-dist/css/bootstrap.css">
7.  <script src="jquery-3.5.1.slim.js"></script>
8.  <script src="bootstrap-4.5.3-dist/js/bootstrap.min.js"></script>
9.  <title>单选式按钮组</title>
10. </head>
11. <body class="container">
12.     <h3>单选式按钮组</h3>
13.     <div class="btn-group btn-group-toggle"data-toggle="buttons">
14.         <label class="btn btn-info active">
15.             <input type="radio" name="options" id="option1"checked>唐诗
16.         </label>
17.         <label class="btn btn-info">
18.             <input type="radio" name="options" id="option2">宋词
19.         </label>
20.         <label class="btn btn-info">
21.             <input type="radio" name="options" id="option3">元曲
22.         </label>
23.     </div>
24. </body>
25. </html>
```

运行上述代码，单选式按钮组的显示效果如图 8.11 所示。

图 8.11　单选式按钮组的显示效果

8.9　折叠

折叠插件可以很容易地使页面区域折叠起来。当下拉菜单的条目过多且页面空间有限时，可使用类似于手风琴的折叠菜单来节约页面空间，便于用户浏览。

折叠插件需要 collapse.js 的支持，因此在使用轮播插件前应引入 jquery.js、util.js 和 collapse.js 文件。读者也可一次性引入 jquery.js、bootstrap.js 或压缩版的 bootstrap.min.js。

8.9.1　折叠插件的基本结构

折叠插件的语法格式比较简单，主要由两部分组成，即触发器和折叠包含框。

1．触发器

主要使用<a>或<button>标签构建触发器，为触发器元素添加 data-toggle="collapse"属性用于激活折叠插件，并在触发器元素中添加 ID 或类名来指定对应的折叠内容包含框，具体代码如下。

```
<a class="btn btn-info" data-toggle="collapse" href="#collapseA">触发器</a>
<button class="btn btn-info" type="button" data-toggle="collapse" data-target=
"#collapseB">触发器</button>
```

2．折叠包含框

折叠包含框将需要折叠隐藏的内容包裹起来，折叠包含框的 ID 与类名应与<a>标签的 href 属性或<button>的 data-target 属性的值保持一致。折叠包含框不仅可以使用.collapse、.collapsing 或.collapse.show 类，还可嵌套一个卡片主体内容<div class="card card-body">。

.collapse、.collapsing 与.collapse.show 类的具体介绍如下。

（1）.collapse：隐藏折叠框中的内容。

（2）.collapsing：在转换期间应用，实现切换时的动态效果。

（3）.collapse.show：显示折叠框中的内容，可使折叠框内容在默认状态下打开。

折叠包含框的语法格式如下。

```
<div class="collapse" id="collapseA">
 <div class="card card-body">折叠内容</div>
</div>
<div class="collapsing" id="collapseB">...</div>
<div class="collapse show" id="collapseC">...</div>
```

8.9.2　手风琴式折叠

在介绍折叠插件的语法格式后，本小节将带领读者结合折叠插件与卡片组件实现一个经典的折叠案例，即在某个时间内仅可显示一个子项目的手风琴效果，具体代码如例 8.9 所示。

【例 8.9】手风琴。

```
1.  <!DOCTYPE html>
2.  <html lang="en">
3.  <head>
4.      <meta charset="UTF-8">
5.      <meta name="viewport" content="width=device-width,initial-scale=1,shrink-to-fit=no">
6.      <link rel="stylesheet" href="bootstrap-4.5.3-dist/css/bootstrap.css">
7.      <script src="jquery-3.5.1.slim.js"></script>
8.      <script src="bootstrap-4.5.3-dist/js/bootstrap.min.js"></script>
9.      <title>手风琴</title>
10. </head>
11. <body class="container">
12. <h3 class="text-center">折叠插件案例——手风琴</h3>
13. <!-- 手风琴 -->
14. <div id="accordion">
15.     <div class="card">
16.         <div class="card-header">
17.             <button class="btn btn-info" type="button" data-toggle="collapse"
    data-target="#first">白茶</button>
18.         </div>
19.         <div id="first" class="collapse show"data-parent="#accordion">
20.             <div class="card card-body">
21.                 白毫银针、白牡丹、寿眉、贡眉
22.             </div>
23.         </div>
24.     </div>
25.     <div class="card">
26.         <div class="card-header">
27.             <button class="btn btn-info collapsed" type="button"data-toggle=
    "collapse" data-target="#second">青茶</button>
28.         </div>
29.         <div id="second" class="collapse"data-parent="#accordion">
30.             <div class="card card-body">
31.                 武夷水仙、武夷肉桂、冻顶乌龙、凤凰单丛
32.             </div>
```

```
33.         </div>
34.     </div>
35.     <div class="card">
36.         <div class="card-header">
37.             <button class="btn btn-info collapsed" type="button"data-toggle=
    "collapse" data-target="#third">黄茶</button>
38.         </div>
39.         <div id="third" class="collapse" data-parent="#accordion">
40.             <div class="card card-body">
41.                 <span>炒青绿茶</span>
42.                 <span>蒸青绿茶</span>
43.                 <span>晒青绿茶</span>
44.                 <span>烘青绿茶</span>
45.             </div>
46.         </div>
47.     </div>
48. </div>
49. </body>
50. </html>
```

运行上述代码，手风琴的显示效果如图 8.12 所示。

设计手风琴效果时，需要借助 data-parent="外层容器 ID 或类"属性，以确保在外层容器中的某个时间内仅可显示 1 个子项目。

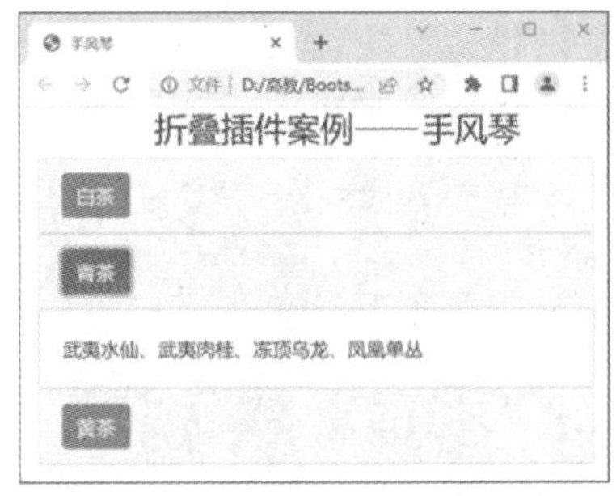

图 8.12　手风琴的显示效果

8.9.3　折叠插件的调用

折叠插件有两种调用方式，即 data 属性调用以及 JavaScript 脚本调用这两种，开发中推荐使用 data 属性进行调用。

1. data 属性调用

使用 data 属性调用折叠插件，仅为<a>或<button>触发器添加 data-toggle="collapse"属性和 data-target="目标折叠包含框的 ID 或类"属性即可。当触发器为<a>标签时，无须添加 data-target 属性，可直接在 href 属性中绑定目标折叠包含框的 ID 或类。使用 data 属性调用的方式已在折叠插件的语法格式中进行了详细的介绍，此处不赘述。

2. JavaScript 脚本调用

折叠插件的 JavaScript 脚本调用方式如下。

```
$('collapse').collapse()
```

Bootstrap 4 支持使用 data 属性或 JavaScript 脚本传递参数。对于 data 属性，需将参数名称追加至“data-”之后，如 data-parent=""。对于 JavaScript 脚本，需将参数置于 collapse()构造函数中。折叠插件的 collapse(options)方法包含一个配置对象 options，options 对象中包含两个常用参数，具体介绍如表 8.5 所示。

表 8.5　collapse()的配置参数

参数	类型	默认值	说明
parent	选择器	false	所有添加该属性的折叠项，其中某一项显示时，其他子项自动关闭。效果与 data-parent 属性的一致
toggle	boolean	true	用于设置是否切换折叠插件显示状态

8.9.4 折叠插件的方法与事件

1. 折叠插件的方法

折叠插件有 4 个常用方法，调用这些方法可为折叠插件实现特定的行为效果，具体介绍如下。

（1）.collapse('toggle')：切换可折叠元素，显示或隐藏该元素。

（2）.collapse('show')：显示可折叠元素。

（3）.collapse('hide')：隐藏可折叠元素。

（4）.collapse('dispose')：销毁可折叠元素。

2. 折叠插件的事件

折叠插件有 4 个常用事件，调用这些事件可监听用户的动作，具体介绍如下。

（1）show.bs.collapse：调用实例方法.collapse('show')时，将立即触发此事件。

（2）shown.bs.collapse：当折叠包含框为用户所见时，将立即触发此事件。

（3）hide.bs.collapse：调用实例方法.collapse('hide')时，将立即触发此事件。

（4）hidden.bs.collapse：当折叠包含框不为用户所见时，将立即触发此事件。

8.9.5 折叠插件的事件调用

定义 1 个简单的折叠插件，并调用折叠插件的常用事件，观察折叠插件的事件调用顺序，具体代码如例 8.10 所示。

【例 8.10】折叠插件事件调用。

```
1.  <!DOCTYPE html>
2.  <html lang="en">
3.  <head>
4.  <meta charset="UTF-8">
5.  <meta name="viewport" content="width=device-width,initial-scale=1,shrink-to-fit=no">
6.  <link rel="stylesheet" href="bootstrap-4.5.3-dist/css/bootstrap.css">
7.  <script src="jquery-3.5.1.slim.js"></script>
8.  <script src="bootstrap-4.5.3-dist/js/bootstrap.min.js"></script>
9.  <title>折叠插件事件调用</title>
10. </head>
11. <body class="container">
12. <h3>折叠插件事件调用</h3>
13. <button  type="button" class="btn btn-info"data-target="#accordion"data-toggle=
    "collapse">触发按钮</button>
14. <div class="collapsing" id="accordion">
15.     <div class="card card-body">
16.     <p>《沁园春·雪》 北国风光，千里冰封，万里雪飘。</p>
17.     </div>
18. </div>
19. </body>
20. <script>
21.     $(function(){
22.         $('#accordion').on("show.bs.collapse",function(){
23.          console.log("show.bs.collapse")
24.         })
25.         $('#accordion').on("shown.bs.collapse",function(){
26.          console.log("shown.bs.collapse")
27.         })
```

```
28.         $('#accordion').on("hide.bs.collapse",function(){
29.          console.log("hide.bs.collapse")
30.         })
31.         $('#accordion').on("hidden.bs.collapse",function(){
32.          console.log("hidden.bs.collapse")
33.         })
34.     })
35. </script>
36. </html>
```

运行上述代码，单击“触发按钮”，折叠内容显示，其事件调用顺序及显示效果如图 8.13 所示；再次单击“触发按钮”，折叠内容隐藏，其事件调用顺序及隐藏效果如图 8.14 所示。

图 8.13　显示折叠内容

图 8.14　隐藏折叠内容

8.10　轮播

轮播插件是一种灵活的、响应式的、可无缝循环播放的幻灯片切换插件，其内容可以是图像、内嵌框架、视频或者其他任何类型的内容。

轮播插件需要 carousel.js 的支持，因此在调用轮播插件前应引入 jquery.js、util.js 和 carousel.js 文件。读者也可一次性引入 jquery.js、bootstrap.js 或压缩版的 bootstrap.min.js。

8.10.1　轮播插件的基本结构

轮播插件是一种幻灯片切换插件，不仅可用于使内部幻灯片实现无缝循环播放，还可用于实现对上一张、下一张图片的浏览控制和指令支持。轮播插件的结构并不复杂，主要由 4 部分组成，即轮播包含框、指示图标、幻灯片以及控制按钮。

1．轮播插件

（1）轮播包含框

轮播插件的所有内容都应被包含在.carousel 轮播包含框，即.carousel-indicators 指示图标包含框、.carousel-inner 幻灯片包含框、.carousel-control-{prev|next}控制按钮中。

读者需要为轮播包含框设计唯一的 ID 值，避免多个.carousel 轮播包含框之间出现交叉影响。需要注意，.carousel 轮播包含框内的指示图标与控制按钮的 data-target 或 href 属性的 ID 值应该与.carousel 包含框的 ID 值保持一致。

读者需要使用 data 属性或 JavaScript 脚本初始化轮播插件，即为包含框添加 data-ride="carousel"属性，使轮播插件在页面加载时就开始进行动画播放，或调用 JavaScript 的 carousel()方法初始化轮播包含框。

轮播包含框的结构代码如下。

```
<div id="Carousel" class="carousel" data-ride="carousel">
```

```
  <ol class="carousel-indicators"></ol>
  <div class="carousel-inner"></div>
  <a class="carousel-control-prev" href="#Carousel" data-slide="prev"></a>
  <a class="carousel-control-next" href="#Carousel" data-slide="next"></a>
</div>
```

（2）指示图标

读者可为<ol>列表添加.carousel-indicators 类创建 1 个指示图标包含框。指示图标包含框内的指示图标数量与幻灯片数量保持一致，指示图标主要用于显示当前图片的播放顺序。在列表中，每个列表项均应使用 data-target="目标轮播包含框 ID"属性指定其父级轮播包含框，并使用 data-slide-to="0"属性定义幻灯片的播放顺序。指示图标包含框的结构代码如下。

```
<ol class="carousel-indicators">
  <li data-target="#Carousel" data-slide-to="0" class="active"></li>
  <li data-target="#Carousel" data-slide-to="1"></li>
  <li data-target="#Carousel" data-slide-to="2"></li>
</ol>
```

（3）幻灯片

.carousel-inner 幻灯片包含框由多个.carousel-item 幻灯片项目构成，幻灯片项目由<img>图片和.carousel-caption 图片说明构成。为<img>图片添加.d-block 类和.w-100 类以修正浏览器的预设图像对齐带来的影响，幻灯片包含框的结构代码如下。

```
<div class="carousel-inner">
        <div class="carousel-item active">
            <img src="xx.png" class="d-block w-100" alt="">
            <div class="carousel-caption">
                <h4>图片说明标题</h4>
                <p>图片说明</p>
            </div>
        </div>
        <div class="carousel-item">...</div>
        <div class="carousel-item">...</div>
    </div>
```

（4）控制按钮

在.carousel 轮播包含框末尾位置应插入两个控制按钮，可使用.carousel-control-prev 类设计向上切换图片的左按钮，使用.carousel-control-next 类设计向下切换图片右按钮。左、右按钮上的箭头图标则分别使用.carousel-control-prev-icon 类和.carousel-control-next-icon 类来实现。每个控制按钮都应与.carousel 轮播包含框进行绑定，例如，使其 href 属性的锚点值与.carousel 轮播包含框的 ID 值保持一致。需要注意，实现左、右控制按钮的交互行为，需要添加 data-slide="prev"属性和 data-slide="next"属性进行激活，控制按钮的结构代码如下。

```
<a class="carousel-control-prev" href="#Carousel" data-slide="prev">
  <span class="carousel-control-prev-icon"></span>
</a>
<a class="carousel-control-next" href="#Carousel" data-slide="next">
  <span class="carousel-control-next-icon"></span>
</a>
```

2．基础轮播图

基于轮播插件的基本结构，实现一个介绍 Bootstrap 相关优质项目的轮播图，具体代码如例 8.11 所示。

【例 8.11】基础轮播图。

```
1.  <!DOCTYPE html>
2.  <html lang="en">
3.  <head>
4.  <meta charset="UTF-8">
5.  <meta name="viewport" content="width=device-width,initial-scale=1, shrink-to-fit=no">
6.  <link rel="stylesheet" href="bootstrap-4.5.3-dist/css/bootstrap.css">
7.  <script src="jquery-3.5.1.slim.js"></script>
8.  <script src="bootstrap-4.5.3-dist/js/bootstrap.min.js"></script>
9.  <title>基础轮播图</title>
10. </head>
11. <body class="container">
12. <h3 class="text-center">基础轮播图</h3>
13. <div id="Carousel" class="carousel"data-ride="carousel">
14.     <!--指示图标-->
15.     <ol class="carousel-indicators">
16.         <li data-target="#Carousel"data-slide-to="0" class="active"></li>
17.         <li data-target="#Carousel"data-slide-to="1"></li>
18.         <li data-target="#Carousel"data-slide-to="2"></li>
19.     </ol>
20.     <!--幻灯片-->
21.     <div class="carousel-inner">
22.     <!-- 需要将.active 类添加到任意一个幻灯片上，否则轮播将不可见 -->
23.         <div class="carousel-item active">
24.             <img src="images/bs.png" class="d-block w-100" alt="">
25.             <div class="carousel-caption">
26.                 <h5>Bootstrap</h5>
27.                 <p>Bootstrap 网站实例</p>
28.             </div>
29.         </div>
30.         <div class="carousel-item">
31.             <img src="images/react.png" class="d-block w-100" alt="">
32.             <div class="carousel-caption">
33.                 <h5>React</h5>
34.                 <p>是前端资源模块化管理和打包工具</p>
35.             </div>
36.         </div>
37.         <div class="carousel-item">
38.             <img src="images/webpack.png" class="d-block w-100" alt="">
39.             <div class="carousel-caption">
40.                <h5>Webpack</h5>
41.                 <p>是前端资源模块化管理和打包工具</p>
42.             </div>
43.         </div>
44.     </div>
45.     <!--控制按钮-->
46.     <a class="carousel-control-prev" href="#Carousel"data-slide="prev">
47.         <span class="carousel-control-prev-icon"></span>
48.     </a>
49.     <a class="carousel-control-next" href="#Carousel"data-slide="next">
50.         <span class="carousel-control-next-icon"></span>
51.     </a>
52. </div>
53. </body>
```

```
54. </html>
```

运行上述代码，基础轮播图的显示效果如图 8.15 所示。

图 8.15　基础轮播图的显示效果

8.10.2　轮播插件的风格设计

在轮播插件中，可通过.slide 类来设计轮播图片切换的过渡方式以及动画效果，当图片不需要过渡方式和动画效果时，可删除.slide 类。在添加.slide 类的前提下，为.carousel 轮播包含框添加.carousel-fade 类可实现轮播的交叉淡入淡出切换效果。轮播插件的幻灯片具有自动循环播放功能，读者可在每个幻灯片项目上设置其自动循环的间隔时间。

结合轮播插件的风格设计类创建 1 个具有动画效果的轮播图，并分别设置图片的间隔时间为 1s、2s、3s，具体代码如例 8.12 所示。

【例 8.12】交叉淡入淡出的轮播图。

```
1.  <!DOCTYPE html>
2.  <html lang="en">
3.  <head>
4.  <meta charset="UTF-8">
5.  <meta name="viewport" content="width=device-width,initial-scale=1, shrink-to-fit=no">
6.  <link rel="stylesheet" href="bootstrap-4.5.3-dist/css/bootstrap.css">
7.  <script src="jquery-3.5.1.slim.js"></script>
8.  <script src="bootstrap-4.5.3-dist/js/bootstrap.min.js"></script>
9.  <title>交叉淡入淡出的轮播图</title>
10. </head>
11. <body class="container">
12.     <div id="Carousel" class="carousel slide carousel-fade"data-ride="carousel">
13.         <!--指示图标-->
14.         <ol class="carousel-indicators">
15.             <li data-target="#Carousel" data-slide-to="0" class="active"></li>
16.             <li data-target="#Carousel" data-slide-to="1"></li>
17.             <li data-target="#Carousel" data-slide-to="2"></li>
18.         </ol>
19.         <!--幻灯片-->
20.         <div class="carousel-inner">
21.             <div class="carousel-item active"data-interval="1000">
22.                 <img src="images/carousel1.jpg" class="d-block w-100" alt="">
23.             </div>
24.             <div class="carousel-item"data-interval="2000">
25.                 <img src="images/carousel2.jpg" class="d-block w-100" alt="">
26.             </div>
27.             <div class="carousel-item"data-interval="3000">
28.                 <img src="images/carousel3.jpg" class="d-block w-100" alt="">
29.             </div>
30.         </div>
31.        <!--控制按钮-->
32.         <a class="carousel-control-prev" href="#Carousel" data-slide="prev">
33.             <span class="carousel-control-prev-icon"></span>
34.         </a>
35.         <a class="carousel-control-next" href="#Carousel" data-slide="next">
36.             <span class="carousel-control-next-icon"></span>
```

```
37.         </a>
38.     </div>
39. </body>
40. </html>
```

运行上述代码，具有交叉淡入淡出效果的轮播图的显示效果如图 8.16 所示。

图 8.16　具有交叉淡入淡出效果的轮播图的显示效果

8.10.3　轮播插件的调用

在 Bootstrap 4 中轮播插件有两种调用方式，即 data 属性调用和 JavaScript 脚本调用。

（1）data 属性调用

读者可使用 data 属性快捷地控制轮播插件的位置，即添加 data-ride 属性和 data-slide 属性进行控制。在 8.10.1 节中已对 data 属性调用方式进行了详细的介绍，此处不赘述。

（2）JavaScript 脚本调用

除 data 属性调用方式外，读者可使用 JavaScript 脚本调用轮播插件。使用该方式需要去掉轮播图中的 data-ride 属性和 data-slide 属性，因为这些属性在 JavaScript 脚本调用方式中是冗余的。读者在脚本中使用 carousel()即可激活轮播插件，具体代码如下。

```
$('#Carousel').carousel()
```

轮播插件的 carousel(options)方法包含一个配置对象 options，options 对象中包含 6 个常用参数，具体介绍如表 8.6 所示。

表 8.6　carousel()的配置参数

参数	类型	默认值	说明
interval	number	5000	用于在自动循环的项目之间设置要延迟的时间
keyboard	boolean	true	用于设置轮播插件是否会对键盘事件做出反应
pause	string|boolean	hover	用于设置是否允许鼠标指针悬浮在轮播图上时暂停轮播图的自动播放，离开轮播图则恢复自动播放
ride	string	false	用于设置用户手动循环第一个项目后自动播放全部项目。如果设置为 carousel，则在加载时自动播放
wrap	boolean	true	用于设置轮播是否连续循环播放
touch	boolean	true	用于设置轮播是否支持触摸屏设备的左、右滑动等交互行为

Bootstrap 4 支持使用 data 属性或 JavaScript 脚本传递参数，上述参数在使用 data 属性进行传递时，可将参数名称追加至“data-”之后，如 data-interval=""。

8.10.4　轮播插件的方法与事件

1．轮播插件的方法

轮播插件还有一些常用方法，调用这些方法可为轮播插件实现特定的行为效果，具体介绍如下。

（1）.carousel('cycle')：设置轮播从左到右循环播放。

（2）.carousel(pause)：停止循环播放。

（3）.carousel('number')：循环播放到指定帧，下标从0开始，类似于数组。

（4）.carousel('prev')：滚动到上一帧。

（5）.carousel('next')：滚动到下一帧。

（6）.carousel('dispose')：销毁轮播元素。

需要注意，调用carousel()方法激活轮播插件时，其左、右控制按钮是不生效的。需要为左、右控制按钮分别添加.left和.right这两个类，并结合.carousel('prev')和.carousel('next')这两个方法来实现左、右控制按钮的跳转功能，具体代码如下。

```
<a class="carousel-control-prev left" href="#Carousel">
  <span class="carousel-control-prev-icon"></span>
</a>
<a class="carousel-control-next right" href="#Carousel">
  <span class="carousel-control-next-icon"></span>
</a>
<script>
    $(function(){
        $('#Carousel .left').click(function(){
            $('.carousel').carousel('prev');
        })
        $('#Carousel .right).click(function(){
            $('.carousel').carousel('next');
        })
    })
</script>
```

2. 轮播插件的事件

轮播插件有2个常用事件，具体介绍如下。

（1）slide.bs.carousel：调用slide()实例方法时，将立即触发此事件。

（2）slid.bs.carousel：当轮播完成幻灯片转换时，将立即触发此事件。

在以下案例中演示轮播插件的事件调用，当幻灯片平滑移动时，轮播图组件外框显示为黑色，当幻灯片完成移动时，轮播图组件外框显示为灰色，具体代码如例8.13所示。

【例8.13】轮播插件事件调用。

```
1.  <!DOCTYPE html>
2.  <html lang="en">
3.  <head>
4.  <meta charset="UTF-8">
5.  <meta name="viewport" content="width=device-width,initial-scale=1, shrink-to-fit=no">
6.  <link rel="stylesheet" href="bootstrap-4.5.3-dist/css/bootstrap.css">
7.  <script src="jquery-3.5.1.slim.js"></script>
8.  <script src="bootstrap-4.5.3-dist/js/bootstrap.min.js"></script>
9.  <title>轮播插件事件调用</title>
10. </head>
11. <body class="container">
12.     <div id="Carousel" class="carousel slide" data-ride="carousel">
13.         <ol class="carousel-indicators">
14.             <li data-target="#Carousel" data-slide-to="0" class="active"></li>
15.             <li data-target="#Carousel" data-slide-to="1"></li>
16.             <li data-target="#Carousel" data-slide-to="2"></li>
17.         </ol>
18.         <div class="carousel-inner">
19.             <div class="carousel-item active">
```

```
20.             <img src="images/carousel1.jpg" class="d-block w-100" alt="">
21.           </div>
22.           <div class="carousel-item">
23.             <img src="images/carousel2.jpg" class="d-block w-100" alt="">
24.           </div>
25.           <div class="carousel-item">
26.             <img src="images/carousel3.jpg" class="d-block w-100" alt="">
27.           </div>
28.         </div>
29.         <a class="carousel-control-prev" href="#Carousel" data-slide="prev">
30.           <span class="carousel-control-prev-icon"></span>
31.         </a>
32.         <a class="carousel-control-next" href="#Carousel" data-slide="next">
33.           <span class="carousel-control-next-icon"></span>
34.         </a>
35.     </div>
36.     </body>
37.     <script>
38.         $(function(){
39.           $('#Carousel').on("slide.bs.carousel",function(e){
40.             e.target.style.border="solid 20px black"
41.           })
42.           $('#Carousel').on("slid.bs.carousel",function(e){
43.             e.target.style.border="solid 20px gray"
44.           })
45.         })
46.     </script>
47. </html>
```

运行上述代码，处于滑动过程中的幻灯片，边框颜色为黑色，其显示效果如图 8.17 所示；滑动完成的幻灯片，边框颜色为灰色，其显示效果如图 8.18 所示。

图 8.17　黑色边框的幻灯片的显示效果

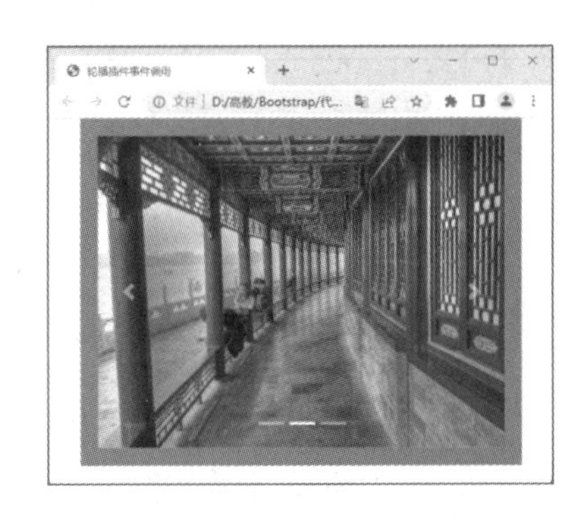

图 8.18　灰色边框的幻灯片的显示效果

8.11　实战：企业门户网站首页

本节将使用 Bootstrap 4 的 JavaScript 插件及部分 CSS 组件（滚动监听插件、轮播插件、模态框插件、折叠插件、弹出框插件、响应式导航栏组件和卡片组件等）实现企业门户网站首页。页面元素主要包括头部导航栏区域、Service 折叠区域、About 弹出框区域、Contact 联系区域，下面将对主要区域进行详细介绍。

8.11.1 头部导航栏区域

1. 结构

头部导航栏区域由响应式导航栏、轮播插件以及登录模态框组成。当用户滚动页面，页面显示对应模块时，导航栏中对应的导航项被激活。当用户单击“Login”按钮时，弹出对应的登录模态框。头部导航栏区域结构如图 8.19 所示。

图 8.19 头部导航栏区域结构

2. 代码实现

新建一个 HTML 文件，以外链的方式引入 Bootstrap 4 相关资源，如 jquery.js、popover.js、bootstrap.min.js，以及自定义的 CSS 文件等，本章仅展示页面的 HTML 代码，读者可在源文件查阅详细的 CSS 代码。头部导航栏区域的主要代码如下。

```
1.  <nav class="navbar navbar-expand-md nav-light" id="navbar">
2.      <div class="navbar-header">
3.      <a href="#" class="navbar-brand font-weight-bolder">WorkForce</a>
4.      <button type="button" class="navbar-toggler collapsed text-secondary"
    id="" data-toggle="collapse"data-target="#navbar-collapse">
5.      <i class="bi bi-list "></i>
6.      </button>
7.      </div>
8.      <div class="collapse navbar-collapse" id="navbar-collapse">
9.          <ul class="nav nav-pills">
10.             <li class="nav-item">
11.                 <a href="#CarouselArea" class="nav-link">Home</a></li>
12.             <li class="nav-item">
13.                 <a href="#service" class="nav-link">Services</a></li>
14.             <li class="nav-item">
15.                 <a href="#about" class="nav-link">About</a></li>
16.             <li class="nav-item">
17.                 <a href="#contact" class="nav-link">Contact</a></li>
18.         </ul>
19.     </div>
20. </nav>
21. <!-- 滚动监听包含框-->
22. <div data-spy="scroll" data-target="#navbar" class="Scrollspy" id="mainbox">
```

```
23.     <!-- CarouselArea -->
24.     <div id="CarouselArea">
25.         <div id="Carousel" class="carousel slide"data-ride="carousel">
26.             <ol class="carousel-indicators">
27.                 <li data-target="#Carousel"
28.                 data-slide-to="0" class="active"></li>
29.                 <li data-target="#Carousel"data-slide-to="1"></li>
30.                 <li data-target="#Carousel"data-slide-to="2"></li>
31.             </ol>
32.             <div class="carousel-inner">
33.                 <div class="carousel-item active">
34.                     <img src="images/banner1.jpg" class="d-block
35.                     w-100 img-responsive" alt="">
36.                     <div class="carousel-caption font-weight-bolder">
37.                         <h1>Corporate demeanor</h1>
38.                     </div>
39.                 </div>
40.                 <div class="carousel-item">
41.                     <img src="images/banner2.jpg" class="d-block
42.                     w-100 img-responsive" alt="">
43.                     <div class="carousel-caption font-weight-bolder">
44.                         <h1>Enterprise Time</h1>
45.                     </div>
46.                 </div>
47.                 <div class="carousel-item">
48.                     <img src="images/banner4.png" class="d-block
49.                     w-100 img-responsive" alt="">
50.                     <div class="carousel-caption font-weight-bolder">
51.                         <h1>Win win cooperation</h1>
52.                     </div>
53.                 </div>
54.             </div>
55.             <a class="carousel-control-prev" href="#Carousel"
56.              data-slide="prev">
57.                 <span class="carousel-control-prev-icon "></span>
58.             </a>
59.             <a class="carousel-control-next" href="#Carousel"
60.              data-slide="next">
61.                 <span class="carousel-control-next-icon"></span>
62.             </a>
63.         </div>
64.     </div>
65. <!-- service -->
66. <!-- about -->
67. <!-- footer -->
68. </div>
```

8.11.2 Service 折叠区域

1．结构

Service 折叠区域由 4 个触发器及相应折叠包含框组成。当用户单击触发器时，页面展示被折叠的内容。Service 折叠区域结构如图 8.20 所示。

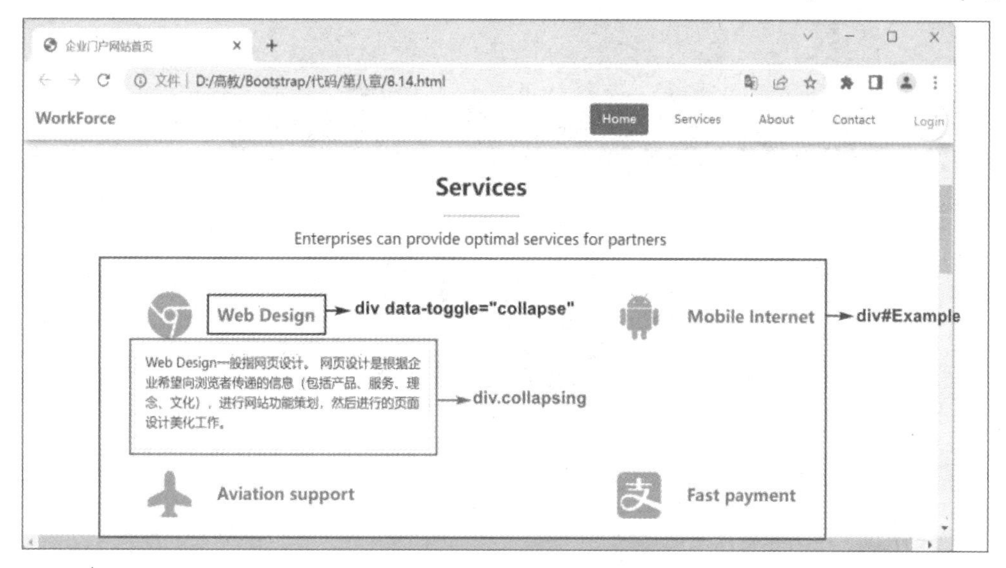

图 8.20　Service 折叠区域结构

2．代码实现

Service 折叠区域的主要代码如下。

```
1.  <div id="service" class="mb-5">
2.  <h1 class="text-center">Services</h1>
3.  <hr>
4.  <h5 class="text-center">Enterprises can provide optimal services for partners</h5>
5.  <div class="row" id="Example">
6.      <div class="col-12 col-md-6">
7.          <h2><i class="bi bi-browser-chrome"></i><a data-toggle="collapse" href=
    "#BrowserChrome">Web Design</a></h2>
8.          <div id="BrowserChrome" class="collapsing">
9.            <div class="card card-body">Web Design 一般指网页设计。网页设计是根据企业希望
    向浏览者传递的信息（包括产品、服务、理念、文化），进行网站功能策划，然后进行的页面设计美化工作。</div>
10.         </div>
11.     </div>
12.     <div class="col-12 col-md-6">
13.         以下省略“Mobile Internet”触发器与折叠内容的构建代码
14.     </div>
15.     <div class="col-12 col-md-6">
16.         以下省略“Aviation support”触发器与折叠内容的构建代码
17.     </div>
18.     <div class="col-12 col-md-6">
19.         以下省略“Fast payment”触发器与折叠内容的构建代码
20.     </div>
21. </div>
22. </div>
```

8.11.3　About 弹出框区域

1．结构

About 弹出框区域由 3 个卡片及相关弹出框插件组成。当用户的鼠标指针悬浮在标题上时，页面弹出详细内容。About 弹出框区域结构如图 8.21 所示。

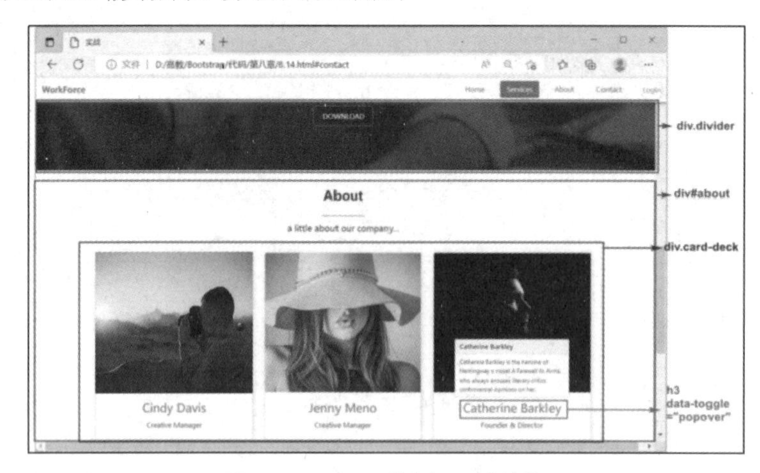

图 8.21　About 弹出框区域结构

2. 代码实现

About 弹出框区域的主要代码如下。

```
1.  <!-- divider -->
2.  <div class="divider">
3.  <div class="overlay text-center" id="overlayText">
4.  <div class="divider-des">
5.      <h3 class="text-uppercase">The best minimal business one page ever</h3>
6.      <p >It is fully responsive, clean, modern, creative, and minimal.</p>
7.      <button class="btn btn-default text-uppercase">Download</button>
8.  </div>
9.  </div>
10. </div>
11. <!-- about -->
12. <div id="about" class="mb-5">
13. <h1 class="text-center">About</h1>
14. <hr>
15. <h5 class="text-center">a little about our company...</h5>
16. <div class="card-deck mt-3">
17.     <div class="card">
18.         <img src="images/pict1.jpg" class="card-img-top" alt="...">
19.         <div class="card-body text-center">
20.             <h3 class="card-title text-primary "data-toggle="popover"title="Actress
    Cindy Davis"data-placement="top"data-trigger="hover"data-content="Cindy Davis
    was born on January 31, 1979 in Montréal, Québec, Canada. She is an actress">
    Cindy Davis</h3>
21.             <p>Creative Manager</p>
22.         </div>
23.     </div>
24.     <div class="card">以下省略“Jenny Meno”卡片与弹出信息的构建代码</div>
25.     <div class="card">以下省略“Catherine Barkley”卡片与弹出信息的构建代码</div>
26. </div>
27. </div>
```

8.11.4　Contact 联系区域

1. 结构

Contact 联系区域由表单组件组成。Contact 联系区域结构如图 8.22 所示。

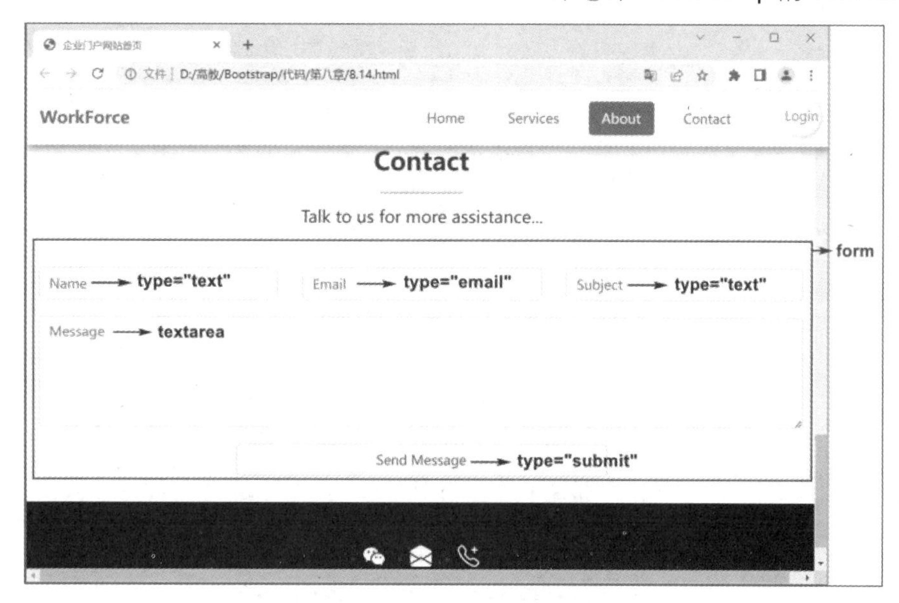

图 8.22 Contact 联系区域结构

2. 代码实现

Contact 联系区域的主要代码如下。

```
1.  <div id="contact" class="mt-5">
2.  <h1 class="text-center">Contact</h1>
3.  <hr>
4.  <h5 class="text-center">Talk to us for more assistance...</h5>
5.  <div class="row">
6.  <div class="col-md-12" id="contactBox">
7.      <form action="#" method="post" role="form">
8.          <div class="col-md-4 col-sm-12">
9.              <input type="text" placeholder="Name" class="form-control">
10.         </div>
11.         <div class="col-md-4 col-sm-12">
12.             <input type="email" placeholder="Email" class="form-control">
13.         </div>
14.         <div class="col-md-4 col-sm-12">
15.             <input type="text" placeholder="Subject" class="form-control">
16.         </div>
17.         <div class="col-md-12 col-sm-12" data-wow-delay="0.9s">
18.             <textarea class="form-control"
19.             rows="5" placeholder="Message"></textarea>
20.         </div>
21.         <div class="col-offset-3 col-sm-6 col-md-6" id="sendMessage">
22.             <input type="submit" value="Send Message" class="form-control">
23.         </div>
24.     </form>
25. </div>
26. </div>
27. </div>
```

8.11.5 小型设备状态下的页面显示效果

当处于小型设备状态时，页面显示效果如图 8.23 所示。

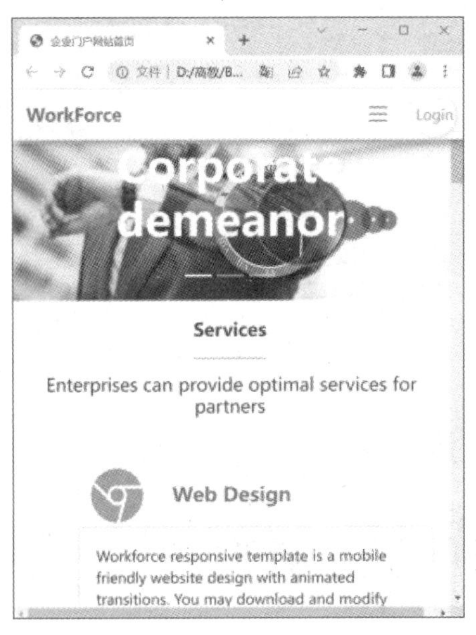

图 8.23　小型设备状态下的页面

8.12　本章小结

本章重点介绍了 Bootstrap 4 的 JavaScript 插件，包括模态框、下拉菜单、滚动监听、工具提示、弹出框、警告框、按钮、折叠和轮播等插件。通过 JavaScript 插件可使网页具备更多的互动效果，为 Bootstrap 4 的组件赋予生命。希望通过学习本章内容，读者能够熟练应用 Bootstrap 4 的 JavaScript 插件设计出具备更多动态效果的网页。

8.13　习题

1. 填空题

（1）Bootstrap 4 的插件可通过________、________这两种方式进行调用。

（2）Bootstrap 4 的.modal-content 模态框内容主要由________、________、________构成。

（3）使用 data 属性调用滚动监听插件需要为被监听元素添加________属性。

2. 选择题

（1）在 Bootstrap 4 中，以下不属于下拉菜单插件的依赖 JS 文件的是（　　）。

A．jquery.js　　B．util.js

C．dropdown.js　　D．popover.js

（2）在 Bootstrap 4 中，滚动监听插件的常用事件是（　　）。

A．show.bs.modal　　B．colse.bs.alert

C．active.bs.scrollspy　　D．show.bs.collapse

（3）以下方法中可显示目标元素的弹出框的是（　　）。

A．$().popover('show')　　B．$().popover('dispose')

C．.$().popover('hide')　　D．$().popover('hidden')

3．思考题

（1）简述设计手风琴效果时需要注意的问题。

（2）简述在 Bootstrap 4 中，轮播插件的常用方法。

4．编程题

结合本章所学知识，使用折叠插件设计一个可控制多个目标的折叠面板，即可使用一个触发器来显示或隐藏多个折叠包含框，具体实现效果如图 8.24 所示。

图 8.24　可控制多个目标的折叠面板

第9章 综合案例：智慧医疗

智慧医疗是最近几年兴起的专有医疗名词，在我国新医改的大背景下，智慧医疗正在走进百姓的生活。本章的主要内容是设计一个融合 HTML、CSS 与 Bootstrap 4 的智慧医疗响应式网站。“耳闻之不如目见之，目见之不如足践之”，将本书所学的知识点灵活地运用到一个综合案例中，有助于读者掌握响应式网页的基本开发流程，从而对项目设计有更加深入的理解。

综合案例：智慧医疗

9.1 项目分析

9.1.1 页面概述

本项目以使知识点易懂易学为宗旨，使用 HTML、CSS 与 Bootstrap 4 制作一个以智慧医疗为主题的响应式网站。项目由网站首页、产品中心页、应用案例页、新闻中心页和加入我们页和登录与注册模块组成。各页面与模块的详细情况如下。

（1）网站首页，主要由头部导航模块、轮播图模块、场景方案切换模块、企业故事模块、企业发展模块和页脚构成。各模块的具体实现如下。

- 头部导航模块，基于响应式导航栏组件进行设计。
- 轮播图模块，基于轮播图组件进行设计。
- 场景方案切换模块，基于胶囊式选项卡组件和网格布局进行设计。
- 企业故事模块，基于卡片阵列组件和弹性布局类进行设计。
- 企业发展模块，其左右移动效果基于 CSS 的溢出属性进行设计。
- 页脚，基于网格布局实现其响应式效果。

（2）产品中心页，主要由头部导航模块、面包屑导航模块、产品分类模块、用户权益保障模块和页脚构成。各模块的具体实现如下。

- 头部导航模块，与网站首页的头部导航模块保持一致。
- 面包屑导航模块，基于面包屑导航组件进行设计。
- 产品分类模块，基于胶囊式选项卡组件和网格布局进行设计。
- 用户权益保障模块，基于弹性布局类和网格布局进行设计。
- 页脚，与网站首页的页脚保持一致。

（3）应用案例页，主要由头部导航模块、广告牌模块、面包屑导航模块、合作案例模块和页脚构成。各模块的具体实现如下。

- 头部导航模块，与网站首页的头部导航模块保持一致。
- 广告牌模块，基于背景图片和定位属性进行设计。
- 面包屑导航模块，基于面包屑导航组件进行设计。
- 合作案例模块，基于弹性布局类和网格布局进行设计。
- 页脚，与网站首页的页脚保持一致。

（4）新闻中心页，主要由头部导航模块、本页主图模块、面包屑导航模块、新闻列表模块、分页器模块和页脚构成。各模块的具体实现如下。

- 头部导航模块，与网站首页的头部导航模块保持一致。
- 本页主图模块，基于 Bootstrap 4 的尺寸类进行设计。
- 面包屑导航模块，基于面包屑导航组件进行设计。
- 新闻列表模块，基于弹性布局类、网格布局和折叠插件进行设计。
- 分页器模块，基于分页组件进行设计。
- 页脚，与网站首页的页脚保持一致。

（5）加入我们页，主要由头部导航模块、本页主图模块、面包屑导航模块、加入我们主模块和页脚构成。各模块的具体实现如下。

- 头部导航模块，与网站首页的头部导航模块保持一致。
- 本页主图模块，基于 Bootstrap 4 的尺寸类进行设计。
- 面包屑导航模块，基于面包屑导航组件进行设计。
- 加入我们主模块，由加入原因模块、加入方法模块、关于我们模块和联系方式模块组成，它们均可通过弹性布局类、网格布局实现。
- 页脚，与网站首页的页脚保持一致。

（6）登录与注册模块，主要由登录模态框和注册模态框构成。登录模态框和注册模态框均基于模态框组件和表单组件进行设计。

9.1.2 项目结构

本项目的根目录是 project 文件夹，project 文件夹的项目结构如图 9.1 所示。

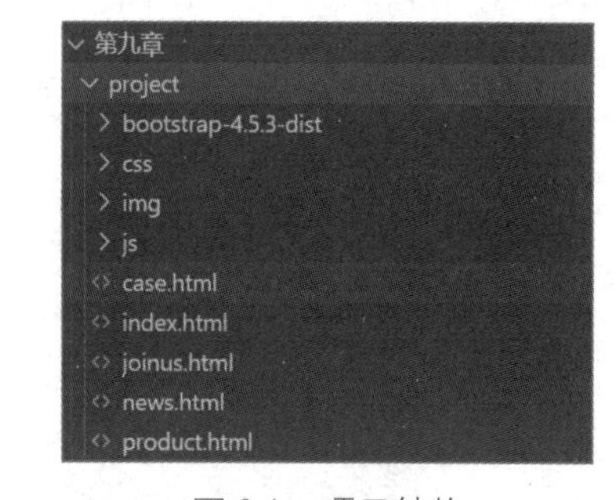

图 9.1 项目结构

项目结构中的主要文件说明如下。

（1）bootstrap-4.5.3-dist：Bootstrap 4 文件夹。

（2）css：样式表文件夹，包含 index.css、product.css、case.css、news.css 和 joinus.css 等。

（3）img：存放项目图片资源的文件夹。

（4）js：JavaScript 脚本文件夹，包含 jquery-3.5.1.slim.js 和 popper.js。

（5）case.html：应用案例页。

（6）index.html：网站首页。

（7）joinus.html：加入我们页。

（8）news.html：新闻中心页。

（9）product.html：产品中心页。

9.2 网页预览

本项目为智慧医疗网站，项目采用 HTML 标记、CSS 样式、jQuery 技术和 Bootstrap 4 实现，下面对网站的预览效果进行展示。

9.2.1 网站首页效果

网站首页包括头部导航模块、轮播图模块、场景方案切换模块、企业故事模块、企业发展模块和页脚。首页在大型设备中显示时，其上半部分的显示效果如图 9.2 所示，其下半部分的显示效果如图 9.3 所示。

图 9.2　大型设备中首页的上半部分

图 9.3　大型设备中首页的下半部分

首页在小型设备中显示时，头部导航模块被隐藏，头部导航模块中的内容折叠入“汉堡”按钮中，其上半部分的显示效果如图 9.4 所示，下半部分的显示效果如图 9.5 所示。

图 9.4　小型设备中首页的上半部分

图 9.5　小型设备中首页的下半部分

9.2.2 产品中心页效果

产品中心页包括头部导航模块、面包屑导航模块、产品分类模块、用户权益保障模块和页脚。当鼠标指针悬浮在某个产品上时，产品名称变为蓝色突出显示，产品中心页在大型设备中的显示效果如图 9.6 所示。

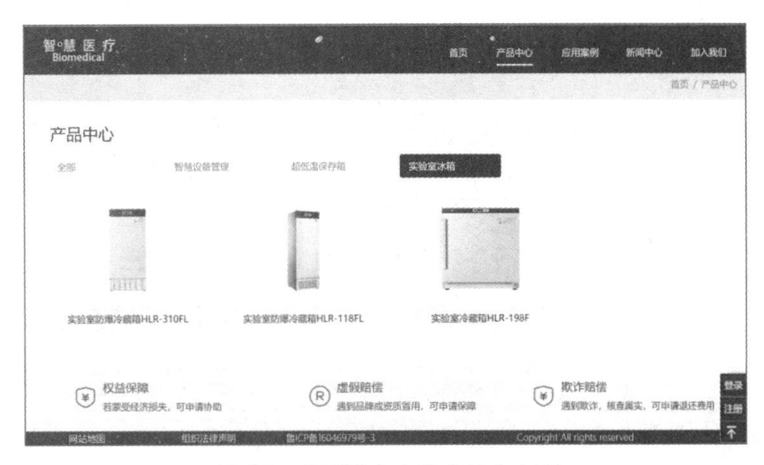

图 9.6　大型设备中的产品中心页

产品中心页在小型设备中的显示效果如图 9.7 所示。

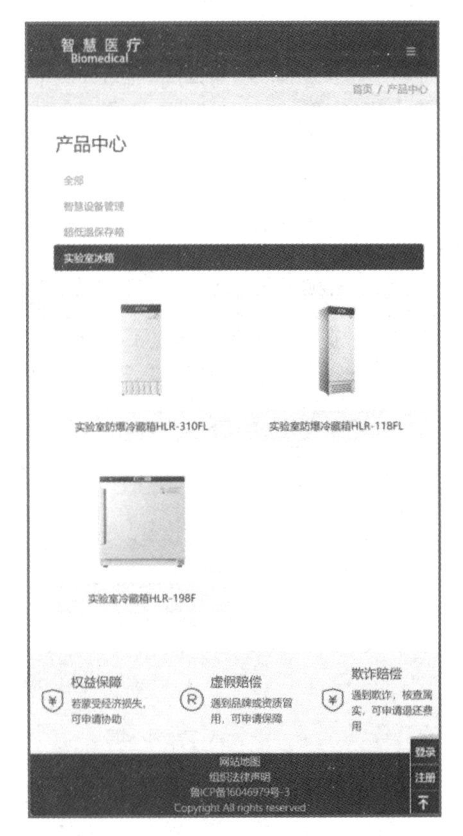

图 9.7　小型设备中的产品中心页

9.2.3　应用案例页效果

应用案例页包括头部导航模块、广告牌模块、面包屑导航模块、合作案例模块和页脚。当鼠标指针悬浮在某个合作案例列表项上时，该列表项的边框颜色变为亮蓝色突出显示。应用案例页在大型设备中的显示效果如图 9.8 所示；应用案例页在小型设备中的显示效果如图 9.9 所示。

图 9.8　大型设备中的应用案例页

图 9.9　小型设备中的应用案例页

9.2.4　新闻中心页效果

新闻中心页包括头部导航模块、本页主图模块、面包屑导航模块、新闻列表模块、分页器模块和页脚等。当单击新闻标题时，页面上新闻的详细内容被展开。新闻中心页在大型设备中的显示效果如图 9.10 所示；新闻中心页在小型设备中的显示效果如图 9.11 所示。

图 9.10　大型设备中的新闻中心页

图 9.11　小型设备中的新闻中心页

9.2.5　加入我们页效果

加入我们页包括头部导航模块、本页主图模块、面包屑导航模块、加入我们主模块和页脚。加入我们页的上半部分在大型设备中的显示效果如图 9.12 所示；加入我们页的下半部分在大型设备中的显示效果如图 9.13 所示；加入我们页在小型设备中的显示效果如

图 9.14 所示。

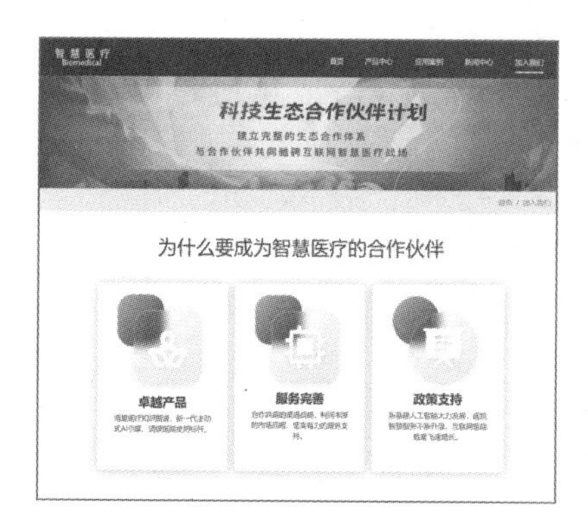

图 9.12　大型设备中加入我们页的上半部分

图 9.13　大型设备中加入我们页的下半部分

图 9.14　小型设备中的加入我们页

9.2.6　登录与注册模块

在智慧医疗网站中的所有页面中，均可单击页面右下角的“登录”或“注册”按钮进行登录或注册，登录模块的显示效果如图 9.15 所示；注册模块的显示效果如图 9.16 所示。

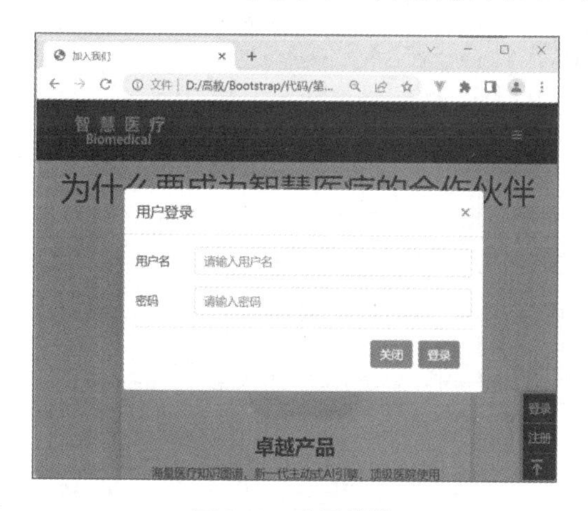

图 9.15　登录模块

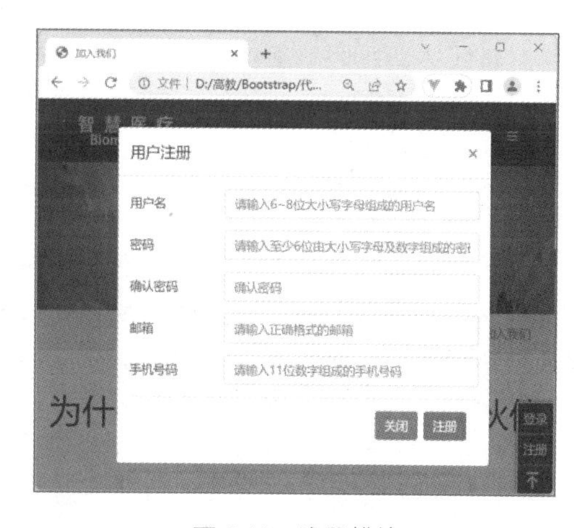

图 9.16　注册模块

9.3　设计与实现

本节介绍智慧医疗网站的页面实现，主要包括各个页面的实现方法及相关代码。

9.3.1　网站首页代码

网站首页包括头部导航模块、轮播图模块、场景方案切换模块、企业故事模块、企业发展模块和公共页脚。

1．头部导航模块

本项目的 5 个页面中均包含头部导航模块，用户可使用导航栏实现在不同页面之间的跳转。头部导航模块可借助响应式导航栏组件来实现。当页面处于大型设备中时，头部导航栏的菜单展开显示。当页面处于小型设备中时，头部导航栏的菜单折叠显示。

在 project 文件夹下创建一个名为 index.html 的文件，并在其中加入网站首页代码。

（1）主体结构代码

```
1.  <header id="header">
2.     <div class="navbar navbar-expand-md  navbar-fixed-top" id="navbar">
3.        <div class="navbar-header">
4.           <a class="navbar-brand" href="index.html">
5.              <h1><img src="img/logo.jpg" alt="logo"></h1>
6.           </a>
7.           <button type="button" class="navbar-toggler collapsed text-white
    float-right" data-toggle="collapse"
8.              data-target=".navbar-collapse">
9.              <i class="bi bi-list "></i>
10.          </button>
11.       </div>
12.       <div class="collapse navbar-collapse">
13.          <ul class="nav navbar-nav navbar-right d-flex justify-content-center
    align-items-center">
14.             <li ><a id="index" href="index.html">首页</a></li>
15.             <li><a id="product" href="product.html">产品中心</a></li>
16.             <li><a id="case" href="case.html">应用案例</a></li>
17.             <li><a id="news" href="news.html">新闻中心</a></li>
18.             <li><a id="joinus" href="joinus.html">加入我们</a></li>
19.          </ul>
20.       </div>
21.    </div>
22. </header>
```

（2）CSS 代码

在 css 文件夹下创建一个名为 component.css 的 CSS 文件，该文件用于放置网站公用组件的样式代码。在 index.html 文件中引入 component.css 文件，并在 component.css 文件中加入 CSS 代码设置头部导航模块的样式，具体代码如下。

```
1.  /* header */
2.  /* 导航栏位置 */
3.  header .navbar {
4.    /* 导航栏固定定位 */
5.    position: fixed;
6.    top: 0;
7.    left: 0;
8.    width: 100%;
9.    z-index: 20;
10. }
11. #header .navbar {
12.   /* 导航栏背景颜色 */
13.   background: rgba(25, 40, 80);
14.   border-radius: 0;
15.   border-bottom: 0;
16. }
17. /* 导航栏隐藏时，"汉堡"按钮的位置 */
18. #header .navbar-toggler {
19.   margin-top: 20px;
20. }
```

```
21.  /* 导航栏中的网站 logo 位置 */
22.  #header .navbar-brand img {
23.    padding: 0;
24.    margin: 0;
25.  }
26.  /* 导航菜单内边距 */
27.  #header .navbar-nav.navbar-right li {
28.    padding: 0 25px;
29.  }
30.  /* 导航菜单文字样式 */
31.  #header .navbar-nav.navbar-right li a {
32.    color: #FFFFFF;
33.    font-size: 16px;
34.    line-height: 46px;
35.    padding: 10px 0;
36.    text-transform: capitalize;
37.    font-family: 'Roboto', sans-serif;
38.    font-weight: 400
39.  }
40.  /* 导航菜单在鼠标指针悬浮时的样式 */
41.  #header .navbar-inverse .navbar-nav li.active>a,
42.  #header .navbar-inverse .navbar-nav li.active>a:focus,
43.  #header .navbar-nav.navbar-right li>a:hover,
44.  .navbar-inverse .navbar-nav>a {
45.    background-color: inherit;
46.    border-width: 0 0 3px 0;
47.    border-style: solid;
48.  }
49.  /* 不同屏幕尺寸下导航栏的样式设置 */
50.  @media (max-width: 768px) {
51.    .navbar-header {
52.      width: 100%;
53.    }
54.    #header .navbar-toggler {
55.      margin-right: 20px;
56.    }
57.    #navbar {
58.      /* 获取当前页面宽度 */
59.      zoom: (current screen width)/(768);
60.    }
61.    #header .navbar-toggler {
62.      margin-left: 4rem;
63.    }
64.    #header .navbar-nav.navbar-right>li {
65.      padding: 0 20px;
66.    }
67.    /* 设置网站 logo 的位置 */
68.    #header .navbar-brand h1 {
69.      margin-left: 20px;
70.    }
71.  }
72.  @media (min-width: 768px) {
73.    .navbar-collapse {
74.      position: relative;
75.    }
76.    .navbar-nav {
```

```
77.     position: absolute;
78.     right: 10px;
79.     top: -18px;
80.   }
81. }
```

2. 轮播图模块

网站首页中的轮播图模块，可借助 Bootstrap 4 的轮播图组件来实现。

（1）主体结构代码

```
1.  <!-- 轮播图 -->
2.  <div id="Carousel" class="carousel slide" data-ride="carousel">
3.      <ol class="carousel-indicators">
4.          <li data-target="#Carousel" data-slide-to="0" class="active"></li>
5.          <li data-target="#Carousel" data-slide-to="1"></li>
6.          <li data-target="#Carousel" data-slide-to="2"></li>
7.          <li data-target="#Carousel" data-slide-to="3"></li>
8.          <li data-target="#Carousel" data-slide-to="4"></li>
9.      </ol>
10.     <div class="carousel-inner">
11.         <div class="carousel-item active" data-interval="2000">
12.             <img src="img/indexbanner1.jpg" class="d-block w-100 img-responsive"
    alt="">
13.         </div>
14.         <div class="carousel-item" data-interval="2000">
15.             <img src="img/indexbanner2.jpg" class="d-block w-100 img-responsive"
    alt="">
16.         </div>
17.         <div class="carousel-item" data-interval="2000">
18.             <img src="img/indexbanner3.jpg" class="d-block w-100 img-responsive"
    alt="">
19.         </div>
20.         <div class="carousel-item" data-interval="2000">
21.             <img src="img/indexbanner4.jpg" class="d-block w-100 img-responsive"
    alt="">
22.         </div>
23.         <div class="carousel-item" data-interval="2000">
24.             <img src="img/indexbanner5.jpg" class="d-block w-100 img-responsive"
    alt="">
25.         </div>
26.     </div>
27.     <a class="carousel-control-prev" href="#Carousel" data-slide="prev">
28.         <span class="carousel-control-prev-icon "></span>
29.     </a>
30.     <a class="carousel-control-next" href="#Carousel" data-slide="next">
31.         <span class="carousel-control-next-icon"></span>
32.     </a>
33. </div>
```

（2）CSS 代码

在 css 文件夹下创建一个名为 index.css 的 CSS 文件，在 index.html 文件中引入 index.css 文件，并在 index.css 文件中加入 CSS 代码，设置轮播图模块的样式，具体代码如下。

```
1.  /* 轮播图区域 */
2.  #Carousel{
3.      margin-top: 74px;
4.  }
```

```
5.  /* 改变轮播图控制按钮的形状为圆形 */
6.  .carousel-indicators li{
7.  width: 14px;
8.  height: 14px;
9.  border-radius: 50%;
10. margin: 0 6px;
11. }
```

3. 场景方案切换模块

网站首页中的场景方案切换模块，可借助 Bootstrap 4 的胶囊式选项卡组件和网格布局来实现。

（1）主体结构代码

```
1.  <!-- Tab 切换 -->
2.  <div id="TabBox">
3.      <div class="d-flex justify-content-center flex-column align-items-center"
    id="tabBoxTxt">
4.          <h1>物联网生物安全科技生态场景方案</h1>
5.          <h5>人、设备、样本互联互通和全流程可追溯，并沉淀生物医疗全场景大数据，打造“体验云”平台</h5>
6.      </div>
7.      <div id="Tab">
8.          <ul class="nav nav-pills row">
9.              <li class="nav-item col-3">
10.                 <a class="nav-link active d-flex flex-column justify-content-center
    align-items-center"
11.                     data-toggle="pill" href="#yangben">
12.                     <img src="https://biomedical-test.oss-accelerate.aliyuncs.
    com/image/0bfb10b9b0bdbde40adda04ddf5a46a3.png"
13.                         alt="">
14.                     <span>生物样本网</span>
15.                 </a>
16.             </li>
17.             <li class="nav-item col-3">
18.                 <a class="nav-link  d-flex flex-column justify-content-center
    align-items-center" data-toggle="pill"
19.                     href="#yimiao">
20.                     <img src="https://biomedical-test.oss-accelerate.aliyuncs.
    com/image/a07a3ffb7fdb989522450efd97a43802.png"
21.                         alt="">
22.                     <span>智慧疫苗网</span>
23.                 </a>
24.             </li>
25.             <li class="nav-item col-3">
26.                 <a class="nav-link  d-flex flex-column justify-content-center
    align-items-center" data-toggle="pill"
27.                     href="#xueye">
28.                     <img src="https://biomedical-test.oss-accelerate.aliyuncs.
    com/image/a07a3ffb7fdb989522450efd97a43802.png"
29.                         alt="">
30.                     <span>智慧血液网</span>
31.                 </a>
32.             </li>
33.             <li class="nav-item col-3">
34.                 <a class="nav-link d-flex flex-column justify-content-center
    align-items-center" data-toggle="pill"
35.                     href="#yiyao">
```

```
36.                 <img src="https://biomedical-test.oss-accelerate.aliyuncs.
   com/image/9e711f0246f91a610085a087acab2f69.png"
37.                     alt="">
38.                 <span>智慧医药网</span>
39.             </a>
40.         </li>
41.     </ul>
42.     <!-- 内容包含框 -->
43.     <div class="tab-content">
44.         <!-- 子内容框 -->
45.         <div class="tab-pane active container" id="yangben">
46.             <div class="media row">
47.                 <img src="img/tabpane1.png" class="d-block w-100 h-100
   col-12 col-lg-8 " alt="...">
48.                 <div
49.                     class="media-body w-25 h-100 col-12 col-sm-12
   col-lg-4 d-flex justify-content-center flex-column align-items-center">
50.                     <h3 class=" mt-3 mt-md-4">生物样本网</h3>
51.                     <p class="px-4">人、机、血互联互通，集中式供血到分布式用血转变，实现
   急救零等待，用血零浪费，信息零距离，为挽救生命赢得时间。产品包括:物联网血液转运箱、血液冷藏箱。
52.                     </p>
53.                 </div>
54.             </div>
55.         </div>
56.         <div class="tab-pane container" id="yimiao">
57.             <div class="media row">
58.                 <img src="img/tabpane2.png" class="d-block w-100 h-100
   col-12 col-lg-8 " alt="...">
59.                 <div
60.                     class="media-body w-25 h-100 col-12 col-sm-12 col-lg-4
   d-flex justify-content-center flex-column align-items-center">
61.                     <h3 class="mt-3 mt-md-4">生物样本网</h3>
62.                     <p class="px-4">人、机、苗互联互通，实现精准取苗零差错、追溯接种全过程，
   惠及家长儿童。产品包括: 疫苗接种箱、疫苗仓储管理系统、太阳能疫苗保存箱、疫苗区块链管理系统。
63.                     </p>
64.                 </div>
65.             </div>
66.         </div>
67.         <div class="tab-pane container" id="xueye">
68.             <div class="media row">
69.                 <img src="img/tabpane3.png" class="d-block w-100 h-100
   col-12 col-lg-8 " alt="...">
70.                 <div
71.                     class="media-body w-25 h-100 col-12 col-sm-12 col-lg-4
   d-flex justify-content-center flex-column align-items-center">
72.                     <h3 class="mt-3 mt-md-4">生物样本网</h3>
73.                     <p class="px-4">
74.                         人、机、血互联互通，集中式供血到分布式用血转变，实现急救零等待，用血零浪费，
   信息零距离，为挽救生命赢得时间。产品包括:物联网血液转运箱、自动化血液冷库，单采血浆机、智能血液管理
   系统。
75.                     </p>
76.                 </div>
77.             </div>
78.         </div>
79.         <div class="tab-pane container" id="yiyao">
80.             <div class="media row">
```

```
81.                 <img src="img/tabpane4.png" class="d-block w-100 h-100 col-12
    col-lg-8 " alt="...">
82.                 <div
83.                     class="media-body w-25 h-100 col-12 col-sm-12 col-lg-4
   d-flex justify-content-center flex-column align-items-center">
84.                     <h3 class="mt-3 mt-md-4">生物样本网</h3>
85.                     <p class="px-4">人、机、药品试剂互联互通，实现药品试剂零浪费，推
   动医药供应链管理进入“零损耗”时代。产品包括:高价值耗材柜、药品冷藏箱、药品阴凉箱、智
86.                         慧试剂无人仓、智慧试剂管理系统
87.                         </p>
88.                 </div>
89.             </div>
90.         </div>
91.     </div>
92.   </div>
93. </div>
```

（2）CSS代码

在index.css文件中加入CSS代码，设置场景方案切换模块的样式，具体代码如下。

```
1.  /* Tab 切换 */
2.  /* 设置标题样式 */
3.  #TabBox #tabBoxTxt{
4.  height: 170px;
5.  color: white;
6.  /* 为场景切换方案的 Tab 按钮设置渐变色 */
7.  background: -webkit-linear-gradient(rgb(19,69,123),rgb(60,113,161));
8.          background: -o-linear-gradient(rgb(19,69,123),rgb(60,113,161));
9.          background: -moz-linear-gradient(rgb(19,69,123),rgb(60,113,161));
10.         background: linear-gradient(rgb(19,69,123),rgb(60,113,161));
11. }
12. #tabBoxTxt h5{
13. margin-top: 20px;
14. }
15. /* 设置胶囊式选项卡组件的背景色 */
16. #TabBox #Tab{
17. background: -webkit-linear-gradient(rgb(60,113,161),rgb(19,69,123));
18.         background: -o-linear-gradient(rgb(60,113,161),rgb(19,69,123));
19.         background: -moz-linear-gradient(rgb(60,113,161),rgb(19,69,123));
20.         background: linear-gradient(rgb(60,113,161),rgb(19,69,123));
21. }
22. /* 设置切换按钮的高度 */
23. #Tab .nav{
24. height: 160px;
25. margin: 0 40px;
26. }
27. /* 按钮颜色 */
28. .nav-pills .nav-link{
29. color: white;
30. }
31. /* 按钮的激活状态 */
32. .nav-pills .nav-link.active{
33. background-color: transparent;
34. border-bottom: 5px rgb(50,190,255) solid ;
35. }
36. .nav-pills .show > .nav-link{
37. background-color: transparent;
```

```
38. }
39. #Tab .nav{
40. margin: 0 100px;
41. }
42. /* 设置选项卡面板中的图片样式 */
43. #Tab .nav li a img
44. {
45. width: 3.5rem;
46.     height: 3.5rem;
47.     display: block;
48.     margin: 1rem auto;
49.     border-radius: 50%;
50.     border: 1px solid hsla(0,0%,100%,.5);
51. }
52. /* Tab 面板*/
53. #Tab .tab-content{
54. position: reltive;
55. padding-bottom: 50px;
56. }
57. /* 子内容框 */
58. #Tab .tab-content .tab-pane  {
59. /* 相对定位 */
60. position: relative;
61. background-color: white;
62. }
63. #Tab .tab-content .tab-pane  img{
64. padding: 0;
65. }
66. #Tab .tab-content .tab-pane  div h3:after {
67.     display: block;
68.     content: "";
69.     height: 0.2rem;
70.     width: 5rem;
71. border-radius: 25%;
72. margin-top: 20px;
73. margin-left: 50%;
74. background: -webkit-linear-gradient(rgb(19,69,123),rgb(60,113,161));
75. background: -o-linear-gradient(rgb(19,69,123),rgb(60,113,161));
76. background: -moz-linear-gradient(rgb(19,69,123),rgb(60,113,161));
77. background: linear-gradient(rgb(19,69,123),rgb(60,113,161)); background: -webkit-
    gradient(linear,right top,left top,from(#005aab),to(#32beff));
78.     background: -o-linear-gradient(right,#005aab 0,#32beff 100%);
79.     background: linear-gradient(270deg,#005aab,#32beff);
80.     -webkit-transform: translateX(-50%);
81.     -ms-transform: translateX(-50%);
82.     transform: translateX(-50%);
83. }
84. /* 不同屏幕尺寸下选项卡的样式设置 */
85. @media (max-width:780px) and  (min-width:768px) {
86. #Tab .nav{
87.     margin: 0 80px;
88. }
89. #tabBoxTxt h5{
90.     font-size:12px;
91. }
92. }
```

```
93. @media  (max-width:768px) {
94. #tabBoxTxt h5{
95.     font-size:15px;
96. }
97. #tabBoxTxt h1{
98.     font-size:30px;
99. }
100.        #Tab .nav{
101.            margin: 0 10px;
102.        }
103.    }
```

4．企业故事模块

网站首页中的企业故事模块，可借助 Bootstrap 4 的卡片阵列组件和弹性布局类来实现。

（1）主体结构代码

```
1.  <!-- 过渡条 -->
2.  <div id="Transitionbar">
3.     <div class=" d-flex justify-content-center flex-column align-items-center">
4.         <img src="img/deco-left.png" class="img-responsive" alt="">
5.         <h1 class="mt-4">全场景爆款产品</h1>
6.         <p class="mt-2 px-2">自主创新-196°C至8°C全温域全场景覆盖 ，核心技术打破国外垄断，
   并成功实现产业化占据中国市场主导地位</p>
7.     </div>
8.     <img src="img/deco-right.png" class="img-responsive" alt="">
9.  </div>
10. <!-- OurStory -->
11. <div id="OurStory">
12.     <div class="container d-flex justify-content-center align-items-center
   flex-column">
13.         <h1 class="mt-4">我们的故事</h1>
14.         <p>迎接物联网时代机遇，品牌定位、愿景、价值观</p>
15.         <div class="card-deck">
16.             <div class="card">
17.                 <img src="img/story1.jpg" class="card-img-top" alt="...">
18.                 <div class="card-body ">
19.                   <a href="#" class="card-title">生物医疗 提速生命保障</a>
20.                 </div>
21.             </div>
22.             <div class="card">
23.                 <img src="img/story4.jpg" class="card-img-top" alt="...">
24.                 <div class="card-body">
25.                     <a href="#" class="card-title">生物医疗企业宣传</a>
26.                 </div>
27.             </div>
28.             <div class="card">
29.                 <img src="img/story3.jpg" class="card-img-top" alt="...">
30.                 <div class="card-body">
31.                     <a href="#" class="card-title">携手共进</a>
32.                 </div>
33.             </div>
34.         </div>
35.     </div>
36. </div>
```

（2）CSS 代码

在 index.css 文件中加入 CSS 代码，设置企业故事模块的样式，具体代码如下。

```
1.  /* 过渡条 Transitionbar*/
2.  #Transitionbar{
3.  background-color: white;
4.  position: relative;
5.  padding-bottom: 50px;
6.  padding-top: 30px;
7.
8.  }
9.  /* 第一个分隔图片样式 */
10. #Transitionbar img:first-child{
11. display: block;
12. position: absolute;
13. left: 0;
14. transform: translateY(-100%);
15. }
16. /* 最后一个分隔图片样式 */
17. #Transitionbar img:last-child{
18. display: block;
19. position: absolute;
20. right: 0;
21. }
22. /* 过渡条中的标题样式 */
23. #Transitionbar h1{
24. background: -webkit-gradient(linear,right top,left top,from(#005aaa),to(#32beff));
25.     background: -o-linear-gradient(right,#005aaa 0,#32beff 100%);
26.     background: linear-gradient(270deg,#005aaa,#32beff);
27.     -webkit-background-clip: text;
28.     -webkit-text-fill-color: rgba(0,0,0,0);
29.     display: inline-block
30. }
31. #Transitionbar p{
32. color: black;
33. }
34. /* 我们的故事 */
35. #OurStory{
36. /* 背景色 */
37. background-image: url(../img/background3.jpg);
38. padding-bottom: 80px;
39. }
40. #OurStory h1,#OurStory p{
41. color: white;
42. }
43. #OurStory .card-body,#OurStory{
44. text-align: center;
45. }
46. #OurStory .card-body a{
47. color: black;
48. }
```

5. 企业发展模块

网站首页中企业发展模块的左右移动效果，可借助 CSS 的溢出属性来实现。

（1）主体结构代码

```
1.  <!-- Development -->
2.  <div id="Development">
3.      <img src="img/deco-left.png" class="img-responsive" alt="">
```

```
4.     <div class="container d-flex justify-content-center align-items-center
   flex-column ">
5.         <h1 class="mt-4 ">以梦为马，志存远方</h1>
6.         <div id="cardBox" class="d-flex justify-content-between">
7.             <div class="cards">
8.                 <h3 class="mt-3 ml-3 after_1">2008 年</h3>
9.                 <p>智慧医疗<br>为中华骨髓库<br>提供生物样本库<br>解决方案。</p>
10.             </div>
11.             <div class="cards">
12.                 <h3 class="mt-3 ml-3 after_2">2011 年</h3>
13.                 <p>航天冰箱<br>四次搭载<br>神舟飞船进入太空<br>助力国家航天<br>科研事业。</p>
14.             </div>
15.             <div class="cards">
16.                 <h3 class="mt-3 ml-3 after_3">2013 年</h3>
17.                 <p>低温冰箱系列化产品<br>关键技术及产业化项目<br>被授予<br>国家科技进步二等奖</p>
18.             </div>
19.             <div class="cards">
20.                 <h3 class="mt-3 ml-3 after_4">2015 年</h3>
21.                 <p>启动物联网场景方案<br>研发工程</p>
22.             </div>
23.             <div class="cards">
24.                 <h3 class="mt-3 ml-3 after_5">2016 年</h3>
25.                 <p>超低温产品<br>用于<br>科研及医疗事业<br>助力全球尖端智慧医疗<br>科研事业。</p>
26.             </div>
27.             <div class="cards">
28.                 <h3 class="mt-3 ml-3 after_6">2018 年</h3>
29.                 <p>世界冰箱业<br>进入<br>中国时代<br>成为领跑全球业态的佼佼者</p>
30.             </div>
31.             <div class="cards">
32.                 <h3 class="mt-3 ml-3 after_7">2019 年</h3>
33.                 <p>高端产品零售额<br>同比增速分别达到 6.1%和 19.1%<br>成为物联网科技生态<br>
   领跑者</p>
34.             </div>
35.             <div class="cards">
36.                 <h3 class="mt-3 ml-3 after_8">2020 年</h3>
37.                 <p>智慧冷箱系列产品<br>凭借 40.7%的比例<br>全场景方案<br>向生物安全科技<br>生态转型。
   </p>
38.             </div>
39.         </div>
40.     </div>
41. </div>
```

（2）CSS 代码

在 index.css 文件中加入 CSS 代码，设置企业发展模块的样式，具体代码如下。

```
1.  /* 企业发展 */
2.  #Development{
3.  padding-bottom: 80px;
4.  background-image: url(../img/background4.jpg);
5.  position: relative;
6.  }
7.  /* 设置分隔图片 */
8.  #Development img{
9.  position: absolute;
10. top: 0;
11. left: 0;
12. transform: translateY(-50%);
```

```
13. }
14. /* 设置标题 */
15. #Development h1{
16. color: white;
17. }
18. /* 父容器宽度设置 */
19. #cardBox{
20. width: 95%;
21. height: 280px;
22. /* 横向溢出内容滚动 */
23. overflow-x:auto;
24. white-space: nowrap;
25. overflow-y: hidden;
26. margin-top: 30px;
27. /* 设置滚动条颜色 */
28. scrollbar-color:rgba(255,255,255,0.3=5);
29.     scrollbar-width:thin;
30.     scrollbar-base-color:rgba(0,0,0,0.5);
31.     scrollbar-track-color:transparent;
32.     scrollbar-highlight-color:transparent;
33. }
34. /* 自定义滚动条样式 */
35. #cardBox::-webkit-scrollbar{
36.     width:6px;
37.     height:8px;
38. }
39. #cardBox::-webkit-scrollbar-thumb{
40.     border-radius:10px;
41.     background-color:rgba(255,255,255,.5);
42. }
43. #cardBox::-webkit-scrollbar-track{
44.     background-color:transparent;
45.     width:6px;
46. }
47. /* 滚动条在鼠标指针悬浮时的样式 */
48. #cardBox::-webkit-scrollbar-thumb:hover{
49.     background-color:rgb(255, 255, 255,.8);
50.     cursor:pointer;
51. }
52. #cardBox::-webkit-scrollbar-track-piece{
53.     width:6px;
54.     background:transparent;
55. }
56. #cardBox::-webkit-scrollbar-corner{
57.     background-color:transparent;
58. }
59. /* 设置父容器内的子元素*/
60. #cardBox .cards{
61. width: 205px;
62. height: 285px;
63. background-color: white;
64. margin: 0 10px;
65. }
66. /* 设置第一个和最后一个子元素的外边距 */
67. #cardBox .cards:first-child,
68. #cardBox .cards:last-child{
```

```
69. margin: 0;
70. }
71. #cardBox .cards h3{
72. width: 205px;
73. font-size: 2rem;
74. position: relative;
75. }
76. #cardBox .cards h3:after {
77.     content: "";
78.     position: absolute;
79.     display: inline-block;
80.     width: 5rem;
81.     height: 0.3rem;
82.     top: 50px;
83.     left: 0;
84. }
85. /* 设置横线颜色 */
86. #cardBox .cards .after_1::after ,.after_5::after
87.  {
88.     background: #ffa31a;
89. }
90. #cardBox .cards .after_2::after ,.after_6::after{
91.     background: #2cb6ff;
92. }
93. #cardBox .cards .after_3::after ,.after_7::after{
94.     background: #005aaa;
95. }
96. #cardBox .cards .after_4::after ,.after_8::after{
97.     background: #00b9d1;
98. }
99. /* cards 内文本 */
100.    #cardBox .cards>p{
101.        margin:40px 0 0 20px;
102.        font-weight: 500;
103.        font-size: 16px;
104.    }
```

6. 公共页脚模块

网站首页中的页脚，可借助网格布局实现其响应式效果。

（1）主体结构代码

```
1.  <!-- footer -->
2.      <div class="footer">
3.          <ul class="row container-fluid">
4.              <li class="col-12 col-md-6 col-lg-2"><a href="#">网站地图</a></li>
5.              <li class="col-12 col-md-6 col-lg-2"><a href="#">组织法律声明</a></li>
6.              <li class="col-12 col-md-6 col-lg-2"><a href="#">鲁 ICP 备 1××××××××号-×
    </a></li>
7.              <li class="col-12 col-md-6 col-lg-6">Copyright All rights reserved</li>
8.          </ul>
9.      </div>
```

（2）CSS 代码

在 component.css 文件中加入 CSS 代码，设置页脚的样式，具体代码如下。

```
1.  /* footer */
2.  .footer ul {
3.    width: 100%;
```

```
4.     margin: 0;
5.     padding: 0;
6.   }
7.   /* 页脚样式 */
8.   .footer ul li {
9.     list-style: none;
10.    float: left;
11.    color: white;
12.    text-align: center;
13.    font-size: 16px;
14.    font-weight: 300;
15.    background-color: rgb(25, 40, 80);
16.  }
17.  /* 页脚内容在鼠标指针悬浮时变色 */
18.  .footer ul li a:hover {
19.    color: rgb(0, 76, 144);
20.  }
```

9.3.2　产品中心页代码

产品中心页包括头部导航模块、面包屑导航模块、产品分类模块、用户权益保障模块和页脚等。头部导航模块和页脚是智慧医疗网站的公共模块，其实现代码在网站首页中已详细介绍，此处不赘述。

在 project 文件夹下创建一个名为 product.html 的文件，并在其中加入产品中心页代码。

1. 面包屑导航模块

产品中心页中的面包屑导航模块，可借助 Bootstrap 4 的面包屑组件来实现。

（1）主体结构代码

```
1.   <!-- 面包屑 -->
2.   <nav class="text-right container-fluid" style="margin-top:75px" id="brand">
3.     <ol class="breadcrumb">
4.         <li class="breadcrumb-item"><a href="index.html">首页</a></li>
5.         <li class="breadcrumb-item"><a href="product.html">产品中心</a></li>
6.     </ol>
7.   </nav>
```

（2）CSS 代码

在 product.html 文件中引入 component.css 文件，并在 component.css 文件中加入 CSS 代码，设置面包屑导航模块的样式，具体代码如下。

```
1.   /* 面包屑导航 */
2.   #brand {
3.     box-sizing: border-box;
4.   }
5.   /* 面包屑导航的弹性布局 */
6.   .breadcrumb {
7.     display: -ms-flexbox;
8.     justify-content: flex-end;
9.     display: flex;
10.    -ms-flex-wrap: wrap;
11.    flex-wrap: wrap;
12.    padding: 0.9rem 2rem;
13.    margin-bottom: 0;
14.    list-style: none;
15.    background-color: #e9ecef;
```

```
16.   border-radius: 0.25rem;
17. }
18. /* 导航文字颜色 */
19. .breadcrumb li a {
20.   color: gray;
21. }
22. /* 导航文字的鼠标指针悬浮状态 */
23. .breadcrumb li a:hover {
24.   color: rgb(25, 40, 80);
25. }
```

2. 产品分类模块

产品中心页中的产品分类模块，可借助胶囊式选项卡组件和网格布局实现。

（1）主体结构代码

```
1.  <!-- 产品分类 -->
2.  <div id="product">
3.      <h3 class=" ml-1">产品中心</h3>
4.      <ul class="nav nav-pills mb-2 row" id="pills-tab">
5.          <li class="nav-item col-sm-12 col-md-2 ">
6.              <a class="nav-link active" id="pills-all-tab" data-toggle="pill" href=
"#pills-all">全部</a>
7.          </li>
8.          <li class="nav-item col-sm-12 col-md-2 ">
9.              <a class="nav-link" id="pills-equipment-tab" data-toggle="pill" href=
"#pills-equipment"
10.                 role="tab">智慧设备管理</a>
11.         </li>
12.         <li class="nav-item col-sm-12 col-md-2 ">
13.             <a class="nav-link" id="pills-storage-tab" data-toggle="pill" href=
"#pills-storage"
14.                 role="tab">超低温保存箱</a>
15.         </li>
16.         <li class="nav-item col-sm-12 col-md-2 ">
17.             <a class="nav-link" id="pills-refrigerator-tab" data-toggle="pill" href=
"#pills-refrigerator"
18.                 role="tab">实验室冰箱</a>
19.         </li>
20.     </ul>
21.     <div class="tab-content" id="pills-tabContent">
22.         <div class="tab-pane fade show active" id="pills-all">
23.             <ul class="list-group row list-group-horizontal">
24.                 <li
25.                     class="list-group-item col-12 col-sm-6 col-md-4 col-lg-3 d-flex
justify-content-center flex-column align-items-center">
26.                   <img src="img/product_all_1.jpg" class="img-responsive" alt="">
27.                     <p><a href="#">智慧药品管理</a></p>
28.                 </li>
29.                以下省略“DW-44L420F”“DW-5230L429F”“智慧医疗车”等全部产品的构建代码<li>
30.             </ul>
31.         </div>
32.         <div class="tab-pane fade show" id="pills-equipment">
33.             <ul class="list-group row list-group-horizontal">
34.                 <li
35.                     class="list-group-item col-12 col-sm-6 col-md-4 col-lg-3 d-flex
justify-content-center flex-column align-items-center">
36.                     <img src="img/product_all_1.jpg" class="img-responsive" alt="">
```

```
37.                 <p><a href="#">智慧药品管理</a></p>
38.             </li>
39.             以下省略“智慧医疗车”“智慧耗材管理”“智慧搜救车”“智慧辅助设备”等设备产品的构建代码
    <li>
40.         </ul>
41.     </div>
42.     <div class="tab-pane fade" id="pills-storage">
43.         <ul class="list-group row list-group-horizontal">
44.             <li
45.                 class="list-group-item col-12 col-sm-6 col-md-4 col-lg-3
    d-flex justify-content-center flex-column align-items-center">
46.                 <img src="img/storage1.png" class="img-responsive" alt="">
47.                 <p><a href="#">DW-30L420F</a></p>
48.             </li>
49.             以下省略“DW-44L420F”“DW-5230L429F”等存储产品的构建代码<li>
50.         </ul>
51.     </div>
52.     <div class="tab-pane fade" id="pills-refrigerator">
53.         <ul class="list-group row list-group-horizontal">
54.             <li
55.                 class="list-group-item col-12 col-sm-6 col-md-4 col-lg-3 d-flex
    justify-content-center flex-column align-items-center">
56.                 <img src="img/refrigerator1.png" class="img-responsive" alt="">
57.                 <p><a href="#">实验室防爆冷藏箱 HLR-310FL</a></p>
58.             </li>
59.             以下省略“实验室防爆冷藏箱 HLR-118FL”“实验室冷藏箱 HLR-198F”等冷藏产品的构建
    代码<li>
60.         </ul>
61.     </div>
62.   </div>
63. </div>
```

（2）CSS 代码

在 product.html 文件中引入 product.css 文件，并在 product.css 文件中加入 CSS 代码，设置产品分类模块的样式，具体代码如下。

```
1.  /* 产品分类模块 */
2.  #product{
3.     margin: 40px 40px 50px 40px;
4.  }
5.  /* 选项样式 */
6.  #product .nav-pills{
7.     margin-top: 20px;
8.  }
9.  /* 选项链接样式 */
10. .nav-pills .nav-link{
11.     color: gray;
12. }
13. /* 更改 Bootstrap 组件的按钮颜色 */
14. .nav-pills .nav-link.active, .nav-pills .show > .nav-link{
15.     background-color:rgb(25,40,80) ;
16. }
17. /* 产品列表样式 */
18. .list-group-item{
19.     float: left;
20.     padding: 0;
21.     border: 0px;
```

```
22.     padding: 10px 10px;
23.     box-sizing: border-box;
24.     margin-top: 30px;
25.     box-shadow:0 0 2px gainsboro;
26. }
27. /* 产品名称 */
28. .list-group-item p{
29.     width: 100%;
30.     height: 45px;
31.     margin: 0;
32.     margin-top: 20px;
33.     padding: 0;
34.     text-align: center;
35.     line-height: 45px;
36.     background-color: rgb(248,248,248);
37.     border-radius: 3px;
38.     box-shadow:0 0 2px gainsboro;
39. }
40. /* 产品名称在鼠标指针悬浮时的样式 */
41.     .list-group-item:hover p, .list-group-item:hover p a{
42. background-color:rgb(25,40,80) ;
43. color: white;
44. }
45. /* 产品名称超链接颜色 */
46. .list-group-item p a{
47.     color: black;
48. }
```

3. 用户权益保障模块

产品中心页中的用户权益保障模块，可借助弹性布局类和网格布局来实现。

（1）主体结构代码

```
1.  <!-- 权益保障 -->
2.  <div id="power">
3.      <div class=" container-fluid row">
4.          <div class="d-flex justify-content-center align-items-center col-12 col-sm-4">
5.              <img src="img/power3.png" alt="" class="float-left align-self-center"
    id="first_img">
6.              <div class="d-flex justify-content-center flex-column align-items-start
    float-left">
7.                  <p>权益保障</p>
8.                  <span>若蒙受经济损失，可申请协助</span>
9.              </div>
10.         </div>
11.         <div class="d-flex justify-content-center align-items-center col-12 col-sm-4">
12.             <img src="img/power2.png" alt="" class="float-left align-self-center">
13.             <div class="d-flex justify-content-center flex-column align-items- start
    float-left">
14.                 <p>虚假赔偿</p>
15.                 <span>遇到品牌或资质冒用，可申请保障</span>
16.             </div>
17.         </div>
18.         <div class="d-flex justify-content-center align-items-center col-12 col-sm-4">
19.             <img src="img/power3.png" alt="" class="float-left align-self-center">
20.             <div class="d-flex justify-content-center flex-column align-items-start
    float-left">
```

```
21.                <p>欺诈赔偿</p>
22.                <span>遇到欺诈，核查属实，可申请退还费用</span>
23.            </div>
24.        </div>
25.    </div>
26. </div>
```

（2）CSS 代码

在 product.html 文件中引入 product.css 文件，并在 product.css 文件中加入 CSS 代码，设置用户权益保障模块的样式，具体代码如下。

```
1.  /* power */
2.  /* 用户权益保障模块容器 */
3.  #power{
4.      width: 100%;
5.      background-color: rgb(248,248,248);
6.      padding-top: 20px;
7.      padding-bottom: 30px;
8.  }
9.  /* 图片外边距 */
10. #power img{
11.     margin-right: 10px;
12. }
13. /* 用户权益标题文字颜色样式 */
14. #power p{
15.     font-size: 20px;
16. }
17. #power span{
18.     font-size: 16px;
19.     margin-top: -10px;
20. }
21. /* 不同屏幕尺寸下权益图片的外边距设置 */
22. @media (max-width:576px){
23.     #power #first_img{
24.        display: block;
25.     margin-left: -15px;
26.     }
27. }
```

9.3.3 应用案例页代码

应用案例页包括头部导航模块、广告牌模块、面包屑导航模块、合作案例模块和页脚。头部导航模块、面包屑导航模块和页脚是智慧医疗网站的公共模块，其实现代码已在网站首页和产品中心页中详细介绍，此处不赘述。

在 project 文件夹下创建一个名为 case.html 的文件，并在其中加入应用案例页代码。

1. 广告牌模块

应用案例页中的广告牌模块，可借助背景图片和 Bootstrap 4 的尺寸类来实现。

（1）主体结构代码

```
1.  <div id="billboard">
2.    <img src="img/casebanner.png" class="w-100 h-100" alt="">
3.    <h1 >客户案例</h1>
4.    <p >医疗健康领域合作伙伴超 500 家，创造了智能化应用的丰富落地场景</p>
5.  </div>
```

（2）CSS 代码

在 case.html 文件中引入 case.css 文件，并在 case.css 文件中加入 CSS 代码，设置广告牌模块的样式，具体代码如下。

```
1.  /* 空出导航栏的位置 */
2.  #cooperationCases {
3.     margin-top: 74px;
4.  }
5.  /* 合作案例广告牌 */
6.  #cooperationCases #billboard{
7.     width: 100%;
8.     height: 260px;
9.     color: white;
10.    text-align: center;
11.    display: flex;
12.    justify-content: center;
13.    flex-direction: column;
14.    align-items: center;
15.    position: relative;
16. }
17. /* 动态设置广告牌高度 */
18. @media (max-width:768px) {
19.    #cooperationCases #billboard{
20.       height: 200px;}
21. }
22. /* 广告牌底图位置 */
23. #cooperationCases #billboard img{
24.    position: absolute;
25.    top: 0;
26.    left: 0;
27.    z-index: 1;
28. }
29. #cooperationCases #billboard h1{
30.    position: absolute;
31.    z-index: 1;
32.    top: 20%;
33. }
34. /* 广告牌标题位置 */
35. #cooperationCases #billboard p{
36.    position: absolute;
37.    float: left;
38.    z-index: 2;
39.    top: 50%;
40.    }
41. #cooperationCases #billboardShow ul{
42.    margin: 0;
43. }
44. /* 广告牌标题 */
45. #cooperationCases #billboard h1:after,
46. #cooperationCases #billboard h1:before {
47.    content: "";
48.    display: inline-block;
49.    width: 30px;
50.    height: 6px;
51.    background: linear-gradient(270deg,hsla(0,0%,100%,0),#fff);
52.    margin: 0 10px;
```

```
53. }
54. #cooperationCases #billboard p{
55.     font-size: 16px;
56.     margin-top: 20px;
57. }
```

2. 合作案例模块

应用案例页中的合作案例模块，可借助弹性布局类和网格布局来实现。

（1）主体结构代码

```
1.  <h1 class="text-center ">合作案例</h1>
2.  <ul class="row d-flex justify-content-center align-items-center">
3.      <li class="col-10 col-lg-5">
4.          <div class="row" id="showBox">
5.              <p class="col-10 hospitalDetail"><a href="#">案例详情>></a></p>
6.              <img src="img/caseimg1.png" alt="" class="col-10">
7.              <p class="col-10 hospitalName">互联网+健康咨询</p>
8.              <p class="col-12 hospitalContent">
9.                为互联网+健康咨询服务平台定制开发一款支持语音交互对话的咨询服务工具——导诊智能问答助手。
10.             </p>
11.             <div class="col-12 hospitalApply">
12.                 <div class="row">
13.                     <div class="col-12 useSkill">使用技术</div>
14.                     <div class="col-8 mt-2 useSkillDetail">基于人工智能的问答助手</div>
15.                 </div>
16.             </div>
17.         </div>
18.     </li>
19.     <li class="col-10 col-lg-5">
20.         <div class="row" id="showBox">
21.             <p class="col-10 hospitalDetail"><a href="#">案例详情>></a></p>
22.             <img src="img/caseimg2.png" alt="" class="col-10">
23.             <p class="col-10 hospitalName">互联网健康教育</p>
24.             <p class="col-12 hospitalContent">
25.                 以传播健康科学知识促进生活为宗旨，通过互联网面向用户提供健康科普，随访管理等系列服务。
26.             </p>
27.             <div class="col-12 hospitalApply">
28.                 <div class="row">
29.                     <div class="col-12 useSkill">使用技术</div>
30.                     <div class="col-8 mt-2 useSkillDetail">健康教育融媒体智慧交互助手</div>
31.                 </div>
32.             </div>
33.         </div>
34.     </li>
35.     以下省略其他合作案例的构造代码<li>
36. </ul>
```

（2）CSS 代码

在 case.html 文件中引入 case.css 文件，并在 case.css 文件中加入 CSS 代码，设置合作案例模块的样式，具体代码如下。

```
1.  /* 合作案例模块背景图片 */
2.  #cooperationCases #billboardShow{
3.      width: 100%;
4.      /* 背景图片 */
5.      background-image: url(../img/casebackground.png);
6.  }
```

```
7.  /* 合作案例标题格式 */
8.  #billboardShow h1{
9.     padding-top: 20px;
10.    padding-bottom: 20px;
11. }
12. /* 表头阴影 */
13. #showBox{
14.    display: block;
15.    padding: 20px 40px;
16.    border: 4px solid transparent;
17.    margin: 20px;
18.    background-color: white;
19.    border-radius: 10px;
20.    box-shadow:0px 2px 10px gainsboro;
21. }
22. /* 设置合作案例模块在鼠标指针悬浮时的边框颜色 */
23. #showBox:hover{
24.    border: 4px solid rgb(72,101,255);
25. }
26. #showBox:nth-of-type(1),
27. #showBox:nth-of-type(2){
28. margin-top: 0;
29. }
30. /* 案例详情文字样式 */
31. #showBox .hospitalDetail {
32.    font-weight: bold;
33.    text-align: right;
34.    transform: translateX(80px);
35. }
36. /* 案例详情超链接颜色 */
37. #showBox .hospitalDetail a{
38.    color: rgb(83,110,255);
39. }
40. /* 合作案例图片 */
41. #showBox img{
42.    margin-top: -10px;
43.    margin-bottom: 10px;
44. }
45. /* 合作方名称 */
46. #showBox .hospitalName{
47.    font-size: 20px;
48.    font-weight: bold;
49. }
50. /* 使用技术 */
51. #showBox .useSkill{
52. font-weight: 550;
53. }
54. /* 使用技术前的竖线 */
55.    #showBox .useSkill::before{
56.    content: "";
57.    display: inline-block;
58.    margin-right: 8px;
59.    width: 4px;
60.    height: 13px;
61.    background: #4865ff;
62.    }
```

```
63. #showBox .useSkillDetail{
64.     margin-left: 10px;
65.     padding: 3px 16px;
66.     background: rgba(72,101,255,.1);
67.     border-radius: 3px;
68.     color: #4865ff;
69.     font-weight: 600;
70.     border: 1px solid rgba(72,101,255,.15);
71. }
```

9.3.4 新闻中心页代码

新闻中心页包括头部导航模块、本页主图模块、面包屑导航模块、新闻列表模块、分页器模块和页脚等。头部导航模块、面包屑导航模块和页脚是智慧医疗网站的公共模块，其实现代码已在网站首页和产品中心页中详细介绍，此处不赘述。

在 project 文件夹下创建一个名为 news.html 的文件，并在其中加入新闻中心页代码。

1．本页主图模块

新闻中心页中的本页主图模块，可借助 Bootstrap 4 的尺寸类来实现。

（1）主体结构代码

```
1.  <!-- 本页主图模块 -->
2.  <div id="newsBanner" class="container-fluid">
3.          <img src="img/casebanner.png" class="h-100 w-100" alt="">
4.  </div>
```

（2）CSS 代码

在 news.html 文件中引入 news.css 文件，并在 news.css 文件中加入 CSS 代码，设置本页主图模块的样式，具体代码如下。

```
1.  /* 本页主图模块的展示图 */
2.  #newsBanner {
3.      /*空出导航栏的位置 */
4.      margin-top: 74px;
5.      height: 260px;
6.  }
7.  /* 动态设置主图高度 */
8.  @media (max-width:768px) {
9.      #newsBanner{
10.         height: 200px;}
11. }
```

2．新闻列表模块

新闻中心页中的新闻列表模块，可借助 Bootstrap 4 的弹性布局类、网格布局和折叠插件来实现。

（1）主体结构代码

```
1.  <!-- 新闻正文 -->
2.  <div id="newsList" class="container-fluid">
3.      <div class="newslabel">
4.          <h3>新闻中心</h3>
5.      </div>
6.  </div>
7.  <!-- 新闻列表 -->
8.  <div id="newList2Detail">
9.      <div class="container">
```

```
10.        <div class="media row">
11.           <div class=" col-12 col-lg-2">
12.              <img src="img/newsImg1.png" alt="...">
13.           </div>
14.           <div class="media-body col-12 col-lg-10 ml-0 ml-lg-5 mt-2 mt-lg-3 "
   id="media_body1">
15.              <a class="" data-toggle="collapse" href="#collapseExample1">
16.                 政策热点丨重磅！国家卫生健康委公布公立医院高质量发展评价指标
17.              </a>
18.              <p class="newstime">发稿日期：2022-11-22</p>
19.              <div class="collapse" id="collapseExample1">
20.                 <div class="card card-body">
21.                    <a href="#">
22.                       7月31日，国家卫生健康委、国家中医药管理局联合印发《公立医院高质量发展
   评价指标（试行）》《公立中医医院高质量发展评价指标（试行）》，围绕党建引领、能力提升、结构优化、创新增效、
   文化聚力等五大方面，各细化为18个和24个具体定性、定量项目，供各地对辖区内公立医院高质量发展情况进行
   评价。据悉，2021年，《国务院办公厅关于推动公立医院高质量发展的意见》正式印发，明确了公立医院高质量发
   展的相关要求。
23.                    </a>
24.                 </div>
25.              </div>
26.           </div>
27.        </div>
28.        <div class="media row">
29.           <div class=" col-12 col-lg-2">
30.              <img src="img/newsImg2.jpg" alt="...">
31.           </div>
32.           <div class="media-body col-12 col-lg-10 ml-0 ml-lg-5 mt-2 mt-lg-3"
   id="media_body2">
33.              <a class="" data-toggle="collapse" href="#collapseExample2">
34.                 再入围！智慧医疗荣膺动脉网——2022未来医疗100强
35.              </a>
36.              <p class="newstime">发稿日期:2022-6-15</p>
37.              <div class="collapse" id="collapseExample2">
38.                 <div class="card card-body">
39.                    6月15日晚间，动脉网对外发布了“2022未来医疗100强”系列榜单。其中，安想智
   慧医疗凭借在智慧医疗领域的深耕细作和不断创新，再度荣登第六届“未来医疗100强——创新数字医疗榜TOP100”。
40.                 </div>
41.              </div>
42.           </div>
43.        </div>
44.        以下省略其他热点新闻项的构造代码<div>
45. </div>
```

（2）CSS代码

在news.html文件中引入news.css文件，并在news.css文件中加入CSS代码，设置新闻列表模块的样式，具体代码如下。

```
1.  /* 新闻正文 */
2.  #newsList{
3.     position: relative;
4.  }
5.  /* 新闻标题 */
6.  .newslabel {
7.     width: 165px;
8.     height: 70px;
```

```
9.      background: #de5a23;
10.     text-align: center;
11.     position: absolute;
12.     position: absolute;
13.     top: -75px;
14.     left: 30px;
15.     padding: 5px 10px 0 10px;
16.     box-sizing: content-box;
17. }
18.
19. /* 新闻标题对齐 */
20. .newslabel h3{
21.     font-size: 34px;
22.     font-weight: 400;
23.     color: white;
24.     line-height: 70px;
25.
26. }
27. /* 新闻列表 */
28. #newList2Detail{
29.     margin:50px 10% 0 10%;
30. }
31. /* 新闻图片 */
32. #newList2Detail img{
33.     display: block;
34.     width: 180px;
35.     height: 120px;
36. }
37. /* 新闻内容边框设置 */
38. #newList2Detail .media{
39.     padding-bottom: 50px;
40.     border-bottom: 1px solid #e9e9e9;
41.     box-sizing: content-box;
42.     margin-top: 20px;
43. }
44. /* 新闻标题样式 */
45. .media-body>a{
46.     display: block;
47.     color: #de5a23;
48.     font-size: 22px;
49. }
50. /* 新闻发布时间 */
51. .media-body .newstime{
52.     margin-top: 30px;
53.     color: gainsboro;
54. }
55. .media-body .card a{
56.     color: gray;
57. }
58. /* 不同屏幕尺寸下新闻列表内容的样式设置 */
59. @media (max-width:992px) {
60.     .newslabel {
61.         left: 0px;
```

```
62.     }
63.     .media-body a{
64.         font-size: 20px;
65.     }
66.     #newList2Detail .media{
67.         padding-bottom: 30px;
68.     }
69. }
70. @media (max-width:768px) {
71.     .media-body>a{
72.         font-size: 16px;
73.     }
74. }
75. @media (max-width:576px) {
76.     #newList2Detail .media{
77.         padding-bottom: 20px;
78.     }
79. }
```

（3）JavaScript 代码

在 news.html 文件中，通过 JavaScript 代码实现新闻发布时间与折叠面板内容的交叉显示与隐藏，具体代码如下。

```
1.  <script>
2.      $(function () {
3.          $('#collapseExample1').on('show.bs.collapse', function () {
4.              // 在折叠内容显示时，隐藏新闻发布日期
5.              $(".newstime").css({
6.                  "display": "none"
7.              });
8.          })
9.          $('#collapseExample1').on('hidden.bs.collapse', function () {
10.             // 在折叠内容隐藏时，显示新闻发布日期
11.             $(".newstime").css({
12.                 "display": "block"
13.             });
14.         })
15.         以下省略 id 为“#collapseExample2”“#collapseExample3”“#collapseExample4”
    “#collapseExample5”“#collapseExample6”的新闻的操作代码
16. </script>
```

3. 分页器模块

新闻中心页中的分页器模块可借助 Bootstrap 4 的分页组件来实现。

（1）主体结构代码

```
1.  <!-- 分页组件 -->
2.      <nav class="d-flex justify-content-center align-items-center mt-3">
3.          <ul class="pagination">
4.              <li class="page-item">
5.                  <a class="page-link" href="#">
6.                      <span>&laquo;</span>
7.                  </a>
8.              </li>
9.              <li class="page-item"><a class="page-link" href="#">1</a></li>
10.             <li class="page-item"><a class="page-link" href="#">2</a></li>
11.             <li class="page-item"><a class="page-link" href="#">3</a></li>
12.             <li class="page-item">
```

```
13.             <a class="page-link" href="#">
14.                 <span>&raquo;</span>
15.             </a>
16.         </li>
17.     </ul>
18. </nav>
```

（2）CSS 代码

在 news.html 文件中引入 news.css 文件，并在 news.css 文件中加入 CSS 代码，设置分页器模块的样式，具体代码如下。

```
1.  /* 分页组件 */
2.  #newList2Detail nav .page-link {
3.      color: rgb(25,40,80);
4.      border:1px solid rgb(25,40,80);
5.  }
6.  /* 分页按钮的激活状态 */
7.  #newList2Detail nav .page-link:active {
8.      color: white;
9.      background-color:  rgb(25,40,80);
10. }
```

9.3.5 加入我们页代码

加入我们页包括头部导航模块、本页主图模块、面包屑导航模块、加入我们主模块和页脚。头部导航模块、面包屑导航模块和页脚是智慧医疗网站的公共模块，其实现代码已在网站首页和产品中心页中详细介绍，此处不赘述。

在 project 文件夹下创建一个名为 joinus.html 的文件，并在其中设计加入我们页的代码。

1. 本页主图模块

加入我们页中的本页主图模块可借助 Bootstrap 4 的尺寸类来实现。

（1）主体结构代码

```
1.  <!-- 本页主图 -->
2.  <div id="joinusBanner" class="container-fluid">
3.      <img src="img/joinusbanner.png" class="h-100 w-100" alt="">
4.  </div>
```

（2）CSS 代码

在 joinus.html 文件中引入 joinus.css 文件，并在 joinus.css 文件中加入 CSS 代码，设置本页主图模块的样式，具体代码如下。

```
1.  /* 本页主图 */
2.  #joinusBanner {
3.      /*空出导航栏的位置 */
4.      margin-top: 74px;
5.      height: 260px;
6.  }
7.  @media (max-width:768px) {
8.      #joinusBanner{
9.          height: 200px;}
10. }
```

2. 加入我们主模块

关于我们页中的加入我们主模块（包括加入原因模块、加入方法模块、关于我们模块和联系方式模块）可借助 Bootstrap 4 的弹性布局类、网格布局来实现。

(1) 主体结构代码

```
1.  <!-- 关于我们页 -->
2.  <div id="mainbox" class="container-fluid">
3.     <!-- why -->
4.     <div class=" container-fluid d-flex justify-content-center align-items-center" 
    id="firstTitle">
5.         <h2 class="w-100 text-center">为什么要成为智慧医疗的合作伙伴</h2>
6.     </div>
7.     <div class="container-fluid d-flex justify-content-center row">
8.         <div class="list col-8  col-md-5 col-lg-3 mx-2 my-2" id="aboutContent">
9.             <div class="w-100 d-flex justify-content-center align-items-center">
10.                <img src="img/aboutcard4.png" alt="">
11.            </div>
12.            <div class="text d-flex justify-content-center align-items-center 
    flex-column">
13.                <h3 class="font-weight-bold">卓越产品</h3>
14.                <p class="text-center">海量医疗知识图谱，新一代主动式AI引擎，顶级医院使用标杆。
    </p>
15.            </div>
16.        </div>
17.        <div class="list col-8  col-md-5 col-lg-3 mx-2 my-2" id="aboutContent">
18.            <div class="w-100 d-flex justify-content-center align-items-center">
19.                <img src="img/aboutcard2.png" alt="">
20.            </div>
21.            <div class="text d-flex justify-content-center align-items-center 
    flex-column">
22.                <h3 class="font-weight-bold">服务完善</h3>
23.                <p class="text-center">合作共赢的渠道战略，利润丰厚的市场回报，坚实有力的服务
    支持。</p>
24.            </div>
25.        </div>
26.        <div class="list col-8  col-md-5 col-lg-3 mx-2 my-2" id="aboutContent">
27.            <div class="w-100 d-flex justify-content-center align-items-center">
28.                <img src="img/aboutcard3.png" alt="">
29.            </div>
30.           <div class="text d-flex justify-content-center align-items-center 
    flex-column">
31.              <h3 class="font-weight-bold">政策支持</h3>
32.                <p class="text-center">新基建人工智能大力发展，医院智慧服务不断升级，互联网医院
    数量飞速增长。</p>
33.            </div>
34.        </div>
35.    </div>
36.    <!-- how -->
37.    <div class=" container-fluid d-flex justify-content-center align-items-center" 
    id="firstTitle">
38.        <h2 class="w-100 text-center">如何成为智慧医疗的合作伙伴</h2>
39.    </div>
40.   <div class="container-fluid d-flex justify-content-center row" id="howToUs">
41.        <div class="list col-5  col-md-4 col-lg-2 my-2">
42.            <img src="img/howToUs1.png" alt="">
43.            <h4>
44.                <span class="title">1.</span>
45.                <span>提出合作意向</span>
```

```
46.             </h4>
47.         </div>
48.         <div class="list col-5  col-md-4 col-lg-2 my-2" id="">
49.             <img src="img/howToUs2.png" alt="">
50.             <h4>
51.                 <span class="title">2.</span>
52.                 <span>商定合作方式</span>
53.             </h4>
54.         </div>
55.         <div class="list col-5  col-md-4 col-lg-2 my-2" id="">
56.             <img src="img/howToUs3.png" alt="">
57.             <h4>
58.                 <span class="title">3.</span>
59.                 <span>提交合作申请</span>
60.             </h4>
61.         </div>
62.         <div class="list col-5 col-md-4 col-lg-2 my-2" id="">
63.             <img src="img/howToUs4.png" alt="">
64.             <h4>
65.                 <span class="title">4.</span>
66.                 <span>伙伴资质审核</span>
67.             </h4>
68.         </div>
69.         <div class="list col-5  col-md-4 col-lg-2 my-2" id="">
70.             <img src="img/howToUs5.png" alt="">
71.             <h4>
72.                 <span class="title">5.</span>
73.                 <span>成为合作伙伴</span>
74.             </h4>
75.         </div>
76.     </div>
77.     <!-- 指示箭头 -->
78.     <!-- <div class="ml-2 mr-5" id="aboutGo">
79.         <img src="img/aboutGo.png" class="container mx-5 img-responsive w-100" alt="">
80.     </div> -->
81.     <!-- 公司介绍 -->
82.     <div class=" container-fluid d-flex justify-content-center align-items-center"
    id="firstTitle">
83.         <h2 class="w-100 text-center">关于我们</h2>
84.     </div>
85.     <div id="CompanyIntroduce" class="container mb-5">
86.         <div class="c-desc">
87.             智慧医疗科技有限公司成立于 2015 年，是一家专注于人工智能技术在医疗健康领域应用的高科技
    创新型企业。公司打造的核心产品——智慧医疗医生是国内领先的全科智能医生。
88.             <div class="c-divider"></div>
89.             智慧医疗将深度学习、大数据处理、语义理解、医疗交互式对话等最新的 AI 技术与医学相融合，
    致力于“打造主动式 AI，让优质医疗触手可及”，用技术手段扩大优质医疗资源的供给，缓解优质医疗资源过度
    集中与患者需求过度分散的矛盾。
90.             <div class="c-divider"></div>
91.             智慧医疗开放平台已覆盖医院 35 个科室中的 6000 多种常见疾病，可提供智慧医院、诊室听译机器人、
    智能在线问诊、智能诊后管理、人工智能互联网医院等解决方案，通过与不同应用场景的结合，为各方提供优质的
    医疗服务，赋能医疗健康行业。
92.             <div class="c-divider"></div>
93.             该平台目前已服务超过 500 多家行业客户，与国内近百家头部三甲医院达成合作，每天服务人次近
```

```
    百万。
94.         <div class="c-divider"></div><strong>使命：</strong>打造主动式AI，让优质医疗
    触手可及
95.         <div class="c-divider"></div><strong>愿景：</strong>成为智能医生驱动的数字医疗
    平台
96.       </div>
97.     </div>
98.     <!-- 联系方式 -->
99.     <div id="CompanyTel">
100          <div class="list row d-flex justify-content-center align-items-center">
101.           <span class="col-8 col-md-5">联系电话:1055216</span>
102.           <span class="col-8 col-md-5">邮箱:textbook@1000.phone.com</ span>
103.         </div>
104.       </div>
```

（2）CSS 代码

在 joinus.html 文件中引入 joinus.css 文件，并在 joinus.css 文件中加入 CSS 代码，设置加入我们页模块的样式，具体代码如下。

```
1.  /* 标题 */
2.  #mainbox #firstTitle h2{
3.      font-size: 44px;
4.      padding-top: 50px;
5.      padding-bottom: 40px;
6.  }
7.  /* 优势介绍 */
8.  #aboutContent{
9.      display: inline-block;
10.     width: 380px;
11.     height: 420px;
12.     padding: 20px 38px 32px 38px;
13.     -webkit-box-shadow: 0px 2px 20px 0px rgb(148 148 148 / 50%);
14.     box-shadow: 0px 2px 20px 0px rgb(148 148 148 / 50%);
15.     border-radius: 8px;
16.     background: #fff;
17.     vertical-align: middle;
18. }
19. #aboutContent p{
20.     font-size: 16px;
21. }
22. /*如何加入我们 */
23. #howToUs img {
24.     width: 150px;
25.     padding: 24px;
26.     border-radius: 100px;
27.     border: 1px dashed #4d6190;
28.     margin-bottom: 30px;
29. }
30. /* 图片外边距 */
31. #aboutGo img{
32. display: block;
33. margin-right: 100px;
34. }
35. /* 公司介绍 */
36. #CompanyIntroduce .c-desc{
```

```
37.     font-size: 18px;
38.     color: #323232;
39.     line-height: 25px;
40. }
41. /* 关于我们 */
42. .c-divider{
43.     height: 25px;
44. }
45. /* 联系方式 */
46. #CompanyTel .list{
47.     background-color: #192850;
48.     padding-top: 20px;
49.     padding-bottom: 20px;
50.     text-align: center;
51.     font-size: 20px;
52. }
53. /* 联系方式容器 */
54. #CompanyTel .list span {
55.     display: block;
56.     height: 90x;
57.     line-height: 90px;
58.     padding: 0 28px;
59.     border-radius: 8px;
60.     background: #fff;
61.     white-space: nowrap;
62.     font-size: 22px;
63.     font-weight: bold;
64. }
65. #CompanyTel .list span:first-child{
66.     margin-right:20px ;
67. }
68. #CompanyTel .list span:last-child{
69.     margin-left: 20px ;
70. }
71. /* max-width 从大到小 */
72. /* 动态设计联系方式部分的字体 */
73. @media (max-width:1200px) {
74.     #CompanyTel .list span {
75.         font-size: 18px;
76.         padding: 0 10px;
77.     }
78. }
79. @media (max-width:768px) {
80.     #CompanyTel .list span {
81.         font-size: 18px;
82.         padding: 0 0;
83.     }
84.     #CompanyTel .list span:first-child{
85.         margin-right:0px ;
86.     }
87.     #CompanyTel .list span:last-child{
88.         margin-top: 20px;
89.         margin-left: 0px ;
90.     }
```

```
91. }
92. @media (max-width:576px) {
93.     #CompanyTel .list span {
94.         font-size: 20px;
95.         padding: 0 0;
96.     }
97. }
```

9.3.6 登录与注册模块代码

登录模块与注册模块均由模态框组件和表单组件构成。在智慧医疗网站的所有页面中，均可通过单击页面右下角的“登录”和“注册”按钮，进入登录页面和注册页面。为实现登录与注册功能全覆盖，读者可将登录与注册模块的实现代码引入智慧医疗网站的所有页面中。

（1）主体结构代码

```
1.  <!-- 登录模态框 -->
2.  <div class="modal fade" id="LoginModal">
3.      <div class="modal-dialog modal-dialog-centered">
4.          <div class="modal-content">
5.              <div class="modal-header">
6.                  <h5 class="modal-title" id="exampleModalLabel">用户登录</h5>
7.                  <button type="button" class="close" data-dismiss="modal">
8.                      <span>&times;</span>
9.                  </button>
10.             </div>
11.             <div class="modal-body">
12.                 <form novalidate id="LoginModalForm">
13.                     <div class="form-group row">
14.                         <label class="col-sm-2 col-form-label">用户名</label>
15.                         <div class="col-sm-10">
16.                             <input type="usename" class="form-control" pattern=
    "[A-Za-z]{6,8}" required placeholder="请输入用户名">
17.                             <div class="invalid-feedback">用户名由 6～8 位大小写字母
    组成! </div>
18.                         </div>
19.                     </div>
20.                     <div class="form-group row">
21.                         <label class="col-sm-2 col-form-label">密码</label>
22.                         <div class="col-sm-10">
23.                             <input type="password" class="form-control" patter
    n="[A-Za-z0-9]{6,30}" required placeholder="请输入密码">
24.                             <div class="invalid-feedback">密码长度至少为 6 位，只能
    是大小写字母或数字! </div>
25.                         </div>
26.                     </div>
27.                     <div class="modal-footer">
28.                         <button type="button" class="btn btn-secondary" data-
    dismiss="modal">关闭</button>
29.                        <button type="submit" class="btn btn-primary">登录</button>
30.                     </div>
31.                 </form>
32.             </div>
33.         </div>
```

```
34.     </div>
35.     </div>
36.     <!-- 注册模态框 -->
37.     <div class="modal fade" id="RegisterModal">
38.     <div class="modal-dialog modal-dialog-centered">
39.         <div class="modal-content">
40.             <div class="modal-header">
41.                 <h5 class="modal-title" id="exampleModalLabel">用户注册</h5>
42.                 <button type="button" class="close" data-dismiss="modal">
43.                     <span>&times;</span>
44.                 </button>
45.             </div>
46.             <div class="modal-body">
47.                 <form novalidate id="RegisterModalForm">
48.                     <div class="form-group row">
49.                         <label class="col-sm-3 col-form-label">用户名</label>
50.                         <div class="col-sm-9">
51.                             <input type="usename" class="form-control" pattern=
    "[A-Za-z]{6,8}" required placeholder="请输入 6~8 位大小写字母组成的用户名">
52.                             <div class="invalid-feedback">用户名由 6~8 位大小写字母组成! </div>
53.                         </div>
54.                     </div>
55.                     <div class="form-group row">
56.                         <label class="col-sm-3 col-form-label">密码</label>
57.                         <div class="col-sm-9">
58.                             <input type="password" class="form-control" pattern=
    "[A-Za-z0-9]{6,30}" required placeholder="请输入至少 6 位由大小写字母及数字组成的密码">
59.                             <div class="invalid-feedback">密码长度至少为 6 位,只能是
    大小写字母或数字! </div>
60.                         </div>
61.                     </div>
62.                     <div class="form-group row">
63.                         <label class="col-sm-3 col-form-label">确认密码</label>
64.                         <div class="col-sm-9">
65.                             <input type="password" class="form-control" pattern=
    "[A-Za-z0-9]{6,30}" required placeholder="确认密码">
66.                             <div class="invalid-feedback">密码长度至少为 6 位,只能是
    大小写字母或数字! </div>
67.                         </div>
68.                     </div>
69.                     <div class="form-group row">
70.                         <label class="col-sm-3 col-form-label">邮箱</label>
71.                         <div class="col-sm-9">
72.                             <input type="email" class="form-control" required
    placeholder="请输入正确格式的邮箱">
73.                            <div class="invalid-feedback">请输入正确格式的邮箱! </div>
74.                         </div>
75.                     </div>
76.                     <div class="form-group row">
77.                         <label class="col-sm-3 col-form-label">手机号码</label>
78.                         <div class="col-sm-9">
79.                             <input type="tel" class="form-control" pattern="/^
    [1][3,4,5,6,7,8,9][0-9]{9}$/"
80.                                 required placeholder="请输入 11 位数字组成的手机号码">
```

```
81.                         <div class="invalid-feedback">请输入正确格式的手机号码！ </div>
82.                     </div>
83.                 </div>
84.                 <div class="modal-footer">
85.                     <button type="button" class="btn btn-secondary" data-dismiss=
    "modal">关闭</button>
86.                     <button class="btn btn-primary">注册</button>
87.                 </div>
88.             </form>
89.         </div>
90.     </div>
91.   </div>
92. </div>
```

（2）CSS 代码

在 component.css 文件中加入 CSS 代码，设置登录与注册模块的样式，具体代码如下。

```
1.  /* 登录和注册按钮的样式设置 */
2.  #Login,
3.  #Register {
4.    height: 40px;
5.    color: white;
6.    box-shadow: 0 0 2px;
7.    text-align: center;
8.    line-height: 40px;
9.  }
10. /* 鼠标指针悬浮在登录和注册按钮上时，改变鼠标指针形状 */
11. #Login:hover,
12. #Register:hover {
13.   cursor: pointer;
14. }
```

（3）JavaScript 代码

为提升用户体验，需要通过 JavaScript 代码实现登录与注册模态框的表单校验功能，具体代码如下。

```
1.  <script>
2.  $(function () {
3.      // 登录验证
4.      $("#LoginModalForm").submit(function (event) {
5.          if ($(this)[0].checkValidity() === false) {
6.              event.preventDefault(); // 阻止提交表单
7.              event.stopPropagation();
8.          }
9.          $(this).addClass("was-validated");
10.     });
11.     // 注册验证
12.     $("#RegisterModalForm").submit(function (event) {
13.         if ($(this)[0].checkValidity() === false) {
14.             event.preventDefault(); // 阻止提交表单
15.             event.stopPropagation();
16.         }
17.         $(this).addClass("was-validated");
18.     });
19. </script>
```

9.4 项目总结

本章演示了如何从零开始使用 Bootstrap 4 构建智慧医疗网站的过程，网站包括首页、产品中心页、应用案例页、新闻中心页、加入我们页以及登录与注册模块，它们可使用 Bootstrap 4 的 CSS 组件与 JavaScript 脚本来实现。

本项目使用了 Bootstrap 4 框架中的排版、图片、表单等方面的内容，还使用了导航栏、响应式导航栏、面包屑导航、分页、卡片等 CSS 组件以及模态框、折叠、轮播等插件。

Bootstrap 的强大之处在于可以帮助读者减轻页面设计的负担，从而把更多的精力放在处理业务逻辑上，进而提升开发效率。